工学结合·基于工作过程导向的项目化创新系列教材
国家示范性高等职业教育土建类"十三五"规划教材

U0362727

工程测量技术

GONGCHENG
CELIANG JISHU

主　审　聂　瑞

主　编　孙　虎　桑　丹

　　　　杜祝遥

副主编　何　佳　卢永全

　　　　杜泽燕　夏　云

　　　　查湘义　张犁慌

华中科技大学出版社
http://www.hustp.com
中国·武汉

内 容 简 介

　　本书包括测量学基础、水准测量、角度测量、距离测量、全站仪和 GPS 测量技术、平面控制测量、地形图的测绘与应用、建筑施工测量、道路桥隧施工测量九个章节，系统介绍了测量工程技术的知识。

　　学生通过本课程的学习，能够全面了解测量的基本知识，掌握建筑、公路工程施工技术、应用技术，以适应一线测量工作的需求。

　　为了方便教学，本书还配有电子课件等教学资源包，任课教师和学生可以登录"我们爱读书"网（www.ibook4us.com）免费注册并浏览，或者发邮件至 husttujian@163.com 索取。

图书在版编目（CIP）数据

工程测量技术/孙虎，桑丹，杜祝遥主编.—武汉：华中科技大学出版社，2018.8（2022.8 重印）
国家示范性高等职业教育土建类"十三五"规划教材
ISBN 978-7-5680-4544-5

Ⅰ.①工…　Ⅱ.①孙…　②桑…　③杜…　Ⅲ.①工程测量-高等职业教育-教材　Ⅳ.①TB22

中国版本图书馆 CIP 数据核字（2018）第 191452 号

工程测量技术
Gongcheng Celiang Jishu

孙　虎　桑　丹　杜祝遥　主编

策划编辑：康　序
责任编辑：柯丁梦
责任监印：朱　玢
出版发行：华中科技大学出版社（中国·武汉）　　电话：(027)81321913
　　　　　武汉市东湖新技术开发区华工科技园　　邮编：430223
录　　排：华中科技大学惠友文印中心
印　　刷：武汉市籍缘印刷厂
开　　本：787mm×1092mm　1/16
印　　张：16.75
字　　数：424 千字
版　　次：2022 年 8 月第 1 版第 4 次印刷
定　　价：38.00 元

前言

━━━━━━ o o o

自改革开放以来,国民经济建设飞跃发展。基于此,培养一批具有高素质专业人才势在必行,也正是高校教育发展的必然趋势。

"工程测量技术"是土建类专业及相关专业的一门重要的专业课。本书是根据全国高等学校土建学科高职高专教学的基本要求及人才培养目标,结合建筑工程实际情况对本课程的需求及工程建设实际发展情况,参照国家颁布和实行的新规范、新标准编写的。

本书包括测量学基础、水准测量、角度测量、距离测量、全站仪与 GPS 测量技术、平面控制测量、地形图的测绘与应用、建筑施工测量、道路桥隧施工测量九个章节,系统介绍了测量工程技术的知识。学生通过本课程的学习,能够全面了解测量的基本知识,掌握建筑、公路工程施工技术、应用技术,以适应一线测量工作人员的市场需求。

本书由陕西国防工业职业技术学院聂瑞副教授担任主审,由陕西国防工业职业技术学院孙虎、桑丹、杜祝遥担任主编,由陕西国防工业职业技术学院何佳、武汉交通职业学院卢永全、成都信息工程大学银杏酒店管理学院杜泽燕、泰州职业技术学院夏云、辽宁省交通高等专科学校查湘义、云南农业职业技术学院张犁慌担任副主编,靳龙、李强、李志英、马天琛、李牧晨、邓雅娟参与本书的编写。其中,孙虎老师编写了本书学习情境 1、学习情境 2,桑丹老师编写了学习情境 3、学习情境 8,杜祝遥老师编写了学习情境 5、学习情境 9,聂瑞老师编写了学习情境 6,何佳老师编写了学习情境 7,卢永全老师编写了学习情境 4,杜泽燕老师协助编写了学习情境 2 和学习情境 6,夏云、查湘义、张犁慌老师为本书的编写提供了大量素材,最后由聂瑞老师审核了全书。

在本书的编写过程中,参考了大量的图书资料,在此对相关资料的作者表示衷心的感谢。

为了方便教学,本书还配有电子课件等教学资源包,任课教师和学生可以登录"我们爱读书"网(www.ibook4us.com)免费注册并浏览,或者发邮件至 husttujian@163.com 索取。

由于编者水平有限,书中不足之处恳请广大读者批评指正。

编 者
2018 年 5 月

目录

学习情境 1

工程测量学基础

任务 1 工程测量的任务

工程测量学是一门结合工程建设、研究测定地面点位方法和理论的学科。土木工程测量广泛用于房屋、管线、能源、交通、水电等工程的勘测、设计、施工和管理各阶段，是土木工程人员必备的专业技能。

根据由点组成线、线组成面、面组成体的关系链，测定地面相关点位，就可在图纸上绘制地面平、纵、横三个面的相似图形。这些图形是工程设计用图的重要资料。按同样的原理，将设计图上建筑物的相关点，通过在实地的定位和放样，就可在施工场地标定出图面建筑物的形状、大小和位置，它们是指导施工的重要依据。根据不同的施测对象和阶段，土木工程测量包括以下任务：

一、测图

在勘测阶段，为了对建筑物的具体设计提供地形资料，需要在建筑地区测图。由于这种测图是在局部范围内进行的，可以不顾及地球曲率的影响，将曲面当作平面处理。测量时只需按照一定的测量程序，测定一些具有代表性的地面特征点和特征线，根据测图比例尺和国家规定的图式符号，就可将建筑地区的形状和大小、地面的起伏形态（地貌）和固定性物体（地物），如房屋、道路、河流等，缩小绘制成相似的图形。这种既能表示地物的平面位置，又能表示地貌变化的平面图，称为地形图。此外，与建筑工程有关的土地划分、用地边界和产界的测定等，需测绘地物平面图。这种只表示地物的平面尺寸和位置，不表示地貌的平面图，称为地物图。

对于公路、铁路、管线和特殊构造物的设计，除需提供带状地形图外，还需测绘沿某方向表示地面起伏变化的纵断图和横断图。

建筑工程竣工后，为了工程验收和今后的维修管理，还需要测绘竣工图。

二、用图

在设计阶段,建筑物的设计力求经济、合理、实用、美观。这就要求在设计中充分利用地形,合理使用土地,正确处理建筑物与周边环境的关系,做到人工美与自然美结合,使建筑物与地形构成协调统一的整体。因此,用图涉及地形图、地物图和断面图并贯穿于设计阶段的全过程。此外,城市规划、城镇建设、能源开发、土地使用、改建扩建、施工管理等,也都需要用图。

用图就是利用提供的成图知识和原理,如构图方法、坐标轴系、图幅大小、各类图式符号的性质和表达内容的方式等,在综合图幅内容的基础上,利用提供的量测技术,在图上进行点、线、面的量测,并把图面量测到的数据转换为现场地面相应的测量数据,以解决设计和施工问题。例如,从图上利用拟建场地的有利地形来选择建筑物的形式、位置和尺寸,在图上进行方案比较和工程量的估算、施工场地的布置与平整等。用图的过程实质上是个识图、量图和判图的过程。

三、放样

建筑物、构筑物进入施工阶段,就需要根据它的设计图,如建筑物的平面图、立面图、剖面图、基础大样图、桩基图等,按照设计要求,通过测量的定位、放线、安装和检查,将其平面位置和高程标定到施工的作业面上,为施工提供正确位置,指导施工。放样(放图)又称测设,是测图的逆过程。测图又称测绘,是将地上的点位测定在图上,放样则是将设计图上的点位测设到地上,两者测量过程相反。放样工作,贯穿于施工全过程。

此外,对于某些有特殊要求的建筑物,为了监测它在各种应力作用下的安全性和稳定性,或检查它的设计理论和施工质量,还需要进行变形观测。这种观测是在建筑物上设置若干观测点,按照测量的观测程序和周期,测定建筑物及其基础在自身荷重和外力作用下随着时间观测点产生的位移。变形观测包括沉降观测、水平位移观测和倾斜观测。

任务 2 测量坐标系

测量上确定地面点的位置,是通过在选定的基准面上建立坐标系,通过测定点位之间的距离、角度和高差,计算点的坐标来实现的。基准面和坐标系是测量定位的数学基础。

一、基准面

基准面有曲面与平面之分。测量是在地球上进行的,用作球面坐标的基准面,其形状和大

小尽可能与地球相吻合,进而代替地球,以满足测图定位需要。符合上述要求的,有如下几种基准面:

1. 大地水准面

地球的自然表面千姿百态,有高山、平原、江河、海洋。地球总面积的71％被海洋覆盖,陆地仅占20％,其中高出海面小于500 m的平坦地区约占陆地的一半,其余为山区和高原。世界最高的山峰珠穆朗玛峰高度为8 848.13 m,最深的海沟马里亚纳深达11 034 m。尽管地球表面有如此大的落差变化,但与地球平均半径6 371 km相比,未超过半径的0.17％,因此可忽略不计。地球总的形体,可视为由海水面穿过陆地,形成一个全被海水覆盖,两极略扁平、赤道鼓起的水体。

自由静止的水面,称为水准面。在地球重力场中,水准面是个重力等位面,处处与重力方向或铅垂线方向正交而形成闭合曲面。不同高度的两水准面因重力位差为一常数而不相交,因面上各点重力不相等而不平行。处处与水准面正交的铅垂线是测量工作的基准线,测量仪器的整置均以水准气泡为依据,即以铅垂线为准。因此,水准面是测量的工作面。

不同高度的水准面有无数个,其中通过平均海水面并延伸穿过陆地而形成闭合体的水准面,称为大地水准面。大地水准面包围的地球形体称为大地体。根据不同轨道卫星长期观测的成果,大地体近乎梨形,南北两极扁平并不对称,赤道的椭圆形长短半径相差约70 m,因此近乎圆形。大地水准面表征的形体,是真实地球的最佳形体,从而把它作为基准面,建立了天文地理坐标,并将它定为高程起算面和各水准面测量成果统一的归算面。

2. 参考椭球面

地球表面高低不平,内部质量分布不均,导致重力方向不规则变化,使得处处与重力方向正交的大地水准面实际上是一个略有起伏、不规则的曲面。这个面无法计算和展示大地测量成果。为此,测量上选用一个能充分接近大地体的几何面来代替大地水准面所代表的地球形体。它是一个椭圆绕其短轴旋转而成的椭球面,该面处处与法线正交。图1-1所示为上述地球自然表面、大地水准面与椭球面相互关系示意图。概括地球形体的椭球称为地球椭球,其形状和大小可用参数长半径 a、短半径 b、扁率 $\alpha=(a-b)/a$ 表示。适合区域性的,如一个国家领土范围内的地球椭球,称为参考椭球,如图1-2所示。测量工作就是以参考椭球面作为计算基准面,以它的法线作为基准线,建立大地坐标,展示测量的定位成果。

图1-1 地球自然表面、大地水准面
与椭球面的相互关系

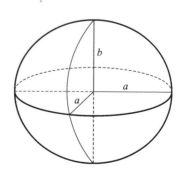

图1-2 参考椭球

建国初期,我国采用苏联克拉索夫斯基椭球作为参考椭球,建立了"1954 年北京坐标系",其几何参数为:

$$a = 6\ 378.245 \qquad \alpha = 1:298.300$$

为了满足日益发展的经济建设和国防建设,我国采用了国际大地测量学与地球物理学联合会 1957 年第三次推荐的地球椭球作为参考椭球,其参数为:

$$a = 6\ 378.140 \qquad \alpha = 1:298.257$$

后又在陕西境内建立了国家大地原点,以它为起算点推算的坐标定名为"1980 西安坐标系"。这是我国迄今为止,定位精度较高的坐标系。

大地原点在参考椭球面上的起算数据,是通过椭球面与大地水准面在该点处相切,短轴与地轴平行,两面充分吻合条件下,将该点在大地水准面上的地理坐标(天文经纬度)换算成参考椭球面上的大地坐标(大地经纬度),从而获得起算数据。这项工作,称为参考椭球定位。采用单点定位时,两面在该点的法线和铅垂线重合,大地坐标等于天文地理坐标;采用多点定位时,则两者不重合。

由于地球的扁率很小,当精度要求不高时,可把大地水准面视为圆球,其半径为:

$$R = \frac{a+a+b}{3} = 6\ 371\ \text{km}$$

二、坐标轴系

测量通常用三个量确定地面点位。其中两个量是坐标,表示该点投影在基准面上的位置;第三个是高程,表示该点至基准面垂距。这样就可将点位有序地展示在投影面上。

1. 大地坐标

用大地经度 L 和大地纬度 B 确定地面投影点在椭球面上位置的坐标,称为大地坐标。该坐标是以参考椭球面和法线作基准面和基准线,用解球面三角方法计算的球面坐标系,如图 1-3 所示。

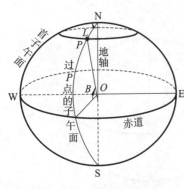

图 1-3 球面坐标

过短轴 NS 的平面称为子午面,子午面与球面的交线称为子午线或经线。过英国格林尼治天文台的子午面,称为首子午面。P 为地面在球面上的投影点。过 P 点的子午面与首子午面的二面角称为该点的大地经度,用 L 表示。自首子午线 $0 \sim \pm 180°$ 量度,以东为正,称东经,或写成 $0 \sim \pm 180°E$;以西为负,称西经,或写 $0 \sim \pm 180°W$。

过球心 O 与短轴正交的平面称为赤道面。赤道面与球面的交线称为赤道。平行赤道面的其他平面与球面的交线称为纬线。过 P 点的法线与赤道面的夹角称为该点的大地纬度,用 B 表示。自赤道 $0 \sim 90°$ 量度,向北称为北纬,向南称为南纬。北京位于北纬 40°、东经 116°,也可用 $B=40°N$、$L=116°E$ 表示。

一般而言,大地坐标是由大地经度 L、大地纬度 B、大地高 H 三个量组成,用于表示地面点的空间位置。用大地坐标表示的地面点,统称为大地点。

2. 地理坐标

用天文经度 λ 和天文纬度 φ 确定地面投影点在大地水准面上位置的坐标,称为地理坐标。该坐标是以大地水准面和铅垂线为基准面和基准线,用天文测量方法测定的球面坐标系。

除选用的基准面、线不同外,地理坐标与大地坐标均同属于球面坐标,如天文纬度 φ 除是以过 P 点的铅垂线方向与赤道面的夹角来定义外,其他均相同。由于铅垂线与法线方向不一致,各地的天文经纬度与大地经纬度略有差异,在精度要求不高的情况下,其差异可忽略不计。测定了天文经纬度的地面点,统称为天文点。

3. 高斯平面直角坐标

地形图的测绘,需要大地点做控制,建立平面直角坐标格网。图的编制、图幅大小的划分,也都需要经线和纬线做控制,建立图上地理坐标格网即经纬网。这就要求将椭球面上的点、线及其方位,按地图投影的方法转换到平面上。高斯平面直角坐标,就是建立在高斯投影平面上的由球面坐标变换而成的一种平面坐标轴系。

为了控制由球面正形投影(又称等角投影或相似投影,保持图形角度不变而距离变形的一种投影方法)到平面时引起的长度变形,高斯投影采用了分带的投影,使每一带内产生的变形控制在测图容许值范围内。通常将地球椭球按经度划分为 60 个带(见图 1-4),从 0°子午线起算,每 6°经差划分为一带,称为 6°带,带号 n 自西向东依次编为 1~60。位于各带边上的子午线称为分带子午线,位于各带中央的子午线,称为中央子午线或轴子午线。各带中央子午线的经度 L_6 可按下式计算:

$$L_6 = 6°n - 3$$

例如,北京 $L=116°E$,如按 6°带计,其 $n=116°/6°$(进位为整数),按上式 $L_6=123°$,故北京位于带内中央子午线的西侧(因 116°<123°)。

投影时每带独立进行,将投影平面与球面的中央子午线相切,按中央子午线投影为直线,且长度不变形,赤道投影为直线的条件进行投影。投影后,展开投影面,即为高斯平面。在高斯平面上,除中央子午线与赤道的投影构成两条相互垂直的直线外,其余的经线和纬线均为对称于中央子午线和赤道的弧线,且距离愈远,其长度变形愈大,但仍保持原交角不变。为了满足大比例尺测图和精密测量的需要,使变形更小,可采用 3°带。3°带的中央子午线与 6°的中央子午线和分带子午线相重合,即从东经 1.5°开始,自西向东每隔 3°经差划分为一带,带号 n 依次编为 1~120。各带中央子午线经度 L_3 可按下式计算:

$$L_3 = 3°n$$

分带投影后,取各带中央子午线为 x 轴(纵轴),赤道为 y 轴(横轴),其交点为原点,从而建立起每个投影带独立的高斯平面直角坐标轴系(见图 1-5)。这样就可以把球面上的点位,按高斯投影公式转绘在平面上。

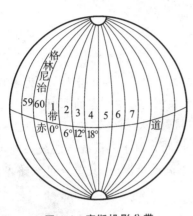

图 1-4　高斯投影分带

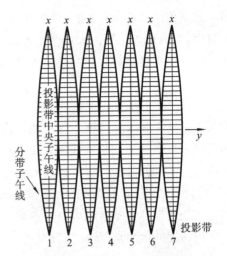

图 1-5　高斯平面直角坐标轴系

我国位于北半球,x 值恒为正,y 值有正有负。为避免出现负值,规定将坐标轴西移 500 km(见图 1-6)。为了标明点位所属投影带,还规定在 y 值前加注带号。如 A 点位于 12 带,原坐标自然值 $y_n = -154\ 321.10$ m,按上述规定,则它的通用值应为 12　$y_n = 12$　($-154\ 321.10 + 500\ 000.00$) m $= 12\ 345\ 678.90$ m。由此看出,小数点前 6 位数字小于 500 km,表示 A 点位于中央子午线西侧,y_n 的自然值为负,反之则为正。6 位数字前面的数为带号,用时需加注意。

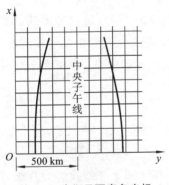

图 1-6　高斯平面直角坐标

我国境内 6°带号在 12～23,3°带号在 24～45,没有重叠,因此,根据 y 值前标注的带号便可区分 6°带或 3°带。

4. 平面直角坐标

在局部范围内,可把大地水准面当作平面,将地面点沿铅垂线方向投影到平面上,用平面直角坐标(见图 1-7)确定点位。这种坐标系通常是以该地区任意子午线视为中央子午线,作为 x 轴,北为正,南为负,以相垂直的线为 y 轴,东为正,西为负。象限编号以 x 轴正向起算,顺时针编Ⅰ、Ⅱ、Ⅲ、Ⅳ。为了不使坐标出现负值,坐标原点可设在测区的西南角。

5. 高程系统

地面点至高程基准面的高度(垂距),称为高程。选用不同的基准面,有着不同的高程系统。地面点沿法线至参考椭球面的距离,称为大地高,用 $H_大$ 表示。大地高有正有负,从参考椭球面起量,向外为正,向内为负,可通过计算方法求得。

地面点沿铅垂线方向至大地水准面的距离,称为海拔或绝对高程,简称高程,用 H 表示,如图 1-8 所示。绝对高程可通过高程测量方法直接测定,广泛用于地形测绘和工程建设。

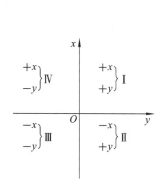

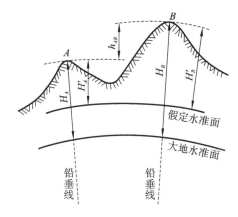

图 1-7　平面直角坐标　　　　图 1-8　地面点的高程和高差

建国初期,我国在青岛设立验潮站进行观测,取黄海平均海水面作为高程基准面,建立了国家水准原点。由它起算的高程,称为"1956 年黄海高程系"。后来,经过验潮站多年观测资料统计,对水准原点的起算高程作了做一步调整,并定名为"1985 国家高程基准",并于 1988 年启用,统一了全国如黄海高程、吴淞高程、珠江高程等各高程系统。

在局部地区,若引用绝对高程有困难时,可假定一水准面作高程基准面。地面点至该面的垂距,称为相对高程或假定高程,用 H' 表示。

两点高程之差称为高差,常用 h 表示:

$$h_{AB} = H_B - H_A = H'_B - H'_A$$

大地高与绝对高程在同一地面点上是不相等的,但在数值上前者可通过后者经改算获得。

三、测量的定位元素和方法

确定地面点位置,无论采用哪种坐标系和定位方法,都需要测定点位之间的距离、角度和高差。这三个量称为定位元素,利用它们可以确定点的平面位置和三维空间位置。

测定点位,不可避免地会产生误差。如果定位从一点开始,逐点施测,不加任何控制和检查,前一点的误差传播到后一点,逐点累积,点位误差会愈来愈大,最后达到不可容许的程度。为了限制误差的传播,测量通常按照从整体到局部、先控制后碎部、由高级到低级、逐级控制的组织原则,将定位的测量方法分为控制测量和碎部测量两大类。控制测量,就是从测区整体出发,布设一些点作为控制点,用高一级精度测定其位置。这些控制点,测量精度高,分布均匀,通过坐标连接成一整体,为碎部测量定位、引测和起算提供依据。所谓碎部测量,就是以控制点为核心划分测区范围,用低一级精度测定其周围碎部点位置,如测图中的地物轮廓点、地貌特征点,施工中的建筑物定位点、放样点。这样碎部点的误差就局限在控制点周围,从而控制它的传播范围和大小,保证了整个碎部测量的精度要求。

控制测量有平面控制和高程控制之分。常见的平面控制测量有导线测量和三角测量。如图 1-9 所示,导线测量就是将地面选定的导线点(控制点)A、B、C 等依次连成折线或多边形,并测定相关定位元素,如水平角 φ_1、φ_2、β_1、β_2 等,距离(边长)d_0、d_1、d_2 等,然后根据已知点 I、II 的坐标推算出各导线点的坐标。三角测量如图 1-10 所示,是将选定的三角点(控制点)A、B、C 等依次连接成三角形,测定其边长 d_0、d_n 或各个三角形内角 a_i、b_i、c_i,然后根据引测的起算数据计算各三角点坐标,从而确定其平面位置。根据不同的精度要求,导线测量与三角测量均分为四个等级,一等精度最高,逐级降低。同级的导线测量可以代替三角测量。

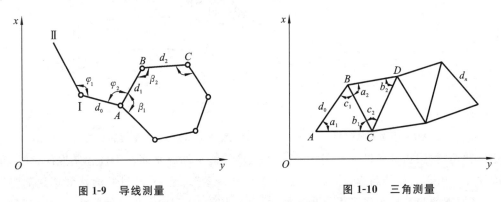

图 1-9　导线测量　　　　　　　　　　　图 1-10　三角测量

高程控制测量的方法,常见的有水准测量和三角高程测量。水准测量也分四个等级,一等精度最高,逐级降低。

在碎部测量中,当已知地面控制点 A、B,常以两定位元素角度与距离确定碎部点 P 的平面位置,如图 1-11 采用的方法有:极坐标法(见图 1-11(a)),测定极角 β、极距 d 定 P 点;直角坐标法(见图 1-11(b)),测定垂足 O 至 A 和 P 点的距离 m 和 n 定 P 点;角度交会法(见图 1-11(c)),测定夹角 β_1、β_2 交会定 P 点;距离交会法(见图 1-11(d)),测定距离 d_1、d_2 交会定 P 点;距离角度交会法(见图 1-11(e)),测定距离 d、角度 β 交会定 P 点。碎部点的高程测量,根据不同的精度要求和地形的复杂程度,可选用水准测量、三角高程测量和视距测量。

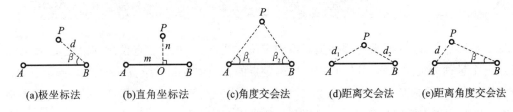

(a)极坐标法　　(b)直角坐标法　　(c)角度交会法　　(d)距离交会法　　(e)距离角度交会法

图 1-11　碎部测量方法

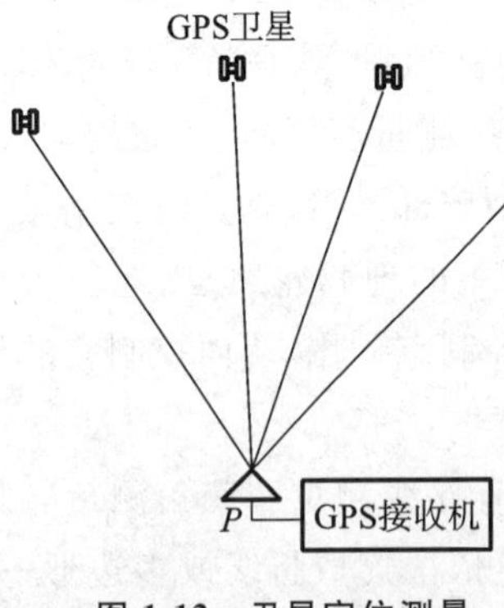

GPS卫星

图 1-12　卫星定位测量

测量定位除上述常规地面方法外,还可利用空间卫星定位技术,采用世界大地坐标系(以地球质心为原点,它与地球平天极连线为 z 轴,东经 $0°$ 和 $90°$,子午面与赤道面的交线为 x 轴和 y 轴,构成的右手坐标系)确实地面点位。卫星定位(见图 1-12)就是在待测点 P 上同时接收三颗卫星信号,获得观测时刻各卫星瞬间位置的坐标 (x,y,z) 和至 P 点的空间距离 D_i。根据获得的已知坐标和距离即可按下式组成三个联立方程:

$$D_i^2 = (x_p - x_i)^2 + (y_p - y_i)^2 + (z_p - z_i)^2$$

根据上式解算出地面点 P 的三维坐标 (x_p, y_p, z_p)。根据需要,还可转换为大地坐标、高斯面平面坐标以及有关的其他坐标。

四、水平面代替水准面的限度

测量工作是在水准面上进行的。在局部地区,用水平面(曲率 $K=0$)代替水准面($K=\frac{1}{R}$),这就意味着地面点沿铅垂线方向投影在水平面上,用水平距离和水平角度取代相应的弧长和角度进行定位,用水平面替换高程起算面。由于一方的曲率为零,这种强行替代必然导致来自另一方地球曲率的影响而使定位元素产生不符值或误差。只有当其影响不超过测量限差时,代替才是允许的。

1. 对距离的影响

如图 1-13 所示,设地面点在水准面上投影为 A、B,弧长为 D,相应水平面上的距离为 D',其差 ΔD 即为地球曲率的影响。将水准面视为圆球,半径 $R=6\ 371$ km,则:

$$\Delta D = D' - D = R \cdot \tan\alpha - R \cdot \alpha = R(\tan\alpha - \alpha)$$

将 $\tan\alpha$ 按幂级数展开,$\tan\alpha = \alpha + \frac{1}{3}\alpha^3 + \frac{1}{15}\alpha^5 + \cdots$ 取前两项,

并以 $\alpha = \frac{D}{R}$ 一同代入上式得:

$$\Delta D = \frac{D^3}{3R^2} \text{ 或 } \frac{\Delta D}{D} = \frac{D^2}{3R^2}$$

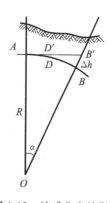

图 1-13 地球曲率的影响

当 $D=10$ km 时,$\Delta D = 0.82$ cm,$\Delta D/D = \dfrac{1}{1.22 \times 10^6}$ 万;

当 $D=15$ km 时,$\Delta D = 2.77$ cm,$\Delta D/D = \dfrac{1}{0.54 \times 10^6}$;

当 $D=20$ km 时,$\Delta D = 6.57$ cm,$\Delta D/D = \dfrac{1}{0.30 \times 10^6}$;当 $D=$

25 km 时,$\Delta D = 12.83$ cm,$\Delta D/D = \dfrac{1}{0.19 \times 10^6}$。

式中:$\Delta D/D$ 称为相对误差,用 $1/M$ 形式表示,M 愈大精度愈高。当 $D=10$ km 时,相对误差为 $\dfrac{1}{1.22 \times 10^6}$,而精密测距的容许误差才为 $\dfrac{1}{1.00 \times 10^6}$,测区半径在 10 km 的范围内,用水平距离代水准面上的距离做精密距离测量也是可行的。对于一般的地形测量和工程测量,半径在 25 km 的范围内,也不必顾及地球曲率的影响。

2. 对水平角的影响

由球面三角学可知,同一多边形投影在球面上的内角和,要比投影在水平面的大一个球面角超 ε。它等于多边形面积 A 和曲率 R 平方的乘积,对地球而言,即

$$\varepsilon = \frac{A}{R^2} \times 206\ 265''$$

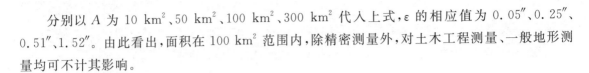

分别以 A 为 10 km²、50 km²、100 km²、300 km² 代入上式,ε 的相应值为 0.05″、0.25″、0.51″、1.52″。由此看出,面积在 100 km² 范围内,除精密测量外,对土木工程测量、一般地形测量均可不计其影响。

3. 对高程的影响

如图 1-13 所示,将水平面作可高程起算面,点 A、B 在同一面上高差应为零,实际上它们的高程差 $\Delta h = BB' \neq 0$,这就是地球曲率对高程的影响。

$$R^2 + D'^2 = (\Delta h + R)^2 = \Delta h^2 + 2\Delta hR + R^2$$

由于 D 与 D' 相差甚微,取而代之,上式经整理得:

$$\Delta h = \frac{D^2}{2R + \Delta h}$$

分母中 Δh 与 R 相比微不足道,略去可得:

$$\Delta h = \frac{D^2}{2R}$$

分别以 D 为 100 m、200 m、1 km、10 km 代入上式,Δh 的相应值为 0.8 mm、3.1 mm、78.4 mm、7.8 m。高程测量传递过程中,不论距离的长短,这样大的误差是不容许的,因此必须考虑曲率的影响,应在测量中清除其影响。

任务 **3** 测量工作的基准面

物体的空间位置具有相对性,它总是要与一个参考系相对照、相比较才能确切地加以描述。测量工作是在地球表面上进行的,首先必须选取合理的基准面,然后才能以此建立相应的坐标系,用以科学地描述地面上点的确切位置。

地球上任何一点都同时受到两种力的作用,一是地心引力,二是地球自转引起的离心力。两者的合力称为重力,重力方向称为铅垂线方向。

一、水准面和铅垂线

处于自由静止状态的水面称为水准面。例如,静止的水塘面就是一个水准面。水准面必然处处与重力方向垂直,否则重力作用将使水流动,这水面就不是水准面。水面可高可低,因此在地球重力的作用范围内,通过任何高度的点都存在一个水准面。与水准面相切的平面称为水平面,水平面上的直线称为水平线。

观测水平角时,置平经纬仪之后,仪器的纵轴位于铅垂线方向,水平度盘所在平面就是水准面的切平面,所测的水平角实际上就是观测方向线在水准面上投影线之间的夹角。用水准测量方法观测所得两点间的高差,也就是通过这两点的水准面之间的垂直距离。以上这些说明,铅垂线和水准面是测量工作中野外观测的基准线和基准面。

二、大地水准面

对于同一观测对象(例如长度、高程),如果选用不同的水准面,所得到的观测结果是不相同的。由于地球是球体,通过两点的铅垂线并不平行,所以,在不同高度的水准面上测得的等长距离,投影在同一基准面上并不等长。至于高程,显然根据不同的水准面,观测所得的同一点的高程是不同的。为了使不同测量部门所获得的测量成果能互相比较、互相利用,有必要选择一个统一的、有代表性的水准面作为外业测量成果的共同基准面。

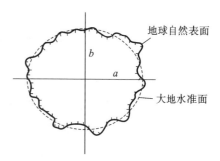

图 1-14 地球自然表面与大地水准面

海洋面占地球总面积的 71%,所以静止的海水面就是地球上最大的天然水准面。自由静止的海水面扩展延伸而形成的闭合曲面称为大地水准面。它所包围的形体称为大地体。因为大地体的形状和大小非常接近自然地球的形状和大小,并且位置比较稳定,因此,在大范围的区域内,选取大地水准面作为外业测量成果的共同基准面。图 1-14 所示为地球自然表面和大地水准面的关系示意图。

三、旋转椭球面

为了确定点在地球上的精确位置,必须确知所依据的基准面的形状。研究表明,大地水准面是略有起伏的不规则曲面,无法用数学公式精确地表达出来,因而也就不确知其形状。其原因是,地表起伏以及地层内物质密度不均匀变化,引起重力方向的不规则变化,从而造成处处与重力方向正交的大地水准面的不规则。

例如,图 1-15 中,某处由于地形起伏和重金属矿体的存在,致使大地水准面与形状规则的旋转椭球面相比,形状稍微隆起,呈现不规则变化。

理论和实践都证明,大地体非常接近一个两极略扁的旋转椭球(一个椭圆绕其短轴旋转而成的形体)。与一国或一地区局部的大地水准面较符合的旋转椭球称为参考椭球,与整个大地水准面较符合的旋转椭球称为地球椭球。这个椭球面可用简单的数学公式表达出来,因而世界各国通常都采用旋转椭球代表地球的形状和大小,采用旋转椭球面作为地面点精确定位的基准面,其形状和大小可由长半径(赤道半径)a、短半径 b,及扁率 $\alpha=(a-b)/a$ 三元素中任意两个所确定(见图 1-16)。世界各国在测绘工作中各自采用不同的参考椭球。

我国现今采用 1975 年国际大地测量学与地球物理学联合会第 16 届大会推荐的数据(简称IAG75),即

$$a=6\,378\,140 \text{ m}$$

$$b = 6\ 356\ 755\ m$$
$$\alpha = 1/298.257$$

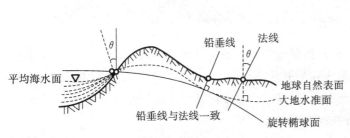

图 1-15 大地水准面与旋转椭球面相比较

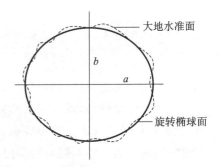

图 1-16 旋转椭球面的确定

实际的大地测量工作就是在这个椭球面上建立坐标系,并把实地测得的各种数据归算到这个椭球面上做精确处理,求得地面点的精确位置。

在此以前,从 1953 年起,我国采用苏联克拉索夫斯基椭球元素,其值为:

$$a = 6\ 378\ 245\ m$$
$$b = 6\ 356\ 863\ m$$
$$\alpha = 1/298.3$$

随着科学技术的发展,对地球形状和大小的研究工作必将更加精细和全面,这个过程没有止境。

任务 **4** 测量的基本知识

一、地球形状和大小

测量学的主要研究对象是地球的自然表面,但地球表面极不规则,有高山、丘陵、平原、河流、湖泊和海洋。地球表面任一质点都同时受到两个作用力:其一是地球自转产生的惯性离心力,其二是整个地球质量的引力。这两种力的合力称为重力。引力方向指向球心,如果地球自转角速度是常数,惯性离心力的方向垂直于地球自转轴向外,重力方向则是两者合力方向,如图 1-17 所示。重力的作用线又称为铅垂线。用细绳悬挂一个垂球,其静止时所指示的方向即为铅垂线方向。

由于地球引力的大小与地球内部的质量有关,而地球内部的质量分布又不均匀,致使面上各点的铅垂线方向产生不规则的变化,因而大地水准面(见图 1-18)实际上是一个略有起伏的不规则曲面,无法用数学公式精确表达。经过长期测量实践研究表明,地球形状极近似于一个两极稍扁的旋转椭球,旋转椭球面可以用数学公式准确地表达,因此,在测量工作中用一个规则的曲面代替大地水准面作为测量计算的基准面。

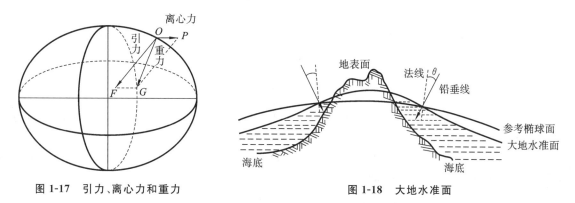

图 1-17　引力、离心力和重力　　　　　　　图 1-18　大地水准面

二、高程

1. 概述

地面点到高度起算面的垂直距离称为高程。高度起算面又称高程基准面。选用不同的面作高程基准面,可得到不同的高程系统。在一般测量工作中是以大地水准面作为高程基准面。某点沿铅垂线方向到大地水准面的距离,称为该点的绝对高程或海拔,简称高程,用 H 表示。

为了建立全国统一的高程系统,必须确定一个高程基准面。通常采用平均海水面代替大地水准面作为高程基准面,平均海水面的确定是通过验潮站长期验潮来求定的。

2. 验潮站

验潮站是为了解当地海水潮汐变化的规律而设置的。为确定平均海面和建立统一的高程基准,需要在验潮站上长期观测潮位的升降,根据验潮记录求出该验潮站海面的平均位置。验潮站的标准设施包括验潮室、验潮井、验潮仪、验潮杆和一系列水准点,如图 1-19 所示。验潮室通常建在验潮井的上方,以便将系浮筒的钢丝直接引到验潮仪上,验潮仪自动记录海水面的涨落。

根据验潮站所在地的条件,验潮井可以直接通到海底,也可以设置在海岸上。在图 1-19 中,验潮井设置在海岸上,用导管通到开阔海域。导管保持一定的倾斜,高端通验潮井,低端在最低潮位之下一定深度处,在海水进口处装上金属网。采取这些措施,可以防止泥沙和污物进入验潮井,同时也抑制了波浪的影响。验潮站上安置的验潮杆,是作为验潮仪记录的参考尺。验潮杆被垂直地安置在码头的柱基上或其他适当的支体上,所在位置须便于精数,也要便于它与水准点之间的联测。读数每日定时进行,并要立即将此读数连同读取的日期和时刻记在验潮仪纸带上。为了保持由验潮所确定的潮位面,在验潮站附近设置了一系列水准点。从其中选定在永久性和可靠性方面都是最佳的一个作为水准原点。

我国水准点设在青岛市观象山上,由青岛验潮站验潮结果推算的黄海平均海面作为我国高程起算的基准面。我国曾采用青岛验潮站 1950—1956 年的验潮结果推算了黄海平均海面,称为"1956 年黄海平均高程面",以此建立了"1956 年黄海高程系"。我国自 1959 年开始,全国统一采用 1956 年黄海高程系。后来又利用 1952—1979 年的验潮结果计算确定了新的黄海平均海面,称为"1985 国家高程基准"。我国自 1988 年 1 月 1 日起开始采用 1985 国家高程基准作为高程起算的统一基准。

由 1956 年黄海平均海水面起算的青岛水准原点高程为 72.289 m,由 1985 国家高程基准起算的青岛水准原点高程为 72.260 m。

3. 相对高程

在局部地区,如果引用绝对高程有困难时,可采用假定高程系统,即假定一个水准面作为高程基准面,地面点至假定水准面的铅垂距离,称为相对高程或假定高程。

两点高程之差称为高差。在图 1-20 中,H_A、H_B 为 A、B 两点的绝对高程,H'_A、H'_B 为相对高程,h_{AB} 为 A、B 两点间的高差,即

$$h_{AB} = H_B - H_A = H'_B - H'_A$$

所以,两点之间的高差与高程起算面无关。

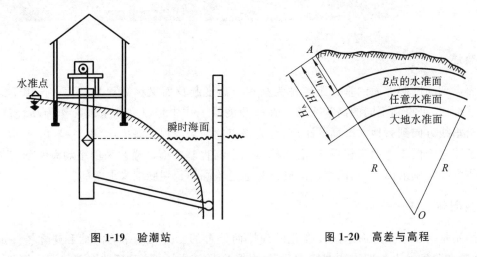

图 1-19 验潮站　　　　　　　　　图 1-20 高差与高程

三、方位角

在测量工作中,常常需要确定两点间平面位置的相对关系。除了测定两点间的距离外,还需确定两点所连直线的方向。一条直线的方向是根据某一基本方向来确定的。

1. 基本方向

过地面某点真子午线的切线北端所指示的方向,称为真北方向。真北方向可采用天文测量的方法测定,如观测太阳、北极星等,也可采用陀螺经纬仪测定。

坐标纵轴(x 轴)正向所指示的方向,称为坐标北方向。实用上常取与高斯平面直标系中 x 坐标轴平行的方向为坐标北方向。

磁针自由静止时其指北端所指的方向,称为磁北方向。磁北方向可用罗盘仪测定。

2. 子午线收敛角与磁偏角

过一点的真北方向与坐标北方向之间的夹角称为子午线收敛角,用 γ 表示。γ 的符号(见图 1-21)规定为:若坐标北方向在真北方向东侧时,γ 为正;若坐标北方向在真北方向西侧时,γ 为负。地面点 P 的子午线收敛角可按下式计算:

$$\gamma_P = (L_P - L_C) \cdot \sin B_P = \Delta L \cdot \sin B$$

式中,L_C 为中央子午线大地经度,L_P、B_P 分别为 P 点大地经度和大地纬度。由上式可知,当 ΔL 不变时,纬度越高,子午线收敛角越大,在两极 $\gamma = \Delta L$;纬度越低,子午线收敛角越小,在赤道上 $\gamma = 0$。

由于地球磁极与地球南北极不重合,因此,过地面上一点的磁北方向与真北方向不重合,其间的夹角称为磁偏角,用 δ 表示。δ 的符号规定为:磁北方向在真北方向东侧时,δ 为正;磁北方向在真北方向西侧时,δ 为负。

地球上磁偏角的大小不是固定不变的,而是因地而异的。同一地点,也随时间有微小变化,有周年变化和周日变化。发生磁暴时和在磁力异常地区,如磁铁矿和高压线附近,磁偏角将会产生急剧变化而影响测量,应尽量避免。

3. 方位角

由直线一端的基本方向起,顺时针方向至该直线的水平角度称为该直线的方位角。方位角的取值范围是 $0° \sim 360°$。

①真方位角:由真北方向起算的方位角,用 A 表示。

②坐标方位角:由坐标北方向起算的方位角,用 α 表示。

③磁方位角:由磁北方向起算的方位角,用 A_m 表示。

4. 方位角之间的相互换算

由于三个指北的标准方向并不重合,所以一条直线的三种方位角并不相等,它们之间存在着一定的换算关系。如图 1-22 所示,一条直线的真方位角 A、磁方位角 A_m、坐标方位角 α 之间有如下关系:

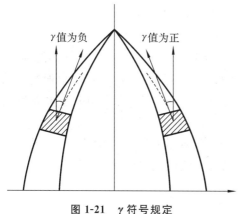

图 1-21　γ 符号规定　　　　图 1-22　三种方位角的关系

$$A = A_m + \delta$$
$$A = \alpha + \gamma$$

$$\alpha = A_m + \delta - \gamma$$

式中,δ 为磁偏角,γ 为子午线收敛角。

5. 正、反坐标方位角

一条直线的坐标方位角,由于起始点的不同而存在着两个值。如图 1-23 所示,P_1、P_2 为直线 P_1P_2 的两端点,α_{12} 表示 P_1P_2 方向的坐标方位角,α_{21} 表示 P_2P_1 方向的坐标方位角。α_{12} 和 α_{21} 互为正、反坐标方位角。若以 α_{12} 为正方位角,则称 α_{21} 为反方位角。由于在同一高斯平面直角坐标系内各点处坐标北方向均是平行的,所以一条直线的正、反坐标方位角相差 180°,即

$$\alpha_{12} = \alpha_{21} \pm 180°$$

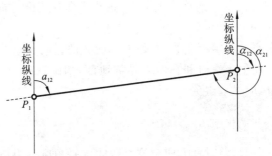

图 1-23 正、反坐标方位角

四、地形图的基本知识

地球表面复杂多样的形体,归纳起来可分为地物和地貌两大类。凡地面各种固定性的物体,如道路、房屋、铁路、江河、湖泊、森林、草地及其他各种人工建筑物等,均称为地物。地表面的各种高低起伏形态,如高山、深谷、陡坎、悬崖峭壁和雨裂冲沟等,都称为地貌。地形是地物和地貌的总称。

地形图是按照一定的数学法则,运用符号系统表示地表上的地物、地貌平面位置及基本的地理要素且高程用等高线表示的一种普通地图。图 1-24 所示为某幅 1:500 比例尺城区居民地地形图的一部分,图中主要表示了城市街道、居民区等。图 1-25 所示为某幅 1:2 000 比例尺地形图的一部分,它表示了农村居民地和地貌。这两张地形图各自反映了不同的地面状况。在城镇市区,图上必然显示出较多的地物而反映地貌较少;在丘陵地带及山区,地面起伏较大,除在图上表示地物外,还应较详细地反映地面高低起伏的状况。图 1-25 中有很多曲线,称为等高线,是表示地面起伏的一种符号。

地形图的内容丰富,归纳起来大致可分为三类:①数学要素,如比例尺、坐标格网等;②地形要素,即各种地物、地貌;③注记和整饰要素,包括各类注记、说明资料和辅助图表。

1. 地图的比例尺及比例尺精度

地图上任一线段的长度与地面上相应线段水平距离之比,称为地图的比例尺。常见的比例尺表示形式有两种:数字比例尺和图示比例尺。

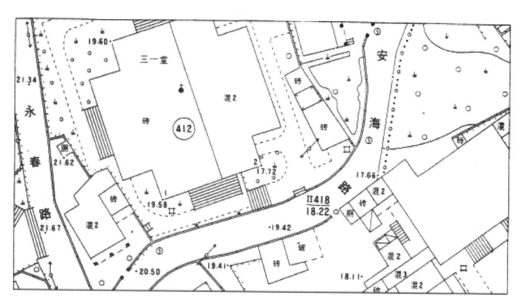

图 1-24　城区居民地地形图示例（1∶500）

图 1-25　地形图示例（1∶2 000）

以分子为1的分数形式表示的比例尺称为数字比例尺。设图上一条线段长为 d，相应的实地水平距离为 D，则该地图的比例尺为：

$$\frac{d}{D}=\frac{1}{M}$$

式中，M 称为比例尺分母。比例尺的大小视分数值的大小而定：M 越大，比例尺越小；M 越小，比例尺越大。数字比例尺也可写成 1∶500、1∶1 000、1∶2 000 等形式。地形图按比例尺分为三类:①1:500、1:1 000、1:2 000、1:5 000、1:10 000为大比例尺地形图;②1:25 000、1:50 000、1:100 000为中比例尺地形图;③1:250 000、1:500 000、1:1 000 000为小比例尺地形图。

图示比例尺中最常见的是直线比例尺,即用一定长度的线段表示图上的实际长度,并按图上比例尺计算出相应地面上的水平距离注记在线段上。图1-26所示为1:2 000的直线比例尺,其基本单位为2 cm。

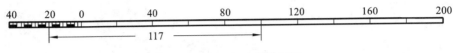

图1-26　1:2 000直线比例尺

直线比例尺多绘制在图幅下方处,具有随图纸同样伸缩的特点,故用它量取同一幅图上的距离时,在很大程度上减小了图纸伸缩变形带来的影响。直线比例尺使用方便,可直接读取基本单位的1/10,估读到1/100。为提高估读的准确性,可采用复式比例尺(斜线比例尺)的另一种图示比例尺,以减少估读的误差。图1-27所示的复式比例尺可直接量取到基本单位的1/100。

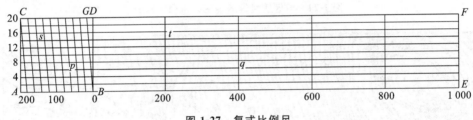

图1-27　复式比例尺

比例尺精度,测图用的比例尺越大,就越能表示出测区地面的详细情况,但测图所需的工作量也越大。因此,测图比例尺关系到实际需要、成图时间及测量费用。一般以工作需要,即根据在图上需要表示出的最小地物有多大,点的平面位置或两点间的距离要精确到什么程度为准,为决定的主要因素。正常人的眼睛能分辨的最短距离一般取0.1 mm,因此实地丈量地物边长,或丈量地物与地物间的距离,按比例尺缩小后,只要精确到相当于图上0.1 mm即可。在测量工作中称相当于图上0.1 mm的实地水平距离为比例尺精度。表1-1列出了几种尺地形图的比例尺精度。

表1-1　比例尺精度

比例尺	1:500	1:1 000	1:2 000	1:5 000	1:10 000
比例尺精度	0.05	0.1	0.2	0.5	1.0

按工作需要,多大的地物须在图上表示出来或测量地物要求精确到什么程度,由此可参考决定测图的比例尺。当测图比例尺决定之后,可以推算出测量地物时应精确到什么程度。

2. 地形图符号

实地的地物和地貌是用各种符号表示在图上的,这些符号总称为地形图图式。图式由国家测绘地理信息局统一制定,它是测绘和使用地形图的重要依据。国家标准《国家基本比例尺地图图式 第1部分:1:500 1:1 000 1:2 000 地形图图式》(GB/T 20257.1—2007)中包含地形图图式符号。

地形图符号有三类:地物符号、地貌符号和注记符号。地物符号是用来表示地物的类别、形状、大小及其位置的,分为比例符号、非比例符号和半比例符号。地形图上表示地貌的方法有多种,目前最常用的地貌符号是等高线法。在图上,等高线不仅能表示地面高低起伏的形态,还可确定地面点的高程。对于峭壁、冲沟、梯田等特殊地形,不便用等高线表示时,则绘注相应的符号。注记包括地名注记和说明注记:地名注记主要包括行政区划、居民地、道路名称,河流、湖泊、水库名称,山脉、山岭名称等;说明注记包括文字和数字注记,主要用以补充说明对象的质量和数量属性,如房屋的结构和层数、管线性质及输送物质、比高、等高线高程、地形点高程以及河流的水深、流速等。

3.图廓及图廓外注记

图廓是一幅图的范围线,有矩形分幅地形图图廓和梯形分幅地形图图廓。

矩形分幅的地形图有内、外图廓线。内图廓线就是坐标格网线,也是图幅的边界线,在内图廓与外图廓之间四角处注有坐标值,并在内图廓线内侧,每隔10 cm绘有5 mm长的坐标短线,表示坐标格网线的位置。在图幅内每隔10 cm绘有十字线,以标记坐标格网交叉点。外图廓仅起装饰作用。

图1-28所示为1:1 000比例尺地形图图廓示例。北图廓上方正中为图名、图号,图名即地形图的名称,通常选择图内重要居民地名称作为图名,若该图幅内没有居民地,也可选择湖泊、山峰等的名称作为图名。图的左上方为图幅接合表,用来说明本幅图与相邻图位置关系。中间画有斜线的一格代表本幅图位置,四周八格分别注明相邻图幅的图名,利用接合表可迅速地进行地形图的拼接。在南图廓的左下方注记测图日期、测图方法、平面和高程系统、等高距及地形图图式的版别等。在南图廓下方中央处注有比例尺,在南图廓右下方写明作业人员姓名。在西图廓下方注明测图单位全称。

梯形分幅地形图以经纬线进行分幅,图幅呈梯形,在图上绘有经纬线网和方里网。在不同比例尺的梯形分幅地形图上,图廓的形式有所不同。1:100 000~1:10 000地形图的图廓,由内图廓、外图廓和分度带组成。内图廓是经线和纬线围成的梯形,也是该图幅的边界线。图1-29所示为1:50 000地形图的西南角,西图廓经线是东经109°00′,南图廓线是北纬36°00′。在东、西、南、北外图廓线中间分别标注了四邻图幅的图号,更进一步说明了与四邻图幅的相互位置。内、外图廓之间为分度带,绘有加密经纬网的分划短线,相邻两条分间的长度,表示实地经差或纬差1′。分度带与内图廓之间,注记以千米为单位的平面直角坐标值,如图中^{39}88表示纵坐标为^{39}88 km(从赤道起算),其余89、90等,其千米数的千、百位都是39,故从略;横坐标为19 321,19为该图幅所在的投影带号,321表示该纵线的横坐标千米数,即位于第19带中央子午线以西179 km处(321 km-500 km=-179 km)。

梯形分幅地形图北图廓上方正中为图名、图号和省、县名,左边为图幅接合表。东图廓外上方绘有图例,在西图廓外下方注明测图单位全称。在南图廓下方中央注有数字比例尺,此外,还

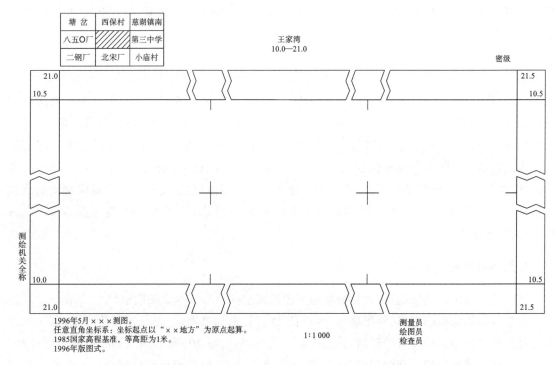

图 1-28　地形图图廓示例

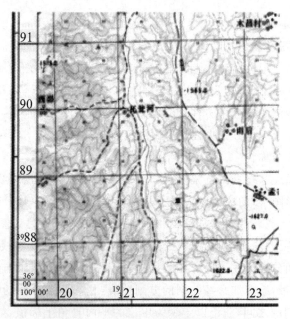

图 1-29　1:50 000 地形图图廓的西南角

绘有坡度尺、三北方向图、直线比例尺以及测绘日期、测图方法、平面和高程系统、等高距和地形图图式的版别等。利用三北方向图(见图 1-30)可对图上任一方向的坐标方位角、真方位角和磁方位角进行换算。利用坡度尺(见图 1-31)可在地形图上量测地面坡度(百分比值)和倾角。

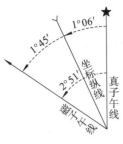

图1-30 三北方向图

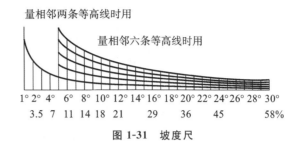

图1-31 坡度尺

五、地形图的分幅与编号

为便于测绘、印刷、保管、检索和使用,所有的地形图均须按规定的大小进行统一分幅并进行有系统的编号。地形图的分幅方法有两种:一种是按经纬线分幅的梯形分幅法,另一种是按坐标格网线分幅的矩形分幅法。

1.梯形分幅与编号

我国基本比例尺(1:1 000 000～1:5 000)地形图采用经纬线分幅,地形图图廓由经纬线构成。它们均以1:1 000 000地形图为基础,按规定的经差和纬差划分图幅,行列数和图幅数成简单的倍数关系。

经纬线分幅的主要优点是每个图幅都有明确的地理位置概念,适用于很大范围(全国、大洲、全世界)的地图分幅。其缺点是图幅拼接不方便,随着纬度的升高,相同经纬差所限定的图幅面积不断缩小,不利于有效地利用纸张和印刷机版面。此外,经纬线分幅还经常会破坏重要地物(如大城市)的完整性。

20世纪70年代以前,我国基本比例尺地形图分幅与编号以1:1 000 000地形图为基础,伸展出1:500 000、1:200 000、1:100 000三个系列。20世纪70～80年代1:250 000取代了1:200 000,则伸展出1:500 000、1:250 000、1:100 000三个系列,在1:100 000后又分为1:50 000、1:25 000一支及1:10 000、1:5 000的一支。

为便于计算机管理和检索,2012年国家质量监督检验检疫局局发布了新的《国家基本比例尺地形图分幅和编号》(GB/T 13989—2012)国家标准,自2012年10月1日起实施。

1:1 000 000～1:5 000比例尺地形图分幅和编号,新标准仍以1:1 000 000比例尺地形图为基础,1:1 000 000比例尺地形图的分幅经、纬差不变,但由过去的纵行、横列改为横行、纵列,它们的编号由其所在的行号(字符码)与列号(数字码)组合而成,如北京所在的1:1 000 000地形图的图号为J50。

1:500 000～1:5 000地形图的分幅全部由1:1 000 000地形图逐次加密划分而成,编号均以1:1 000 000比例尺地形图为基础,采用行列编号方法,由其所在1:1 000 000比例尺地形图的图号、比例尺代码和图幅的行列号共十位码组成,如图1-32所示。编码长度相同,编码系列统一为一个根部,便于计算机处理。

各种比例尺代码如表1-2所示。1:1 000 000～1:5 000地形图的行、列编号如图1-33所示。

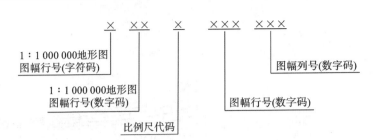

1：1 000 000地形图
图幅行号(字符码)

1：1 000 000地形图
图幅行号(数字码)

比例尺代码

图幅行号(数字码)

图幅列号(数字码)

图 1-32　1：500 000～1：5 000 地形图图号的构成

表 1-2　比例尺代码表

比例尺	1：500 000	1：250 000	1：100 000	1：50 000	1：25 000	1：10 000	1：5 000
代码	B	C	D	E	F	G	H

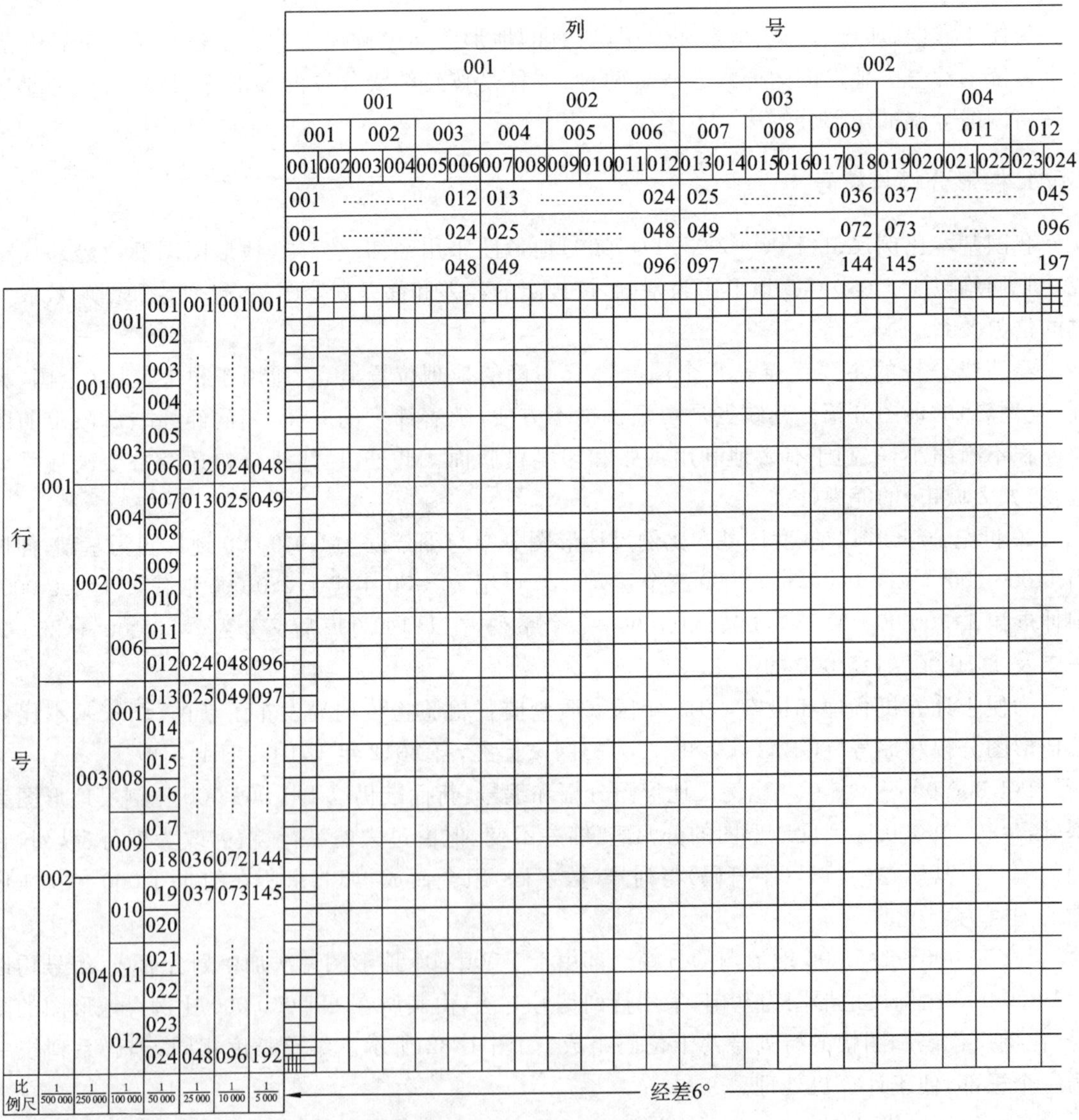

图 1-33　1：1 000 000～1：5 000 地形图的行、列编号

经差6°

例 1-1 1:500 000 地形图的编号(见图 1-34)晕线所示图号为 J50B001002。

例 1-2 1:250 000 地形图的编号(见图 1-35)晕线所示图号为 J50C003003。

例 1-3 1:100 000 地形图的编号(见图 1-36)45°晕线所示图号为 J50D010010。

已知图幅内某点的经、纬度或图幅西南图廓点的经、纬度,可按下式计算 1:1 000 000 地形图图幅编号:

$$a=[\varphi/4°]+1$$
$$b=[\lambda/6°]+31$$

式中:[]表示商取整,a 为 1:1 000 000 地形图图幅所在纬度带字符码对应的数字码,b 为 1:1 000 000地形图图幅所在经度带的数字码,λ 为图幅内某点的经度或图幅西南图廓点的经度,φ 为图幅内某点的纬度或图幅西南图廓点的纬度。

例 1-4 某点经度为 114°33′45″,纬度为 39°22′30″,计算其所在图幅的编号。

解 a=[39°22′30″/4]+1=10(字符码为 J)

b=[114°33′45″/6]+31=50

因此,该点所在 1:1 000 000 地形图图幅的图号为 J50。

已知图幅内某点的经、纬度或图幅西南图廓点的经、纬度,也可按下式计算所求比例尺地形图在 1:1 000 000 地形图图号后的行、列号:

$$c=4°/\Delta\varphi-[(\varphi/4°)/\Delta\varphi]$$
$$d=[(\lambda/6°)\Delta\varphi]+1$$

式中:()表示商取余,[]表示商取整,c 表示所求比例尺地形图在 1:1 000 000 地形图图号后的行号,d 所求比例尺地形图在 1:1 000 000 地形图图号后的列号,λ 表示图幅内某点的经度或图幅西南图廓点的经度,φ 表示图幅内某点的纬度或图幅西南图廓点的纬度,$\Delta\lambda$ 表示所求比例尺地形图分幅的经差,$\Delta\varphi$ 表示所求比例尺地形图分幅的纬差。

例 1-5 以经度为 114°33′45″,纬度为 39°22′30″的某点为例,计算其所在 1:10 000 地形图的编号。

解 $\Delta\varphi=2′30″,\Delta\lambda=3′45″$

c=4°/2′30″-[(39°22′30″/4°)/2′30″]=015

d=[(114°33′45″/6°)/3′45″]+1=010

1:10 000 地形图的图号为 J50G015010。

已知图号可计算该图幅西南图廓点的经、纬度。也可在同一幅 1:1 000 000 比例尺地图图幅内进行不同比例尺地形图的行列关系换算,即由较小比例尺地形图的行、列号计算所含各较大比例尺地形图的行、列号或由较大比例尺地形图的行、列号计算它隶属于较小比例尺地形图的行、列号。相应的计算公式及算例见《国家基本比例尺地形图分幅和编号》(GB/T 13989—2012)。

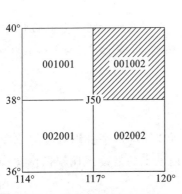

图 1-34　1:500 000 地形图编号

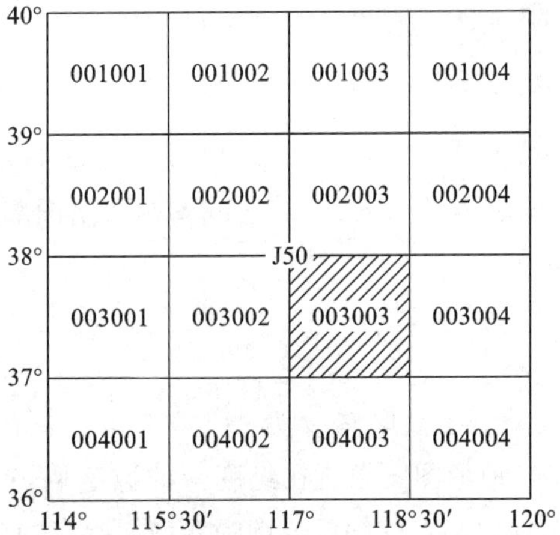

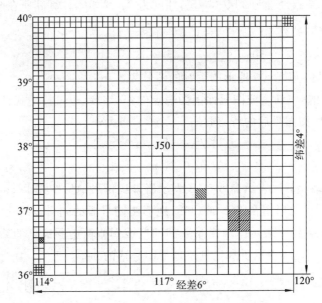

图 1-35　1:250 000 地形图编号

图 1-36　1:100 000~1:5 000 地形图编号

2.矩形分幅与编号

大比例尺地形图的图幅通常采用矩形分幅,图幅的图廓线为平行于坐标轴的直角坐标格网线。以整千米(或百米)坐标进行分幅。图幅大小可分成 40 cm×40 cm、40 cm×50 cm 或 50 cm×50 cm。图幅大小如表 1-3 所示。

表 1-3　几种大比例尺地形图的图幅大小

比例尺	图幅大小/cm²	实地面积/km²	1:5 000 图幅内的分幅数
1:5 000	40×40	4	1
1:2 000	50×50	1	4

续表

比例尺	图幅大小/cm²	实地面积/km²	1:5 000 图幅内的分幅数
1:1 000	50×50	0.25	16
1:500	50×50	0.062 5	64

矩形分幅图的编号有以下几种方式：

1）按图廓西南角坐标编号

采用图廓西南角坐标公里（1公里＝1千米，下同）数编号，x坐标在前，y坐标在后，中间用短线连接。1:5 000取至千米数，1:2 000、1:1 000取至0.1 km，1:500取至0.01 km。例如某幅1:1 000比例形图西南角图廓点的坐标$x=83\ 500$ m、$y=15\ 500$ m，则该图幅编号为83.5-15.5。

2）按流水号编号

按测区统一划分的各图幅的顺序号码，从左到右，从上到下，用阿拉伯数字编号。图1-37（a）中，晕线所示图号为15。

3）按行列号编号

将测区内图幅按行和列分别单独排出序号，再以图幅所在的行和列序号作为该图幅图号。图1-37（b）中，晕线所示图号为A-4。

4）以1:5 000比例尺图为基础编号

如果整个测区测绘有几种不同比例尺的地形图，则地形图的编号可以1:5 000比例尺地形图为基础。以某1:5 000比例尺地形图图幅西南角坐标值编号，如图1-37（c）中1:5 000图幅编号为32-56，此图号就作为该图幅内其他较大比例尺地形图的基本图号，编号方法见图1-37（d）。图中，晕线所示图号为32-56-Ⅳ-Ⅲ-Ⅱ。

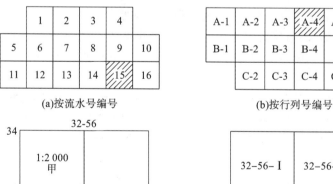

(a)按流水号编号　　　　　　(b)按行列号编号

(c)1:5 000比例尺地形图图号32-56　　　(d)以1:5 000比例尺图为基础编号

图1-37　矩形分幅与编号

任务 5 测量误差的基本知识

一、测量误差的产生原因、分类和处理原则

1. 测量误差的产生原因

测量工作的实践表明,对于某一客观存在的量,如地面某两点之间的距离或高差、某三点之间构成的水平角等,尽管采用了合格的测量仪器和合理的观测方法,测量人员的工作态度也认真负责,但是多次重复测量的结果总是有差异,这说明观测值中存在测量误差,或者说,测量误差是不可避免的。测量中真值与观测值之差称为误差,严格意义上讲应称为真误差。在实际工作中真值不易测定,一般把某一量的准确值与其近似值之差也称为误差。产生测量误差的原因,概括起来有以下三个方面:

1) 人的原因

由于观测者的感觉器官的辨别能力存在局限性,所以对于仪器的对中、整平、瞄准、读数等操作都会产生误差。例如,在厘米分划的水准尺上,由观测者估读毫米数,则 1 mm 以下的估读误差是完全有可能产生的。另外,观测者技术熟练程度也会给观测成果带来不同程度的影响。

2) 仪器的原因

测量工作是需要用测量仪器进行的,而每一种测量仪器具有一定的精确度,因而使测量结果受到一定的影响。例如,测角仪器的度盘分划误差可能达到 3″,由此使所测的角度产生误差。另外,仪器结构的不完善,如测量仪器轴线位置不准确,也会引起测量误差。

3) 外界环境的影响

测量工作进行时所处的外界环境中的空气温度、气压、湿度、风力、日光照射、大气折光、烟雾等客观情况时刻在变化,使测量结果产生误差。例如,温度变化使钢尺产生伸缩,风吹和日光照射使仪器的安置不稳定,大气折光使望远镜的瞄准产生偏差等。

人、仪器和环境是测量工作得以进行的必要条件,通常把这三个方面综合起来称为观测条件。这些观测条件都有其本身的局限性和对测量精度的影响,因此,测量成果中的误差是不可避免的。误差的大小决定观测的精度。凡是观测条件相同的同类观测称为"等精度观测",观测条件不同的同类观测则称为"不等精度观测",这对于观测值的成果处理应有所区别。

2. 测量误差的分类

测量误差按其产生的原因和对观测结果影响性质的不同,可以分为系统误差、偶然误差和粗差三类。

1) 系统误差

在相同的观测条件下,对某一量进行一系列的观测,如果出现的误差在符号和数值上都相

同,或按一定的规律变化,这种误差称为"系统误差"。例如,用名义长度为 30 m 而实际正确长度为 30.004 m 的钢卷尺量距,每量一尺段就有使距离量短了 0.004 m 的误差,其量距误差的符号不变,且与所量距离的长度成正比。因此,系统误差具有积累性。系统误差对观测值的影响具有一定的数学或物理上的规律性。如果这种规律性能够被找到,则系统误差对观测的影响可加以改正,或者用一定的测量方法加以抵消或削弱。

2)偶然误差

在相同的观测条件下,对某一量进行一系列的观测,如果误差出现的符号和数值大小都不相同,从表面上看没有任何规律性,这种误差称为"偶然误差"。偶然误差是由人力所不能控制的因素或无法估计的因素(如人眼的分辨能力、仪器的极限精度和气象因素等)共同引起的测量误差,其数值的正负、大小纯属偶然。例如,在厘米分划的水准尺上读数,估读毫米数时,有时估读偏大,有时估读偏小。因此,多次重复观测,取其平均数,可以抵消一些偶然误差。

偶然误差是不可避免的,在相同的观测条件下观测某一量,所出现的大量偶然误差具有统计的规律,或称之为具有概率论的规律。

3)粗差

由于观测者的粗心或各种干扰造成的大于限差的误差称为粗差,如瞄错目标、读错大数等。

3. 误差处理原则

粗差是大于限差的误差,是由于观测者的粗心大意或受到干扰所造成的错误。错误应该可以避免,包含有错误的观测值应该舍弃,并重新进行观测。

为了防止错误的发生和提高观测成果的精度,在测量工作中,一般需要进行多于必要的观测次数,称为"多余观测"。例如,一段距离用往返丈量,如果将往测作为必要观测,则返测就属于多余观测。又如,由三个地面点构成一个平面三角形,在三个点上进行水平角观测,其中两个角度属于必要观测,则第三个角度的观测就属于多余观测。有了多余观测,就可以发现观测值中的错误,以便将其剔除和重测。由于观测值中的偶然误差不可避免,有了多余观测,观测值之间必然产生矛盾(往返差、不符值、闭合差)。根据差值的大小,可以评定测量的精度。差值如果大到一定程度,就认为观测值误差超限,应予重测(返工);差值如果不超限,则按偶然误差的规律加以处理(称为闭合差的调整),以求得最可靠的数值。

至于观测值中的系统误差,应该尽可能按其产生的原因和规律加以改正、抵消或削弱。例如,用钢卷尺量距时,按其检定结果对量得长度进行尺寸改正。

测量误差理论主要讨论根据一系列具有偶然误差的观测值如何求得最可靠的结果确定观测成果的精度。为此,需要对偶然误差的性质做进一步的讨论。

设某一量的真值为 X,在相同的观测条件下对此量进行 n 次观测,得到的观测值 $I_1,I_2,\cdots,I_n$,在每次观测中产生的偶然误差(又称真误差)为 $\Delta_1,\Delta_2,\cdots,\Delta_n$,则定义:

$$\Delta_i = X - I_i \qquad (i = 1,2,\cdots,n)$$

从单个偶然误差来看,其符号的正负和数值的大小没有任何规律性。但是,如果观测的次数很多,观察其大量的偶然误差就能发现隐藏在偶然性下面的必然规律。进行统计的数量越大,规律性也越明显。下面结合某观测实例,用统计方法进行说明和分析。

在某一测区,在相同的观测条件下共观测了 358 个三角形的全部内角,由于每个三角形内角之和的真值(180°)为已知,因此,可以计算每个三角形内角之和的偶然误差 Δ(三角形闭合差）。然后将它们分为负误差和正误差，按误差绝对值由小到大的次序排列。以误差区间 dΔ＝3″进行误差个数 k 的统计，并计算其相对个数 k/n（n＝358），k/n 称为误差出现的频率。偶然误差的统计如表 1-4 所示。

为了直观地表示偶然误差的正负和大小的分布情况，可以按表 1-4 的数据做图（见图 1-38）。图中以横坐标表示误差的正负和大小，以纵坐标表示误差出现于各区间的频率（k/n）除以区间（dΔ），每一区间按纵坐标画成矩形小条，则每一小条的面积代表误差出现于该区间的频率，而各小条的面积总和等于 1。该图在统计学上称为"频率直方图"。

表 1-4　偶然误差的统计

误差区间 dΔ/″	负误差		正误差		误差绝对值	
	k	k/n	k	k/n	k	k/n
0～3	45	0.126	46	0.128	91	0.25
3～6	40	0.112	41	0.115	81	0.22
6～9	33	0.092	33	0.092	66	0.18
9～12	23	0.064	21	0.059	44	0.12
12～15	17	0.047	16	0.045	33	0.09
15～18	13	0.036	13	0.036	26	0.07
18～21	6	0.017	5	0.014	11	0.03
21～24	4	0.011	2	0.006	6	0.01
24 以上	0	0	0	0	0	0
$\sum$	181	0.505	177	0.495	358	1.00

从表 1-4 的统计中，可以归纳出偶然误差的特性如下：①在一定观测条件下的有限次观测中，偶然误差的绝对值不会超过一定的限值；②绝对值较小的误差出现的频率大，绝对值较大的误差出现的频率小；③绝对值相等的正、负误差具有大致相等的出现频率；④当观测次数无限增大时，偶然误差的理论平均值趋近于零，即偶然误差具有抵偿性，用公式表示为：

$$\lim_{n \to \infty} \frac{\Delta_1 + \Delta_1 + \cdots + \Delta_n}{n} = \lim_{n \to \infty} \frac{[\Delta]}{n} = 0$$

式中，[ ]表示取括号中数值的代数和。

根据 358 个三角形角度观测值的闭合差画出的误差出现频率直方图，表现为中间高、两边低并向横轴逐渐逼近的对称图形，并不是一种特例，而是统计偶然误差时呈现的普遍规律，并且可以用数学公式来表示。

若误差的个数无限增大（$n \to \infty$），同时又无限缩小误差的区间 dΔ，则图 1-38 中各小长条的顶边的折线就逐渐成为一条光滑的曲线。该曲线在概率论中称为正态分布曲线或称误差分布曲线，它完整地表示了偶然误差出现的概率 P，即当 $n \to \infty$ 时，上述误差区间内误差出现的频率趋于稳定，成为误差出现的概率。

正态分布曲线的数学方程式为：

$$f(\Delta) = \frac{1}{\sqrt{2\pi}\sigma} e^{-\frac{\Delta^2}{2\sigma^2}}$$

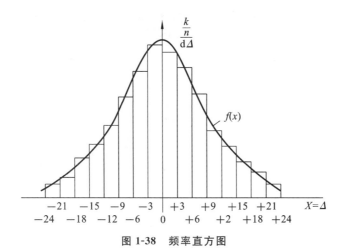

图 1-38 频率直方图

式中,圆周率 $\pi=3.1416$,自然对数的底 $e=2.7183$,σ 为标准差,标准差的平方 σ^2 为方差。方差为偶然误差平方的理论平均值:

$$\sigma^2=\lim_{n\to\infty}\frac{\Delta_1^2+\Delta_2^2+\cdots+\Delta_n^2}{n}=\lim_{n\to\infty}\frac{[\Delta^2]}{n}$$

因此,标准差为:

$$\sigma=\lim_{n\to\infty}\sqrt{\frac{[\Delta^2]}{n}}=\sqrt{\frac{[\Delta\Delta]}{n}}$$

由上式可知,标准差的大小取决于在一定条件下偶然误差出现的绝对值的大小。由于在计算标准差时取各个偶然误差的平方和,因此,当出现有较大绝对值的偶然误差时,在标准差的数值大小中会得到明显的反映。

二、衡量精度的标准

在相同的观测条件下,对某一个量所进行的一组观测对应着一种误差分布,因此,这一组中的每一个观测值都具有同样的精度。可以方便地用某个数值来反映误差分布的密集或离散程度,这个数值就是下面将要介绍的几种衡量精度的标准。

1. 中误差

标准差的平方 σ^2 为方差,为了统一衡量在一定观测条件下观测结果的精度,取标 σ 作为依据是比较合适的。但是,在实际测量工作中,不可能对某一个量做无穷多次观测。因此,在测量中定义按有限的几次观测的偶然误差求得的标准差为"中误差",用 m 表示,即

$$m=\pm\sqrt{\frac{\Delta_1^2+\Delta_2^2+\cdots+\Delta_n^2}{n}}=\pm\sqrt{\frac{[\Delta\Delta]}{n}}$$

2. 相对误差

在某些测量工作中,对观测值的精度仅用中误差来衡量还不能正确反映出观测值的质量。例如,用钢卷尺丈量 200 m 和 40 m 两段距离,量距的中误差都是 ±2 cm,但不能认为两者的精

度是相同的,因为量距的误差与其长度有关。为此,用观测值的中误差与观测值之比的形式(称为"相对中误差")描述观测的质量。在上述例子中,前者的相对中误差为 0.02/200＝1/10 000,而后者则为 0.02/40＝1/2 000,显然前者的量距精度高于后者。

3. 极限误差

由频率直方图可知:图中各矩形小条的面积代表误差出现在该区间中的频率,当统计误差的个数无限增加、误差区间无限减小时,频率逐渐趋于稳定而成为概率,直方图的顶边即形成正态分布曲线。因此,根据正态分布曲线,可以表示出误差出现在微小区间 dΔ 中的概率:

$$P(\Delta) = f(\Delta) \cdot \mathrm{d}\Delta = \frac{1}{\sqrt{2\pi}m} \mathrm{e}^{-\frac{\Delta^2}{2m^2}} \mathrm{d}\Delta$$

根据上式的积分,可以得到偶然误差在任意大小区间中出现的概率。设以 k 倍中误差作为区间,则在此区间中误差出现的概率为:

$$P(|\Delta| < km) = \int_{-km}^{+km} \frac{1}{\sqrt{2\pi}m} \mathrm{e}^{-\frac{\Delta^2}{2m^2}} \mathrm{d}\Delta$$

分别以 $k=1$、$k=2$、$k=3$ 代入上式,可得到偶然误差的绝对值不大于中误差、2 倍中误差和 3 倍中误差的概率:

$$P(|\Delta| < m) = 0.683 = 68.3\%$$
$$P(|\Delta| < 2m) = 0.954 = 95.4\%$$
$$P(|\Delta| < 3m) = 0.997 = 99.7\%$$

由此可见,偶然误差的绝对值大于 2 倍中误差的约占误差总数的 5%,而大于 3 倍中误差的仅占误差总数的 0.3%。一般进行的测量次数有限,2 倍中误差应该很少遇到,因此,以 2 倍中误差作为允许的误差极限,称为"允许误差",简称"限差",即

$$\Delta_{\text{允}} = 2m$$

现行测量规范中通常取 2 倍中误差作为限差。

1. 我国 1:5 000 至 1:500 000 地形图的编号的表达格式是什么?分别代表什么意思?

2. 什么是地形图?地形图包括哪些内容?

3. 地形图的分幅编号有哪几种方法?

4. 已知地面上某点的经度 $L=114°30'00$,试问该点分别位于 3° 带和 6° 带的第几带,其中央子午线的经度各是多少?

5. 新中国成立后我国曾使用的统一高程系统是哪个?现在使用的统一高程系统是哪个?两者的水准原点相差多少?

学习情境 2

水准测量

任务 1 地面点位的表示方法

一、地球的形状和大小

1. 水准面和水平面

测量工作是在地球的自然表面进行的,而地球自然表面是不平坦和不规则的,有高达 8 844.43 m 的珠穆朗玛峰,也有深至 11 034 m 的马里亚纳海沟。虽然它们高低起伏悬殊,但与地球的半径 6 371 km 相比较,还是可以忽略不计的。另外,地球表面海洋面积约占 71%,陆地面积仅占 29%。因此,人们设想以一个静止不动的海水面延伸穿越陆地,形成一个闭合的曲面包围了整个地球,这个闭合曲面称为水准面。水准面的特点是水准面上任意一点的铅垂线都垂直于该点的曲面。与水准面相切的平面,称为水平面。

2. 大地水准面

事实上,海水受潮汐及风浪的影响,时高时低,所以水准面有无数个,其中与平均海水面相吻合的水准面称为大地水准面,也可称为绝对水准面,它是测量工作的基准面。由大地水准面所包围的形体,称为大地体。它代表了地球的自然形状和大小。

3. 铅垂线

由于地球的自转,地球上任一点都同时受到离心力和地球引力的作用,这两个力的合力称为重力,重力的方向线称为铅垂线,它是测量工作的基准线。

4. 地球椭球体

地球内部质量分布不均匀,引起铅垂线的方向产生不规则的变化,致使大地水准面成为一个有微小起伏的复杂曲面,如图 2-1(a)、图 2-1(b)所示。人们无法在这样的曲面上直接进行测量数据的处理。为了解决这个问题,人们选用了一个既非常接近大地水准面,又能用数学式表示的几何形体来代替地球总的形状,这个几何形体是由椭圆绕其短轴旋转而成的旋转椭球体,又称地球椭球体,如图 2-1(c)所示。决定地球椭圆体形状和大小的参数为椭圆的长半径 a、短半径 b 及扁率 α,其关系式为:

$$\alpha = \frac{a-b}{a}$$

我国目前采用的地球椭球体的参数值为:$a = 6\ 378\ 140$ m,$b = 6\ 356\ 755$ m,$\alpha = 1 : 298.257$。

由于地球椭球体的扁率 α 很小,当测量的区域不大时,可将地球看作半径为 6 371 km 的圆球。在小范围内进行测量工作时,可以用水平面代替大地水准面。

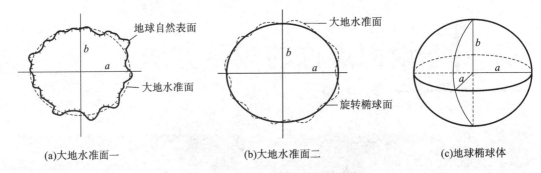

(a)大地水准面一   (b)大地水准面二   (c)地球椭球体

图 2-1   大地水准面与地球椭球体

二、确定地面点位的方法

测量工作的实质是确定地面点的空间位置,而地面点的空间位置需由三个参数来确定,即该点在大地水准面上的投影位置(两个参数)和该点的高程。

1.地面点在大地水准面上的投影位置

地面点在大地水准面上的投影位置,可用地理坐标和平面直角坐标表示。地理坐标是用经度 λ 和纬度 φ 表示地面点在大地水准面上的投影位置。由于地理坐标是球面坐标,不便于直接进行各种计算,在工程上为了使用方便,常采用平面直角坐标系来表示地面点位。下面介绍两种常用的平面直角坐标系。

1)高斯平面直角坐标系

地球椭球面是一个不可展的曲面,必须通过投影的方法将地球椭球面的点位换算到平面上。地图投影方法有多种,我国采用的是高斯投影法。利用高斯投影法建立的平面直角坐标系称为高斯平面直角坐标系。在广大区域内确定点的平面位置,一般采用高斯平面直角坐标系。

高斯投影法是将地球划分成若干带,然后将每带投影到平面上。如图 2-2 所示,投影带是从首子午线起,每隔经度 6°划分一带,称为 6°带,将整个地球划分成 60 个带。带号从首子午线

起自西向东编号,0°～6°为第1号带,6°～12°为第
2号带……位于各带中央的子午线,称为中央子
午线,第1号带中央子午线的经度为3°,任意号
带中央子午线的经度 L_0 可按式计算。

$$L_0 = 6N - 3$$

式中:N——6°带的带号。

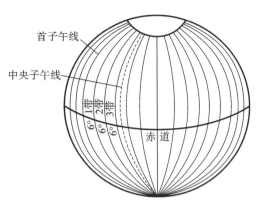

图 2-2　高斯平面直角坐标系的分带

为了叙述方便,把地球看作圆球,并设想把
投影面卷成圆柱面套在地球上,如图 2-3(a)所
示,使圆柱的轴心通过圆球的中心,并与某 6°带
的中央子午线相切。在球面图形与柱面图形保
持等角的条件下,将该 6°带上的图形投影到圆柱
面上。然后将圆柱面沿过南、北极的母线剪开,并展开成平面,这个平面称为高斯投影平面。如
图 2-3(b)所示,投影后,在高斯投影平面上中央子午线和赤道的投影是两条互相垂直的直线,其
他的经线和纬线是曲线。

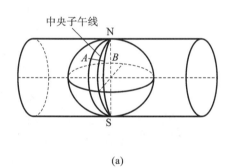
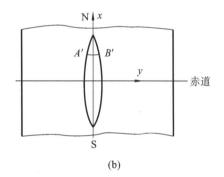

图 2-3　高斯投影方法

我们规定中央子午线的投影为高斯平面直角坐标系的纵轴 x,赤道的投影为高斯平面直角
坐标系的横轴 y,两坐标轴的交点为坐标原点 O,并令 x 轴向北为正,y 轴向东为正,由此建立了
高斯平面直角坐标系,如图 2-4 所示。

在图 2-4(a)中,地面点 A、B 的平面位置可用高斯平面直角坐标 x、y 来表示。由于我国位
于北半球,x 坐标均为正值,y 坐标则有正有负。

$$y_A = +136\ 780\ \text{m}, \qquad y_B = -272\ 440\ \text{m}$$

为了避免 y 坐标出现负值,将每带的坐标原点向西移 500 km,如图 2-4(b)所示,则纵轴西
移后:

$$y_A = (500\ 000 + 136\ 780)\ \text{m} = 636\ 780\ \text{m} \qquad y_B = (5\ 000\ 000 - 272\ 440)\ \text{m} = 227\ 560\ \text{m}$$

为了正确区分某点所处投影带的位置,规定在横坐标值前冠以投影带带号。如 A、B 两点
均位于第 20 号带,则:

$$y_A = 20\ 636\ 780\ \text{m} \qquad y_B = 20\ 227\ 560\ \text{m}$$

在高斯投影中,除中央子午线外,球面上其余的曲线投影后都会产生变形。离中央子午线
近的部分变形小,离中央子午线越远则变形越大,两侧对称。当要求投影变形更小时,可采用 3°
带投影。

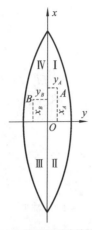

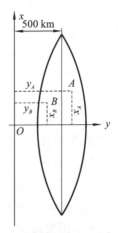

(a)坐标原点西移前的高
斯平面直角坐标系

(b)坐标原点西移后的高
斯平面直角坐标系

图 2-4　高斯平面直角坐标系

如图 2-5 所示,3°带是从东经 $1°30'$ 开始,每隔经度 3°划分一带,将整个地球划分成 120 个带。每一带按前面所叙的方法建立各自的高斯平面直角坐标系。各带中央子午线的经度 L'_0,可按下式计算。

$$L'_0 = 3n$$

式中:N——3°带的带号。

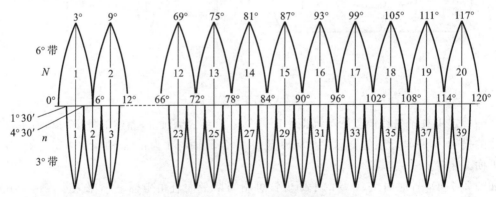

图 2-5　高斯平面直角坐标系 6°带投影和 3°带投影的关系

2)独立平面直角坐标系

当测区范围较小时,可以用测区中心点 A 的水平面来代替大地水准面,如图 2-6 所示。在这个平面上建立的测区平面直角坐标系称为独立平面直角坐标系。在局部区域内确定点的平面位置,可以采用独立平面直角坐标系。

在独立平面直角坐标系中,规定南北方向为纵坐标轴,记作 x 轴,x 轴向北为正,向南为负;以东西方向为横坐标轴,记作 y 轴,y 轴向东为正,向西为负;坐标原点 O 一般选在测区的西南角,使测区内各点的 x、y 坐标均为正值;坐标象限按顺时针方向编号,如图 2-7 所示,其目的是便于将数学中的公式直接应用到测量计算中,而不需做任何变更。

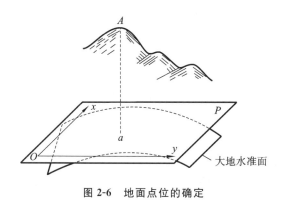

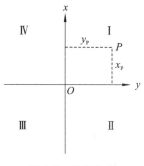

图 2-6 地面点位的确定　　　　图 2-7 坐标象限

2.地面点的高程

1）绝对高程

地面点到大地水准面的铅垂距离，称为该点的绝对高程，又称海拔，在工程测量中习惯称为高程，用 H 表示。如图 2-8 所示，地面点 A、B 的高程分别为 H_A、H_B。

我国在青岛设立验潮站，长期观测和记录黄海海水面的高低变化，取其平均值作为绝对高程的基准面。目前，我国采用的"1985 年国家高程基准"，是以 1953 年至 1979 年青岛验潮站观测资料确定的黄海平均海水面作为绝对高程基准面，并在青岛建立了国家水准原点，其高程为72.260 m。

2）相对高程

个别地区采用绝对高程有困难时，也可以假定一个水准面作为高程起算基准面，这个水准面称为假定水准面。地面点到假定水准面的铅垂距离，称为该点的相对高程或假定高程。如图 2-8 中，A、B 两点的相对高程为 H'_A、H'_B。

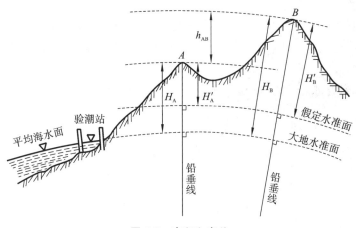

图 2-8 高程和高差

3）高差

地面两点间的高程之差称为高差，用 h 表示。高差有方向和正负。如图 2-8 中，A、B 两点的高差为：

$$h_{AB} = H_B - H_A$$

当 h_{AB} 为正时，B 点高于 A 点；当 h_{AB} 为负时，B 点低于 A 点。

B、A 两点的高差为：

$$h_{BA} = H_A - H_B$$

由此可见，A、B 两点的高差与 B、A 两点的高差绝对值相等，符号相反，即

$$h_{AB} = -h_{BA}$$

综上所述，我们只要知道地面点的三个参数 x、y、H，那么地面点的空间位置就可以确定了。

任务 2 普通水准测量

一、水准路线及成果检核

在水准点间进行水准测量所经过的路线，称为水准路线。相邻两水准点间的路线称为测段。在水准测量中，为了保证水准测量成果能达到一定的精度要求，必须对水准测量进行成果检核。检核方法是将水准路线布设成某种形式，利用水准路线布设形式的条件，检核所测成果的正确性。在一般的工程测量中，水准路线的布设形式有附合水准路线（见图 2-9(a)）、闭合水准路线（见图 2-9(b)）、支线水准路线（见图 2-9(c)）和水准网（见图 2-9(d)），但在施工测量主要有以下三种形式。

1. 附合水准路线

1）附合水准路线的布设方法

如图 2-9(a)所示，从已知高程的水准点 BM_A 出发，沿待定高程的水准点进行水准测量，最后附合到另一已知高程的水准点 BM_B 所构成的水准路线，称为附合水准路线。

2）成果检核

从理论上讲，附合水准路线各测段高差代数和应等于两个已知高程的水准点之间的高差，即

$$\sum h = H_B - H_A$$

由于实测中存在误差，实测的各测段高差代数和与其理论值并不相等，两者的差值称为高差闭合差，用 f_h 表示，即

$$f_h = \sum h - (H_终 - H_起)$$

其中：$H_终$——终点高程，$H_起$——起点高程。

2. 闭合水准路线

1）闭合水准路线的布设方法

如图 2-9(b)所示，从已知高程的水准点 BM_A 出发，沿各待定高程的水准点进行水准测量，最后又回到原出发点 BM_A 的环形路线，称为闭合水准路线。

2）成果检核

从理论上讲，闭合水准路线各测段高差代数和应等于零，即 $\sum h = 0$。如果不等于零，则高差闭合差为：

$$f_h = \sum h$$

3. 支线水准路线

1）支线水准路线的布设方法

如图 2-9(c)所示，从已知高程的水准点 BM_A 出发，沿待定高程的水准点进行水准测量，这种既不闭合又不附合的水准路线，称为支线水准路线。支线水准路线要进行往返测量。

2）成果检核

从理论上讲，支线水准路线往测高差与返测高差的代数和应等于零，即

$$\sum h_{往} + \sum h_{返} = 0$$

如果不等于零，则高差闭合差为：

$$f_h = \sum h_{往} + \sum h_{返}$$

在不同等级的各种路线形式的水准测量中都规定了高差闭合差的限值，即高差闭合差的容许值，一般用 $f_{h容}$ 表示。其高差闭合差均不应超过容许值，否则认为观测结果不符合要求。

图根水准测量：

$$f_{h容} = \pm 40\sqrt{L} \ \text{mm（平地）}$$

$$f_{h容} = \pm 12\sqrt{n} \ \text{mm（山区）}$$

L 为水准路线的总长（以 km 为单位），n 为总测站数。为了保证水准测量成果的正确可靠，除了成果检核以外，还有其他的检核的方法，如计算检核和测站检核。在每一段测段结束后必需进行计算检核。

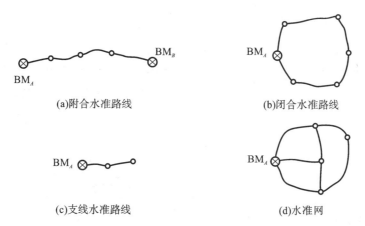

(a)附合水准路线   (b)闭合水准路线

(c)支线水准路线   (d)水准网

图 2-9 水准路线的布设形式

二、水准测量的施测方法

当已知高程的水准点距而欲测定的高程点较远或高差很大时，就需要在两点间加设若干个

立尺点,分段设站,连续进行观测。加设的这些立尺点并不需要测定其高程,它们只起传递高程的作用,故称之为转点,用 TP 表示。

如图 2-10 所示,已知水准点 BM_A 的高程为 H_A,现欲测定 B 点的高程 H_B,由于 A、B 两点相距较远,需分段设站进行测量,具体施测步骤如下。

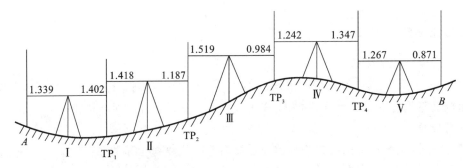

图 2-10 水准测量的施测

1. 观测与记录

(1)在 BM_A 点立直水准尺作为后视尺,在路线前进方向适当位置处设转点 TP_1,安放尺垫,在尺垫上立直水准尺作为前视尺。

(2)在 BM_A 和 TP_1 两点大致中间位置 I 处安置水准仪,使圆水准器气泡居中。

(3)瞄准后视尺,转动微倾螺旋,使水准管气泡严格居中,按中丝读取后视读数 $a_1 = 1.339$ m,记入《水准测量手簿》(见表 2-1)第 3 栏内。

(4)瞄准前视尺,转动微倾螺旋,使水准管气泡严格居中,读取前视读数 $b_1 = 1.402$ m,记入表 2-1 第 4 栏内。计算该站高差 $h_1 = a_1 - b_1 = -0.063$ m,记入表 2-1 第 5 栏内。

表 2-1 水准测量手簿

日期 _____   仪器 _____   观测 _____
天气 _____   地点 _____   记录 _____

测站	站点	水准尺读数/m		高 差/m		高程/m	备注
		后视读数	前视读数	+	−		
1	2	3	4	5		6	7
1	BM_A	1.339			0.063	51.903	
	TP_1		1.402				
2	TP_1	1.418		0.231			
	TP_2		1.187				
3	TP_2	1.519		0.535			已知 A 点高程 $H_A = 51.903$ m
	TP_3		0.984				
4	TP_3	1.242			0.105		
	TP_4		1.347				
5	TP_4	1.267		0.396			
	BM_B		0.871			52.897	

续表

测站	站点	水准尺读数/m		高 差/m		高程/m	备注
		后视读数	前视读数	＋	－		
计算校核	$\sum$	6.785	5.791	0.994			
	$\sum a - \sum b = +0.994$ m						
	$\sum h = +0.994$ m			$H_B - H_A = +0.994$ m			

(5)将 BM_A 点水准尺移至转点 TP_2 上,转点 TP_1 上的水准尺不动,水准仪移至 TP_1 和 TP_2 两点大致中间位置Ⅱ处,按上述相同的操作方法进行第二站的观测。如此依次操作,直至终点 B 为止。其观测记录见表 2-1。

2. 计算与计算检核

(1)计算每一测站都可测得前、后视两点的高差,即

$$h_1 = a_1 - b_1$$
$$h_2 = a_2 - b_2$$
$$\cdots\cdots$$
$$h_5 = a_5 - b_5$$

将上述各式相加,得:

$$H_{AB} = \sum h = \sum a - \sum b$$

则 B 点高程为:

$$H_B = H_A + h_{AB} = H_A + \sum h$$

(2)计算检核,为了保证记录表中数据正确,应对记录表中计算的高差和高程进行检核,即后视读数总和减前视读数总和、高差总和、B 点高程与 A 点高程之差这三个数字应相等。否则,计算有错。

$$\sum a - \sum b = 6.785 \text{ m} - 5.791 \text{ m} = +0.994 \text{ m}$$
$$\sum h = +0.994 \text{ m}$$
$$H_{AB} = H_B - H_A = 52.897 \text{ m} - 51.903 \text{ m} = +0.994 \text{ m}$$

3. 水准测量的测站检核

如上所述,B 点的高程是根据 A 点的已知高程和转点之间的高差计算出来的。如果中间测错任何一个高差,B 点的高程就不正确。因此,对每一站的高差,为了保证其正确性,必须进行检核,这种检核称为测站检核。测站检核通常采用变动仪器高法或双面尺法。

(1)变动仪器高法。此法是在同一个测站上用两次不同的仪器高度,测得两次高差进行检核,即测得第一次高差后,改变仪器高度(高度差大于 10 cm),再测一次高差。两次所测高差之差不超过容许值(如等外水准测量容许值为 ±6 mm),则认为符合要求。取其平均值作为该测站最后结果,否则须重测。

(2)双面尺法。此法是仪器的高度不变,而分别对双面水准尺的黑面和红面进行观测。这样可以利用前、后视的黑面和红面读数,分别算出两个高差。理论上这两个高差应相差 100 mm

（同为一对双面尺的尺常数分别为 4.687 m 和 4.787 m），如果不符值不超过规定的限差（如四等水准测量容许值为±5 mm），取其平均值作为该测站最后结果，否则须重测。

三、水准测量的成果计算

水准测量外业工作结束后，首先要检查外业观测手簿，计算相邻各点间高差。经检查无误后，才能按水准路线布设形式进行成果计算。

1. 附合水准路线的计算

图 2-11 是一附合水准路线等外水准测量示意图，A、B 为已知高程的水准点，1、2、3 为待定高程的水准点，h_1、h_2、h_3 和 h_4 为各测段观测高差，n_1、n_2、n_3 和 n_4 为各测段测站数，L_1、L_2、L_3 和 L_4 为各测段水准路线长度。现已知 $H_A = 65.376$ m，$H_B = 68.623$ m，各测段站数、长度及高差均注于图 2-11 中。附合水准路线的计算步骤如下。

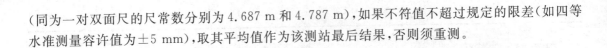

图 2-11　附合水准路线等外水准测量示意图

1）填写观测数据和已知数据

依次将图 2-11 中点号、测段水准路线长度、测站数、观测高差从已知水准点 A、B 的高程填入附合水准路线成果计算表中有关各栏内，如表 2-2 所示。

表 2-2　附合水准路线成果计算表

点号	距离/km	测站数	实测高差/m	改正数/mm	改正数高差/m	高程/m	备注
1	2	3	4	5	6	7	8
BM$_A$						65.376	
	1.0	8	+1.575	−12	+1.563		
1						66.939	已知 A 点高程为 65.376 m，B 点高程为 68.623 m
	1.2	12	+2.036	−14	+2.022		
2						68.961	
	1.4	14	−1.742	−16	−1.758		
3						67.203	
	2.2	16	+1.446	−26	+1.420		
BM$_B$						68.623	
$\sum$	5.8	50	+3.315	−68	+3.247		
辅助计算							

辅助计算：
$$f_h = \sum h - (H_B - H_A) = 3.315 \text{ m} - (68.623 \text{ m} - 65.376 \text{ m}) = +0.068 \text{ m} = 68 \text{ mm}$$
$$f_{h容} = 40\sqrt{L} \text{ mm} = \pm 40\sqrt{5.8} \text{ mm} = \pm 96 \text{ mm}, \quad f_h < f_{h容}$$

2）计算高差闭合差
$$f_h = \sum h - (H_终 - H_起) = 3.315 \text{ m} - (68.623 \text{ m} - 65.376 \text{ m}) = +0.068 \text{ m} = 68 \text{ mm}$$

根据附合水准路线的测站数及路线长度求出每公里测站数,以便确定是采用平地还是山地高差闭合差容许值的计算公式。在本例中:

$$\frac{\sum n}{\sum L} = \frac{50}{5.8}(站/km) = 8.6(站/km) < 16(站/km)$$

故高差闭合差容许值采用平地公式计算。图根水准测量平地高差闭合差容许值的计算公式为:

$$f_{h容} = \pm 40 \sqrt{L} \ mm = \pm 96 \ mm$$

因 $f_h < f_{h容}$,说明观测成果精度符合要求,可对高差闭合差进行调整;如果 $f_h > f_{h容}$,说明观测成果不符合要求,必须重新测量。

3)调整高差闭合差

高差闭合差调整的原则和方法,是按与测站数或测段长度成正比例的原则,将高差闭合差反号分配到各相应测段的高差上得改正后高差,即

$$\upsilon_i = -(f_h / \sum n) \times n_i \quad 或 \quad \upsilon_i = -(f_h / \sum L) \times L_i$$

式中:υ_i——第 i 测段的高差改正数(mm);

$\sum n$、$\sum L$——水准路线总测站数与总长度;

n_i、L_i——第 i 测段的测站数与测段长度。

本例中,各测段改正数为:

$$\upsilon_1 = -(f_h / \sum L) \times L_1 = -(68 \ mm/5.8 \ km) \times 1.0 \ km = -12 \ mm$$
$$\upsilon_2 = -(f_h / \sum L) \times L_2 = -(68 \ mm/5.8 \ km) \times 1.2 \ km = -14 \ mm$$
$$\upsilon_3 = -(f_h / \sum L) \times L_3 = -(68 \ mm/5.8 \ km) \times 1.4 \ km = -16 \ mm$$
$$\upsilon_4 = -(f_h / \sum L) \times L_4 = -(68 \ mm/5.8 \ km) \times 2.2 \ km = -26 \ mm$$

计算检核 $\quad \sum \upsilon_i = -f_h$

将各测段高差改正数填入表 2-2 中第 5 栏内。

4)计算各测段改正后高差

各测段改正后高差等于各测段观测高差加上相应的改正数,各测段改正数的总和应与高差闭合差的大小相等、符号相反,如果绝对值不等则说明计算有误。每测高差加相应的改正数便得到改正后的高差值。

本例中,各测段改正后高差为:

$$h_1 = +1.575 \ m + (-0.012 \ m) = 0.563 \ m$$
$$h_2 = +2.036 \ m + (-0.014 \ m) = 2.022 \ m$$
$$h_3 = -1.742 \ m + (-0.016 \ m) = -1.758 \ m$$
$$h_4 = +1.446 \ m + (-0.026 \ m) = +1.420 \ m$$

计算检核 $\quad \sum \upsilon_i = 68 \ mm - f_h = -(-68 \ mm) = 68 \ mm$

将各测段改正后高差填入表 2-2 中第 6 栏内。

5)计算待定点高程

根据已知水准点 A 的高程和各测段改正后高差,即可依次推算出各待定点的高程,最后推

算出的 B 点高程应与已知 B 的点高程相等,以此作为计算检核。将推算出各待定点的高程填入表 2-2 中第 7 栏内。

2. 闭合水准路线成果计算

闭合水准路线成果计算的步骤与附合水准路线相同。

3. 支线水准路线的计算

图 2-12 是一支线水准路线等外水准测量示意图,A 为已知高程的水准点,其高程 H_A 为 45.276 m,1 点为待定高程的水准点,$\sum h_{往} = +2.532$ m,$\sum h_{返} = -2.520$ m,往、返测的测站数共 16 站,则 1 点的高程计算如下。

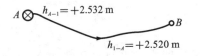

图 2-12 支线水准路线等外水准测量示意图

$$H_{A-1} = -2.520 \text{ m}$$

1) 计算高差闭合

$$f_h = \sum h_{往} + \sum h_{返} = +2.532 \text{ m} + (-2.520 \text{ m}) = +0.012 \text{ m} = +12 \text{ mm}$$

2) 计算高差容许闭合差

$$测站数 \ n = (16 \div 2) 站 = 8 \ 站$$

$$f_{h容} = \pm 12\sqrt{n} = \pm 12\sqrt{8} \text{ mm} = \pm 34 \text{ mm}$$

因 $f_h < f_{h容}$,故精确度符合要求。

3) 计算改正后高差

取往测和返测的高差绝对值的平均值作为 A 和 l 两点间的高差,其符号和往测高差符号相同,即

$$h = \frac{|h_{往}| + |h_{返}|}{2} = +2.526 \text{ m}$$

4) 计算待定点高程

$$H_1 = 45.276 \text{ m} + 2.526 \text{ m} = 47.802 \text{ m}$$

四、水准测量误差及注意事项

水准测量误差包括仪器误差、观测误差和外界条件的影响误差三个方面。在水准测量作业中,应根据产生误差的原因采取相应措施,尽量减弱或消除误差的影响。

1. 仪器误差

1) 水准管轴与视准轴不平行误差

水准管轴与视准轴不平行,虽然经过校正,仍然可存在少量的残余误差。这种误差的影响与距离成正比,只要观测时注意使前、后视距离相等,便可消除此项误差对测量结果的影响。

2)水准尺误差

水准尺刻画不准确、尺长变化、弯曲等原因,会影响水准测量的精度。因此,水准尺要经过检核才能使用。

2. 观测误差

1)水准管气泡的居中误差

水准测量时,视线的水平是根据水准管气泡居中来实现的。由于气泡居中存在误差,致使视线偏离水平位置,从而带来读数误差。为减小此误差的影响,每次读数时都要使水准管气泡严格居中。

2)估读水准尺的误差

水准尺估读毫米数的误差大小与望远镜的放大倍率以及视线长度有关。在测量工作中,应遵循不同等级的水准测量对望远镜放大倍率和最大视线长度的规定,以保证估读精度。

3)视差的影响误差

当存在视差时,由于十字丝平面与水准尺影像不重合,若眼睛的位置不同,便读出不同的读数,从而产生读数误差。因此,观测时要仔细调焦,严格消除视差。

4)水准尺倾斜的影响误差

水准尺倾斜,将使尺上读数增大,从而带来误差。如水准尺倾斜 $3°30'$,在水准尺上 1 m 处读数时,将产生 2 mm 的误差。为了减少这种误差的影响,水准尺必须扶直。

3. 外界条件的影响误差

1)水准仪下沉误差

由于水准仪下沉(见图 2-13(a)),使视线降低,而引起高差误差。如采用"后、前、前、后"的观测可减弱其影响。

2)尺垫下沉误差

如果在转点发生尺垫下沉(见图 2-13(b)),将使下一站的后视读数增加,也将引起高差的误差。采用往返观测的方法,取成果的中数,可减弱其影响。

为了防止水准仪和尺垫下沉,测站和转点应选在土质实处,并踩实三脚架和尺垫使其稳定。

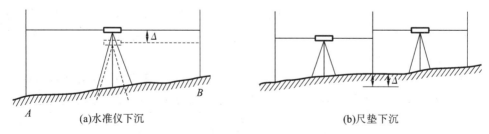

(a)水准仪下沉   (b)尺垫下沉

图 2-13　水准仪及尺垫下沉的误差

3)地球曲率及大气折光的影响

(1)地球曲率的影响。理论上,水准测量应根据水准面来求出两点的高差(图 2-14),但视准轴是一直线,因此使读数中含有由地球曲率引起的误差。

(2)大气折光的影响。事实上,水平视线经过密度不同的空气层折射,一般情况下形成一向

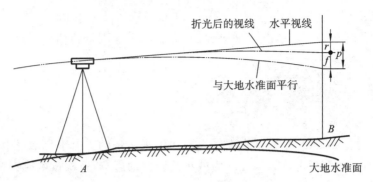

图 2-14　地球曲率及大气折光的影响

下弯曲的曲线,它与理论水平线所得读数之差,就是大气折光引起的误差。

实验得出,在一般大气情况下,大气折光误差是地球曲率误差的 1/7,地球曲率和大气折光的影响(见图 2-14)是同时存在的,当前、后视距相等时,两者对读数总的影响值误差可在计算高差时自行消除。

但是离地面近的位置大气折光变化十分复杂,在同一测站的前视和后视距离上就可能不同,所以即使保持前后视距相等,大气折光误差也不能完全消除。限制视线的长度可大大减小这种误差,此外,使视线离地面尽可能高些,也可减弱大气折光变化的影响。精密水准测量时还应选择良好的观测时间,一般认为在日出后或日落前两个小时为好。

4)温度的影响误差

温度的变化不仅会引起大气折光的变化,而且当烈日照射水准管时,由于水准管本身和管内液体温度的升高,气泡向着温度高的方向移动,从而影响了水准管轴的水平,产生了气泡居中误差。所以,测量中应随时注意为仪器打伞遮阳。

任务 3　三、四等水准测量

高程控制测量是指在小地区范围内,为满足测图和施工的需要,采取一定的方法和作业程序,完成测区首级高程点的加密工作。一般地分为三、四等水准测量和三角高程测量两种形式,本节主要介绍四等水准测量。

三、四等水准测量除用于国家高程控制网的加密外,还用于建立小区域首级高程控制网,以及建筑施工区内工程测量和变形测量的基本控制。三、四等水准点的高程应从附近的一、二等水准点引测。

三、四等水准测量的组织形式与普通水准测量大致相同,均需事前拟定水准路线、选点、埋石和观测等工作程序。其与普通水准测量的显著区别是:三、四等水准测量必须使用双面尺法观测和记录,其观测顺序有严格的要求,相应的记录、计算及精度指标也与普通水准测量有区别。

各等级水准观测的主要技术要求见表 2-3。

表 2-3　水准观测的主要技术要求

等级	水准仪类别	水准尺类型	视距/m		前后视距差/m		测段的前后视距累积差/m		视线高度/m		数字水准仪重复测量次数
			光学	数字	光学	数字	光学	数字	光学(下丝读数)	数字	
一等	DS$_{05}$	因瓦	≤30	≥4且≤30	≤0.5	≤1.0	≤1.5	≤3.0	≥0.5	≤2.0且≥0.65	≥3次
二等	DS$_1$	因瓦	≤50	≥3且≤50	≤1.0	≤1.5	≤3.0	≤6.0	≥0.3	≤2.8且≥0.55	≥2次
精密水准	DS$_1$	因瓦	≤60	≥3且≤60	≤1.5	≤2.0	≤4.0	≤6.0	≥0.3	≤2.8且≥0.4	≥2次
三等	DS$_1$	因瓦	≤100	≤100	≤2.0	≤3.0	≤5.0	≤6.0	三丝能读数	≥0.35	≥1次
	DS$_3$	双面木尺单面条码	≤75	≤75							
四等	DS$_1$	双面木尺单面条码	≤150	≤100	≤3.0	≤5.0	≤10.0	≤10.0	三丝能读数	≥0.35	≥1次
	DS$_3$	双面木尺单面条码	≤100	≤100							
五等	DS$_3$		≤100		大致相等						

一、四等水准测量的观测、记录

四等水准测量一般采用双面水准标尺和中丝法进行观测,且每站按后—后—前—前和黑—红—黑—红的顺序观测。四等水准测记录手簿格式见表2-4,具体操作步骤如下:

1. 观测顺序

(1)初步整平水准仪,检查前后视距较差是否满足要求(参考表2-3)。若不满足要求,则要移动仪器位置,使之符合限差要求。

(2)照准后视标尺的黑面,旋转倾斜螺旋使符合水准器的气泡居中,先用下丝和上丝读取标尺读数,再读取中丝读数,将下、上、中三丝读数依次记于观测手簿表2-4中的(1)、(2)、(3)栏内。

(3)照准后视标尺的红面,检查气泡,读取中丝读数并记录于观测手簿中的(8)栏内。

(4)旋转照准部照准前视标尺的黑面,使符合气泡居中,先用中丝读数,再用下、上丝读数,依次将中、下、上三丝读数分别记录在观测手簿的(4)、(5)、(6)栏内。

(5)如步骤(3),照准前视标尺的红面,气泡居中后,将中丝读数记录在(7)栏内。

2. 测站计算与检核

为便于及时发现观测错误或超限,一般要求在每一测站上均达到观测、记录、计算同步进行,绝对不允许等全部测完后再进行计算。测站上的计算分以下三部分内容。

1)视距计算

$$\begin{cases}后视距离(15)=[(1)-(2)]\times100\\前视距离(16)=[(5)-(6)]\times100\\后视距离与前视距离之差(17)=(15)-(16)\\前后视距累积差(18)=本站(17)+前站(18)\end{cases}$$

表 2-4　四等水准测量记录手簿　　　　　　　　　　　　　　　　(m)

测站编号	后尺	下丝	前尺	下丝	方向及尺号	水准尺读数		$K+$黑$-$红	平均高差	备注
		上丝		上丝						
	后视		前视			黑面	红面			
	视距差 d		$\sum$							
	(1)		(5)		后	(3)	(8)	(10)		
	(2)		(6)		前	(4)	(7)	(9)		
	(15)		(16)		后－前	(11)	(12)	(13)	(14)	
	(17)		(18)							
1	1 526		0 901		后 NO.12	1 311	6 098	0		
	1 095		0 471		前 NO.13	0 686	5 373	0		
	43.1		43.0		后－前	+0 625	+0 725	0	+0.625 0	
	+0.1		+0.1							
2	1 912		0 670		后 NO.13	1 654	6 341	0		
	1 396		0 152		前 NO.12	0 411	5 197	+1		
	51.6		51.8		后－前	+1 243	+1 144	−1	+1.243 5	
	−0.2		−0.1							NO.12 标尺 K 为 4 787, NO.13 标尺 K 为 4 687
3	0 989		1 813		后 NO.12	0 798	5 586	−1		
	0 607		1 433		前 NO.13	1 623	6 310	0		
	38.2		38.0		后－前	−0 825	−0 724	−1	−0.824 5	
	+0.2		+0.1							
4	1 791		0 658		后 NO.13	1 608	6 296	0		
	1 425		0 290		前 NO.12	0 474	5 261	0		
	36.6		36.8		后－前	+1 134	+1 034	0	+1.134 0	
	−0.2		−0.1							
每页校核	$\sum(15)=169.5$　　$\sum[(3)+(8)]=29.691$ $\sum(16)=169.6$　　$\sum[(4)+(7)]=25.335$ 　　　　−0.1　　　　　　　　+4.356 总视距$\sum(15)+\sum(16)=339.1$							$\sum[(11)+(12)]+4.356$ $2\sum(14)=4.356$		

2)高差计算

$$\begin{cases} 前视标尺黑红面读数之差(9)=(4)+K-(7) \\ 后视标尺黑红面读数之差(10)=(3)+K-(8) \\ 两标尺的黑面高差(11)=(3)-(4) \\ 两标尺的红面高差(12)=(8)-(7) \\ 黑面高差与红面高差之差(13)=(11)-[(12)\pm100] \end{cases}$$

注:当上述计算合乎限差要求时,可计算高差中数,且高差中数$(14)=\frac{1}{2}[(11)+(12)\pm100]$。

3)检核计算

(1)测站检核公式为:

$$(13)=(10)-(9)=(11)-[(12)\pm100]$$

该公式可检核同一测站黑、红面高差是否相等,若不相等时,以表2-3中相应的限差要求为标准。若超出限差范围,本站必须重新测量;若满足限差要求,可以迁站。特别注意在确认能否迁站前,前视标尺及尺垫决不允许移动。

(2)每页观测成果的检核。每页观测成果的检核如上表底部"每页校核"部分。其实,作为检核主要是校核计算过程中有无错误、笔误等,校核应使用不同的计算途径进行,各自独立,以便发现问题。

二、关于四等水准测量的工作间歇

由于四等水准测量路线一般较长,在中途休息或收工时,最好能在水准点(事前预埋标石)上结束观测。如确实不能时,则应选择两个突出、稳固的地面点作为间歇前的最后一站来观测。间歇结束后,应先在两间歇点上放置标尺,并进行检测。若间歇前、后两间歇点之间的高差较差不超过5 mm,则认为间歇点位置没有变动,此时可以从前视间歇点开始继续观测;若高差较差超过5 mm,则应退回该段的水准点处重新进行观测。

三、水准路线的高程计算

完成水准测量外业工作后,即可转入内业计算。由于四等水准测量是由某个高级水准点开始,结束于另一高级点的,故实测总高差与两高级点的高差往往不符。这就需要按一定规则调整高差闭合差,一般分如下三步实施:

1. 检查外业手簿并绘制水准路线略图

计算前,应首先进行外业手簿的检查,内容包括记录是否正确,注记是否齐全,计算是否有误等。检查无误后,便可绘制水准路线图(见图2-15)。

从观测手簿中逐个摘录各测段的观测高差h_i。特别需要说明的是:凡观测方向与推算方向

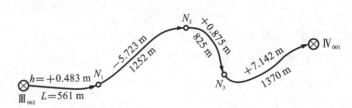

图 2-15　水准路线略图

相同的,其观测高差的符号(正负号)不变。同时还要摘录各测段的距离 L_i 或测站数 n_i(当采用测站数调整高差闭合差时),明确起、终点的高程 $H_起$、$H_终$ 等,一并标注在略图中。

2. 高差闭合差的计算及调整

1)高差闭合差的计算

高差闭合差通常用 f_h 表示,以附合水准路线为例:

$$f_h = \sum h_i - (H_终 - H_起)$$

$$\sum h_i = h_1 + h_2 + \cdots + h_n$$

2)高差闭合差允许值的计算

高差闭合差是衡量观测值质量的精度指标,必须有一个限度规定。如果超出这一限度,应查明原因,返工重测。

四等水准测量高差闭合差的允许值为:

$$f_{h容} = \pm 20 \sqrt{L}$$

式中,L 为水准路线的长度,以 km 为单位。

3)高差闭合差的调整

若高差闭合差在允许范围内,可将闭合差按与各段的距离(L_i)成正比反号调整于各测段的高差之中。若各测段的高差改正数为 v_i,则:

$$v_i = \frac{-f_h}{\sum L} L_i$$

注意:用上式计算时,改正数凑整至毫米,余数强行分配到长测段中。

3. 改正后高差的计算

各测段观测高差值加上相应的改正数,即可得到改正后高差 $h_{i改}$。

$$h_{i改} = h_i + v_i$$

4. 待定点高程的计算

沿推算方向,由起点的高程 $H_起$ 开始,逐个加上相应测段改正后的高差 $h_{i改}$,即可逐一得出待定点的高程 H_i,即

$$H_i = H_{i-1} + h_{i改}$$

任务 4 一、二等水准测量

国家一、二等水准测量是精密的水准测量方法。由于国家一、二等水准测量方法接近,因此本节重点以二等水准测量为例介绍。

一、二等水准测量观测

1. 测站观测程序

往测时,奇数测站照准水准标尺分划的顺序为:①后视标尺的基本分划;②前视标尺的基本分划;③前视标尺的辅助分划;④后视标尺的辅助分划。往测时,偶数测站照准水准标尺分划的顺序为:①前视标尺的基本分划;②后视标尺的基本分划;③后视标尺的辅助分划;④前视标尺的辅助分划。

返测时,奇、偶数测站照准标尺的顺序分别与往测偶、奇数测站相同。

按光学测微法进行观测,以往测奇数测站为例,一测站的操作程序如下:

(1)置平仪器。气泡式水准仪望远镜绕垂直轴旋转时,水准气泡两端影像的分离不得超过1 cm;对于自动安平水准仪,要求圆气泡位于指标圆环中央。

(2)将望远镜照准后视水准标尺,使符合水准气泡两端影像近于符合(双摆位自动安平水准仪应置于第Ⅰ摆位)。随后用上、下丝分别照准标尺基本分划进行视距读数(如表2-5中的(1)和(2))。视距读取4位,第4位数由测微器直接读得。然后,使符合水准气泡两端影像精确符合,使用测微螺旋用楔形平分线精确照准标尺的基本分划,并读取标尺基本分划和测微分划的读数(3)。测微分划读数取至测微器的最小分划。

(3)旋转望远镜照准前视标尺,并使符合水准气泡两端影像精确符合(双摆位自动安平水准仪仍在第Ⅰ摆位),用楔形平分线照准标尺基本分划,并读取标尺基本分划和测微分划的读数(4)。然后用上、下丝分别照准标尺基本分划进行视距读数(5)和(6)。

(4)用水平微动螺旋使望远镜照准前视标尺的辅助分划,并使符合气泡两端影像精确符合(双摆位自动安平水准仪置于第Ⅱ摆位),用楔形平分线精确照准并读取标尺辅助分划与测微分划读数(7)。

(5)旋转望远镜照准后视标尺的辅助分划,并使符合水准气泡两端影像精确符合(双摆位自动安平水准仪仍在第Ⅱ摆位),用楔形平分线精确照准并读取辅助分划与测微分划读数(8)。表2-5中第(1)至(8)栏是读数的记录部分,(9)至(18)栏是计算部分,现以往测奇数测站的观测程序为例,来说明计算内容与计算步骤。

表 2-5 二等水准测量记录手簿

测自＿＿＿＿＿＿至＿＿＿＿＿＿　　　　　　　　　　　20　年　月　日

时间　始　时　分　末　时　分　　　　　　　　成　像＿＿＿＿＿＿

温度＿＿＿＿＿＿云量＿＿＿＿＿　　　　　　风向风速＿＿＿＿＿＿

天气＿＿＿＿＿＿土质＿＿＿＿＿　　　　　　太阳方向＿＿＿＿＿＿　　　　　　　（m）

测站编号	后尺 下丝 上丝	前尺 下丝 上丝	方尺及向号	标尺读数 基本分划（一次）	标尺读数 辅助分划（二次）	基＋K－辅（一次减二次）	备注
	后视	前视					
	视距差 d	$\sum d$					
	(1)	(5)	后	(3)	(8)	(14)	
	(2)	(6)	前	(4)	(7)	(13)	
	(9)	(10)	后一前	(15)	(16)	(17)	
	(11)	(12)	h	—		(18)	
1	2 406	1 809	后 1	219.83	521.38	0	
	1 986	1 391	前 2	160.06	461.63	－2	
	420	418	后一前	＋059.77	＋059.75	＋2	
	＋2	＋2	h			＋59.760	
2	1 800	1 639	后 2	157.40	458.95	0	
	1 351	1 189	前 1	141.40	442.92	＋3	
	449	450	后一前	＋016.00	＋016.03	－3	
	－1	＋1	h			＋016.015	
3	1 825	1 962	后 1	160.32	461.88	－1	
	1 383	1 523	前 2	174.27	475.82	0	
	442	439	后一前	－013.95	－013.94	－1	
	＋3	＋4	h			－013.945	
4	1 728	1 884	后 2	150.81	452.36	0	
	1 285	1 439	前 1	166.19	467.74	0	
	443	445	后一前	－015.38	－015.38	0	
	－2	＋2	h			－015.380	
	总视距 $\sum (9) + \sum (10) = 3\,506$						

视距部分的计算：

$$(9) = (1) - (2)$$
$$(10) = (5) - (6)$$
$$(11) = (9) - (10)$$
$$(12) = (11) + 前站(12)$$

高差部分的计算与检核：

$$(14)=(3)+K-(8)$$

式中，K 为基辅差(对于 N3 水准标尺而言 $K=3.0155$ m)。

$$(13)=(4)+K-(7)$$

$$(15)=(3)-(4)$$

$$(16)=(8)-(7)$$

$$(17)=(14)-(13)=(15)-(16)检核$$

$$(18)=\frac{1}{2}[(15)+(16)]$$

以上即一测站全部操作与观测过程。表 2-5 中的观测数据系用 N3 精密水准仪测得的。当用 S1 型或 Ni 004 精密水准仪进行观测时，由于与这种水准仪配套的水准标尺无辅助分划，故在记录表格中基本分划与辅助分划的记录栏内分别记入第一次和第二次读数。一、二等精密水准测量外业计算尾数取位如表 2-6 规定。

表 2-6　一、二等水准测量外业计算尾数取位要求

项目 等级	往(返)测 距离总和/km	测段距离 中数/km	各测站 高差/mm	往(返)测 高差总和/mm	测段高差 中数/mm	水准点高程 /mm
一	0.01	0.1	0.01	0.01	0.1	1
二	0.01	0.1	0.01	0.01	0.1	1

2. 水准测量限差

水准测量实测技术要求如表 2-7 所示。

表 2-7　水准测量实测技术要求

等级	视线长度		前后 视距差/m	前后视 距累积 差/m	视线高度 (下丝读 数) /m	基辅分 划读数 之差/mm	基辅分 划所得 高差之 差/mm	上下丝读数平均值 与中丝读数之差		检测间 歇点 高差之差 /mm
	仪器 类型	视线 长度/m						0.5 cm 分划标尺 /mm	1 cm 分 划标尺 /mm	
一	S05	≤30	≤0.5	≤1.5	≥0.5	≤0.3	≤0.4	≤1.5	≤3.0	≤0.7
二	S1	≤50	≤1.0	≤3.0	≥0.3	≤0.4	≤0.6	≤1.5	≤3.0	≤1.0
	S05	≤50								

若测段路线往返测高差不符值、附合路线和环线闭合差以及检测已测测段高差之差的限值如表 2-8 所示。

表 2-8　水准测量闭合差技术要求

项目 等级	测段路线往返测高差 不符值/mm	附合路线 闭合差/mm	环线闭合 差/mm	检测已测测段 高差之差/mm
一等	$\pm2\sqrt{K}$	$\pm2\sqrt{L}$	$\pm2\sqrt{F}$	$\pm3\sqrt{R}$
二等	$\pm4\sqrt{K}$	$\pm4\sqrt{L}$	$\pm4\sqrt{F}$	$\pm6\sqrt{R}$

若测段路线往返测不符值超限,应先就可靠程度较小的往测或返测进行整测段重测;附合路线和环线闭合差超限,应就路线上可靠程度较小,往返测高差不符值较大或观测条件较差的某些测段进行重测,如重测后仍不符合限差,则需重测其他测段。

3. 水准测量的精度

水准测量的精度根据往返测的高差不符值来评定,因为往返测的高差不符值集中反映了水准测量中各种误差的共同影响。这些误差对水准测量精度的影响,不论是其性质还是变化规律都是极其复杂的,其中有偶然误差的影响,也有系统误差的影响。

根据研究和分析可知,在短距离(如一个测段)的往返测高差不符值中,偶然误差是得到反映的,虽然也不排除有系统误差的影响,但毕竟由于距离短,所以系统误差的影响很微弱,因而从测段的往返高差不符值 Δ 来估计偶然中误差还是合理的。在长的水准线路中,如一个闭合环,影响观测的,除偶然误差外,还有系统误差,而且这种系统误差在很长路线上也表现有偶然性质。环形闭合差表现为真误差的性质,因而可以利用环形闭合差来 W 估计含有偶然误差和系统误差在内的全中误差,现行水准规范中所采用的计算水准测量精度的公式就是以这种基本思想为基础而推导得出的。

由 n 个测段往返测的高差不符值 Δ 计算每公里单程高差的偶然中误差(相当于单位权观测中误差)的公式为:

$$\mu = \pm \sqrt{\frac{1}{2}\left[\frac{\Delta\Delta}{R}\right]}{n}}$$

往返测高差平均值的每公里偶然中误差为:

$$M_\Delta = \frac{1}{2}\mu = \pm\sqrt{\frac{1}{4n}\left[\frac{\Delta\Delta}{R}\right]}$$

式中:Δ 是各测段往返测的高差不符值,取 mm 为单位;R 是各测段的距离,取 km 为单位;n 是测段的数目。这个计算往返测高差平均值的每公里偶然中误差的公式是不严密的,因为在计算偶然误差时,完全没有顾及系统误差的影响。顾及系统误差的严密公式,其形式比较复杂,计算也比较麻烦,而所得结果与上式所算得的结果相差甚微,所以上式可以认为是具有足够可靠性的。

按水准规范规定,一、二等水准路线须以测段往返高差不符值按计算每公里水准测量往返高差中数的偶然中误差 M_Δ。当水准路线构成水准网的水准环超过 20 个时,还需按水准环闭合差 W 计算每公里水准测量高差中数的全中误差 M_w。

计算每公里水准测量高差中数的全中误差的公式为:

$$M_w = \pm\sqrt{\frac{W^{\mathrm{T}}Q^{-1}W}{N}}$$

式中:W 是水准环线经过正常水准面不平行改正后计算的水准环闭合差矩阵,W 的转置矩阵 $W^{\mathrm{T}} = (w_1\ w_2\cdots w_N)$,$w_i$ 为环的闭合差,以 mm 为单位;N 为水准环的数目,协因数矩阵 Q 中对角线元素为各环线的周长 $F_1, F_2, \cdots, F_n$,非对角线元素,如果图形不相邻,则一律为零,如果图形相邻,则为相邻边长度(公里数)的负值。

每公里水准测量往返高差中数偶然中误差 M_Δ 和 M_w 全中误差的限值列于表 2-9 中。偶然中误差 M_Δ、全中误差 M_w 超限时,应分析原因,重测有关测段或路线。

表 2-9　水准测量中误差技术要求

等级	一等/mm	二等/mm
M_Δ	≤0.45	≤1.0
M_W	≤1.0	≤2.0

二、注意事项

为了尽可能消除或减弱各种误差对观测成果的影响,在观测中应遵守如下事项:

(1)观测前 30 分钟,应将仪器置于露天阴影处,使仪器与外界气温趋于一致;观测时应用测伞遮蔽阳光;迁站时应罩以仪器罩。

(2)仪器距前、后视水准标尺的距离应尽量相等,其差应小于规定的限值:二等水准测量中规定,一测站前、后视距差应小于 1.0 m,前、后视距累积差应小于 3 m。这样,可以消除或削弱与距离有关的各种误差对观测高差的影响,如 i 角误差和垂直折光等影响。

(3)对气泡式水准仪,观测前应测出倾斜螺旋的置平零点,并做标记,随着气温变化,应随时调整置平零点的位置;对于自动安平水准仪的圆水准器,须严格置平。

(4)同一测站上观测时,不得两次调焦;转动仪器的倾斜螺旋和测微螺旋,其最后旋转方向均应为旋进,以避免倾斜螺旋和测微器隙动差对观测成果的影响。

(5)在两相邻测站上,应按奇、偶数测站的观测程序进行观测,对于往测奇数测站按"后前前后"、偶数测站按"前后后前"的观测程序在相邻测站上交替进行。返测时,奇数测站与偶数测站的观测程序与往测时相反,即奇数测站由前视开始,偶数测站由后视开始。这样的观测程序可以消除或减弱与时间成比例均匀变化的误差对观测高差的影响,如 i 角的变化和仪器的垂直位移等影响。

(6)在连续各测站上安置水准仪时,应使其中两脚螺旋与水准路线方向平行,而第三脚螺旋轮换置于路线方向的左侧与右侧。

(7)每一测段的往测与返测,其测站数均应为偶数,由往测转向返测时,两水准标尺应互换位置,并应重新整置仪器。在水准路线上每一测段仪器测站安排成偶数,可以削减两水准标尺零点不等差等误差对观测高差的影响。

(8)每一测段的水准测量路线应进行往测和返测,这样可以消除或减弱性质相同、正负号也相同的误差影响,如水准标尺垂直位移的误差影响。

(9)各测段的水准测量路线的往测和返测应在不同的气象条件下进行,如分别在上午和下午观测。

(10)使用补偿式自动安平水准仪观测的操作程序与水准器水准仪相同。观测前对圆水准器应严格检验与校正,观测时应严格使圆水准器气泡居中。

(11)水准测量的观测工作间歇时,最好能结束在固定的水准点上,否则,应选择两个坚稳可靠、光滑突出、便于放置水准标尺的固定点作为间歇点加以标记,间歇后,应对两个间歇点的高差进行检测,检测结果如符合限差要求(对于二等水准测量,规定检测间歇点高差之差应≤1.0 mm),就可以从间歇点起测。若仅能选定一个固定点作为间歇点,则在间歇后应仔细检视,确认没有发生任何位移,方可由间歇点起测。

任务 5 精密水准仪、电子水准仪

一、精密水准仪

精密水准仪(见图2-16)主要用于国家一、二等水准测量和高精度的工程测量,其种类也很多,如国产的DS_1型微倾式水准仪、进口的瑞士威特厂的N_3微倾式水准仪等。

1. 精密水准仪的工作原理

精密水准仪与一般水准仪比较,其特点是能够精密地整平视线和精确地读取读数。为此,精密水准仪在结构上应满足如下几点:

(1)水准器具有较高的灵敏度,如DS_1水准仪的管水准器τ值为$10''/2$ mm。

(2)望远镜具有良好的光学性能,如DS_1水准仪望远镜的放大倍数为38倍,望远镜的有效孔径为47 mm,视场亮度较高,十字丝的中丝刻成楔形,能较精确地瞄准水准尺的分划。

(3)具有光学测微器装置,如图2-17所示,可直接读取水准尺一个分格(1 cm或0.5 cm)的1/100单位(即0.1 mm或0.05 mm),提高读数精度。

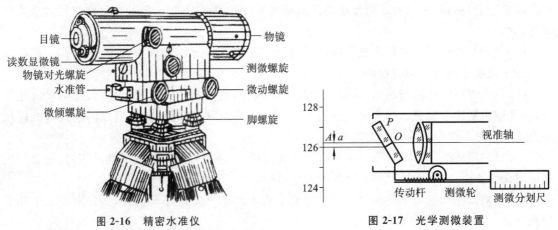

图 2-16　精密水准仪　　　　　图 2-17　光学测微装置

(4)视准轴与水准管轴之间的联系相对稳定。精密水准仪均采用钢构件,并且密封,受温度变化影响小。

精密光学水准仪的测微装置主要由平行玻璃板、测微尺、传动杆、测微螺旋和测微读数系统组成。平行玻璃板装在物镜前面,它通过有齿条的传动杆与测微尺及测微螺旋连接。测微尺上刻100个分划。在另设的固定棱镜上刻有指标线,可通过目镜旁的测微读数显微镜进行读数。当转动测微螺旋时,传动杆推动平行玻璃板前后倾斜,此时视线通过平行玻璃板产生平行移动,移动的数值可由测微尺读数反映出来。当视线上下移动5 mm(或0.1 mm)时,测微尺恰好移动

100 格,即测微尺最小格值为 0.05 mm(或 0.1 mm)。

2. 精密水准尺

精密水准仪必须配有精密水准尺。这种尺一般是在木质尺身的槽内,安有一根铟瓦合金带,带上标有刻画,数字注在木尺上,如图 2-18 所示。精密水准尺的分划有 1 cm 和 0.5 cm 两种,它须与精密水准仪配套使用。

精密水准尺上的分划注记形式一般有以下两种:

(1)尺身上刻有左右两排分划,右边为基本分划,左边为辅助分划。基本分划的注记从零开始,辅助分划的注记从某一常数 K 开始,K 称为基辅差。

(2)尺身上两排均为基本划分,其最小分划为 10 mm,但彼此错开 5 mm。尺身一侧注记米数,另一侧注记分米数。尺身标有大、小三角形,小三角形表示分米 $\frac{1}{2}$ 处,大三角形表示分米的起始线。这种水准尺上的注记数字比实际长度增大了一倍,即 5 cm 注记为 1 dm。因此使用这种水准尺进行测量时,要将观测高差除以 2 才是实际高差。

3. 精密水准仪的操作方法

精密水准仪的操作方法与一般水准仪基本相同,只是读数方法有些差异。在水准仪精平后,十字丝中丝往往不是恰好对准水准尺上某一整分画线,这时就要转动测微轮使视线上、下平行移动,十字丝的楔形丝正好夹住一个整分画线,如图 2-19 所示。被夹住的分画线改数为 1.97 m,此时视线上下平移的距离则由测微器读数窗中读出,其读数为 1.5 mm,所以水准尺的全读数为(1.97+0.001 50) m=1.971 50 m。实际读数为全部读数的一半,即 1.971 50 m/2=0.985 75 m。

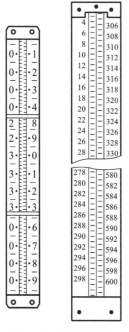

图 2-18　精密水准尺

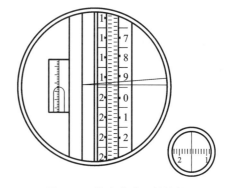

图 2-19　精密水准尺的读数

二、电子水准仪

1. 电子水准仪的工作原理

电子水准仪又称数字水准仪,它是在自动安平水准仪的基础上发展起来的。电子水准仪采用条码标尺,各厂家标尺编码的条码图案不相同,不能互换使用。目前照准标尺和调焦仍需目视进行。人工完成照准和调焦之后,标尺条码一方面被成像在望远镜分化板上,供目视观测;另一方面通过望远镜的分光镜,标尺条码又被成像在光电传感器(又称探测器)上,即线阵 CCD 器件上,供电子读数。因此,如果使用传统水准标尺,电子水准仪又可以像普通自动安平水准仪一样使用,不过这时的测量精度低于电子测量的精度。特别是精密电子水准仪,由于没有光学测微器,当成普通自动安平水准仪使用时,其精度更低。

当前电子水准仪采用了原理上相差较大的三种自动电子读数方法:相关法、几何法、相位法。电子水准仪的三种测量原理各有奥妙,三类仪器都经受了各种检验和实际测量的考验,能胜任精密水准测量作业。

2. 电子水准仪的特点

电子水准仪是以自动安平水准仪为基础,在望远镜光路中增加了分光镜和探测器(CCD),并采用条码标尺和图像处理电子系统而构成的光机电测一体化的高科技产品。采用普通标尺时,又可像一般自动安平水准仪一样使用。电子水准仪与传统仪器相比有以下共同特点:

(1)读数客观。不存在误差、误记问题,没有人为读数误差。

(2)精度高。视线高和视距读数都是采用大量条码分划图像经处理后取平均值得出来的,因此削弱了标尺分划误差的影响。多数仪器都有进行多次读数取平均值的功能,可以削弱外界条件影响。不熟练的作业人员业也能进行高精度测量。

(3)速度快。由于省去了报数、听记、现场计算的时间以及人为出错的重测数量,测量时间与传统仪器相比可以节省 1/3 左右。

(4)效率高。只需调焦和按键就可以自动读数,减轻了劳动强度。视距还能自动记录、检核、处理并能输入电子计算机进行后处理,可实线内外业一体化。

(5)仪器菜单功能丰富,内置功能强,操作界面友好,有各种信息提示,大大方便了实际操作。

3. 电子水准仪的结构构造和使用方法

以 Trimble DiNi 为例介绍电子水准仪的结构构造和使用方法,各部分结构名称如图 2-20 所示,条码尺图例如图 2-21 所示。

Trimble DiNi 包括显示屏、键盘、目镜、物镜及遮光罩、调焦旋钮、水平微动螺旋、水平气泡、触发键、圆气泡、电源/通信接口等结构。

面板上的按键如图 2-22 所示,包括开关键,测量键,导航键,回车键,退出键,数字、大小写字母转换键,Trimble 功能键,删除键,符号键。

菜单如图 2-23 所示,菜单详细说明如表 2-10 所示。

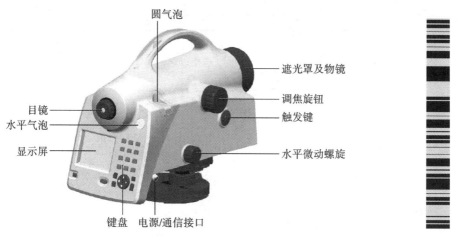

图 2-20　电子水准仪的结构构造

2-21　条码尺图例

图 2-22　电子水准仪面板上的按键

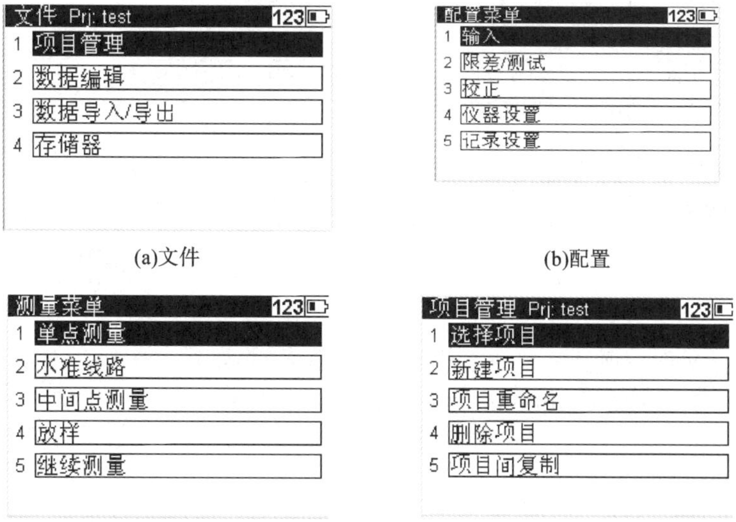

图 2-23　电子水准仪菜单介绍

(a)文件

(b)配置

(c)测量

(d)文件—项目管理

表 2-10　菜单详细说明

主菜单	一级子菜单	二级子菜单	说　明
文件	项目管理	选择项目	选择以前的一个项目
		新建项目	开始一个新的项目
		项目重命名	给项目重新命名
		删除项目	删除已有的项目
		项目间复制	在两个项目间复制数据
	数据编辑		输入、编辑数据、代码
	数据导入/导出	DINI 到 USB	将数据传输到一个 USB 设备
		USB 到 DINI	将 USB 设备中的数据传输到 DINI 仪器中
	存储器		格式化内存
配置	输入	大气折射	输入大气折射率改正
		加常数据	标尺读数改正
		日期	日期
		时间	时间
	限差/测试	最大视距	仪器与标尺的最大测量距离
		最小视距高	最低视线高度
		最大视距高	水准测量的最大视线高度
		30 cm 检测	测量的最小标尺尺段
		单站前后视距差	单站前后视距差
		水准线路前后差	水准线路前后差
	校正		对水准仪进行校正
	仪器设置		设置单位、小数位数据、关机时间、语言、时间日期格式
	记录设置		设置数据记录格式、开始点号及步长等信息
测量	单点测量		单点测量
	水准线路		水准线路
	中间点测量		中间点测量
	放样		放样
	继续测量		继续上一次的测量
计算	线路平差		线路平差

Trimble DiNi 的操作流程如下：

(1)新建项目。

在菜单中选择文件→项目管理→新建项目，如图 2-24 所示。输入项目名称(如 test)、操作者(如 xiaominge)、备注(如 wellfound)之后存储，退出菜单。注意：一个项目中可以包含多条线路。

(2)配置项目。

①在菜单中选择配置→输入，如图 2-25 所示。输入大气折射、加常数、日期、时间之后存储，退出菜单。注意：所有的配置都保存为上一次的配置参数。

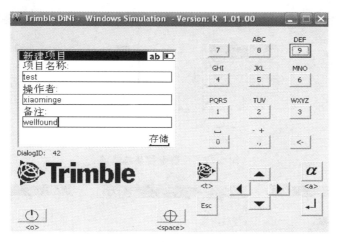

图 2-24　新建项目选项

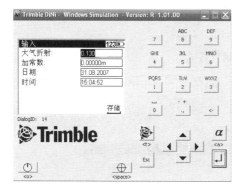

图 2-25　输入菜单选项

②在菜单中选择配置→限差/测试,如图2-26所示。输入完毕后存储退出。在测量过程中,如果测量结果超出所设置的限差,则仪器会发出提示信息。

图 2-26　限差/测试菜单选项

③在菜单中选择配置→仪器设置,如图2-27所示。输入完毕后存储退出。

④在菜单中选择配置→记录设置,如图2-28所示。输入完毕后存储退出。

注意:如果要进行平差计算,请选择数据记录格式为RMC。

(3)单点测量。

在菜单中选择测量→单点测量,如图2-29所示。

①输入点号,如3。

②瞄准标尺,点击测量按钮进行测量。

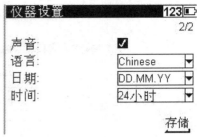

图 2-27　仪器设置菜单选项

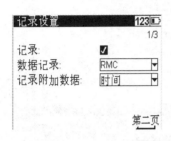
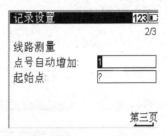
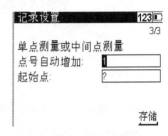

图 2-28　记录设置选项

③在屏幕的左边"结果"部分可以看到测量的结果,在屏幕的右边"下一点"部分是下一个要测量的点的信息。

④如果对测量的结果不满意,还可以进行重测。

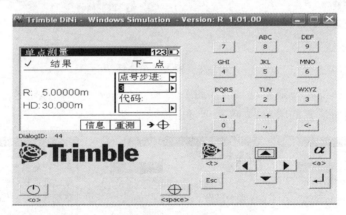

图 2-29　单点测量选项

注意:单点测量是没有参考高程的测量。

(4)水准线路测量。

在菜单中选择测量→开始水准线路,如图 2-30 所示。

①输入新线路的名称(如 1),或者从项目中选择一旧线路继续测量。

②设置测量模式(有 BF、BFFB、BFBF、BBFF、FBBF),如 BF。

③奇偶站交替,利用向左键进行选择。

④输入要测量的点号,如图 2-31 所示。

⑤输入代码(选择性输入)。

⑥输入基准高,如 102.5。

图 2-30　水准线路测量选项

⑦瞄准要测量的标尺,点击测量键测量,如图 2-32 所示。

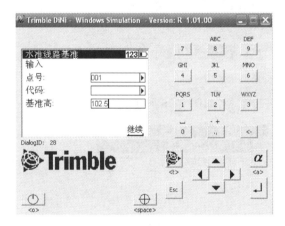

图 2-31　水准线路测量点号输入选项

图 2-32　水准线路测量标尺瞄准选项

如图 2-33 所示:屏幕左边表示上一点(后视点)的测量结果,屏幕右边表示将要测量的下一个点(前视点);如果测量的结果不满足要求,可以重新进行测量。

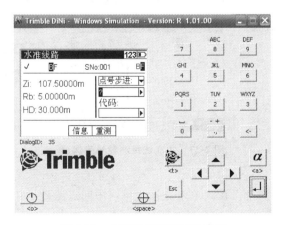

图 2-33　水准线路测量重测选项

点击"信息"可以看到更多的信息,如图 2-34 所示。

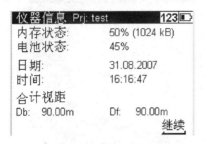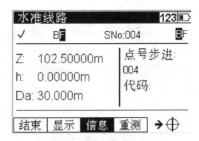

图 2-34　水准线路测量信息选项

点击"显示"可以看到更多的信息,如图 2-35 所示。

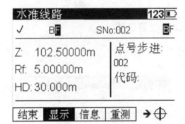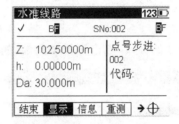

图 2-35　水准线路测量显示选项

点击"重测"可以对最后的测量或最后的测站进行重测,如图 2-36 所示。

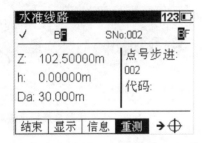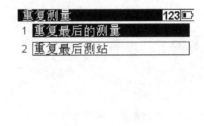

图 2-36　水准线路测量重测选项

点击"结束"可以结束一条水准线路的测量,如图 2-37 所示。

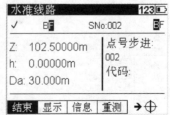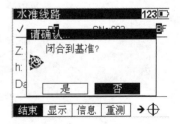

图 2-37　水准线路测量结束选项

(5)中间点测量。

中间点测量就是支线测量。在菜单中选择测量→中间点测量,如图 2-38 所示。

①输入点号,如 100。

②输入基准高,如 103.6。

③瞄准要测量的标尺,测量。

图 2-38　中间点测量选项

④点击接受,如图 2-39 所示。

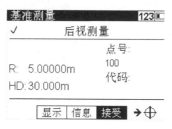

图 2-39　中间点测量接受选项

⑤输入下一点的点号,瞄准要测量的标尺,进行测量,如图 2-40 所示。

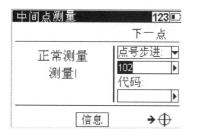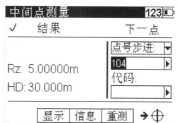

图 2-40　中间点测量点号输入选项

⑥按"ESC"键退出中间点测量程序,如图 2-41 所示。

(6)放样。

在菜单中选择测量→放样,如图 2-42 所示。

①输入后视点号,如 1。

②输入后视点高程,如 100.043。

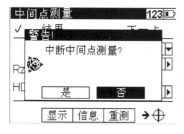

图 2-41　中间点测量程序退出选项　　　图 2-42　放样选项

③瞄准后视点进行测量,如图 2-43 所示。

图 2-43　放样标尺瞄准选项

④输入要放样的点号,如 211,瞄准要放样的点,测量,如图 2-44 所示。

图 2-44　放样测量选项

⑤调整放机关报点的高程,直到 dz 的值满足要求,点击"接受",如图 2-45 所示。然后进行下一点的放样。

图 2-45　放样接受选项

(7)继续测量。

继续上一次的测量,并且可以设置测量的次数及是否自动关机,如图 2-46 所示。

图 2-46　放样继续测量选项

(8)线路平差。

①选择项目,如图 2-47 所示。

②选择要平差的线路名,如图 2-48 所示。

③如果线路已平差,则不能再次平差,如图 2-49 所示。

图 2-47　线路平差

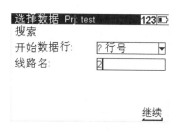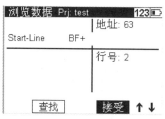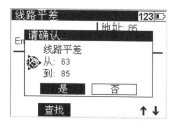

图 2-48　平差的线路名

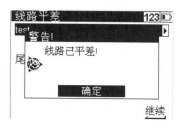

图 2-49　线路平差

注意:路线平差可以对闭合路线和附合路线进行平差。在对一个内存中的闭合环进行平差后,被平差过的信息会被保存起来,所以在平差之前要下载其原始数据。

④输入起点、终点的高程,如图 2-50 所示。

图 2-50　起点终点高程输入选项

⑤检查闭合差是否满足要求,如图 2-51 所示。

⑥平差成功,如图 2-52 所示。

Trimble 功能键如图 2-53 所示。

点击 Trimble 功能键,进入此菜单,如图 2-54 所示。

Trimble 功能包括多次测量(可以设置测量次数及标准偏差)、注释、照明开关(打开或关闭照明)、距离测量(测量距离)、倒尺测量(常规测量与倒尺测量的转换)。

电子水准仪与计算机的连接处理步骤如下:

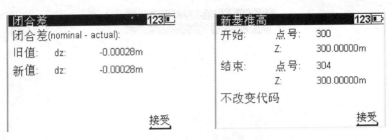

图 2-51　线路闭合差选项

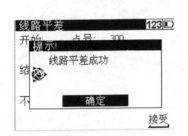

图 2-52　平差选项

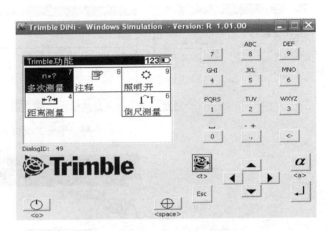

图 2-53　Trimble 功能键选项

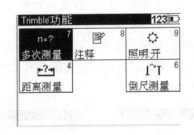

图 2-54　Trimble 菜单选项

(1)数据传输,如图 2-55 所示。

①连接 DiNi 到计算机。

②打开 Data Transfer。

③选择 DNUSB 设备,如图 2-56 所示。

④在计算机与 DINI 间传输数据。

(2)数据格式。

数据文件在电子水准仪内以文件形式保存,并且可以在任何文本编辑器中编辑,也没有必要修改文件格式,如图 2-57 所示。

电子水准仪有两个不同的数据格式:RECE(M5)(见图 2-58)和 REC500(见图 2-59)。

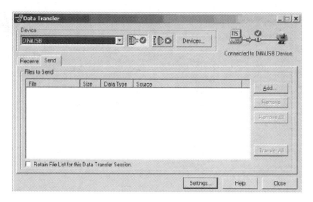

图 2-55 数据传输选项

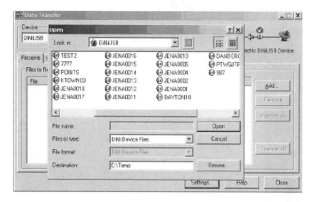

图 2-56 DNUSB 设备选项

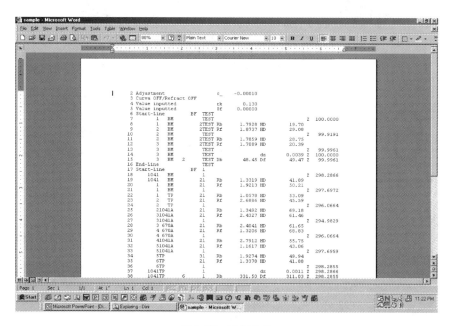

图 2-57 数据文件

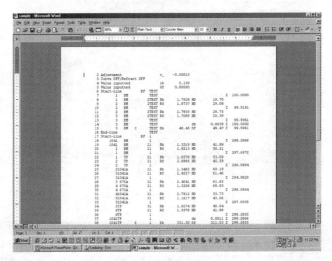

图 2-58　数据格式—RECE(M5)

图 2-59　数据格式—REC500

任务 6　Excel 软件测量内业数据处理

Excel 是微软公司出品的 Office 系列办公软件中的一个组件。确切地说,它是一个电子表格软件,可以用来制作电子表格,完成许多复杂的数据运算,进行数据的分析和预测并且具有强大的制作图表的功能。现在的新版本还可以制作网页。

一、Excel 界面介绍

启动 Excel 后可看到它的主界面如图 2-60 所示。最上面的是标题栏,标题栏左边是 Excel

的图标,后面显示的是现在启动的应用程序的名称,接着的连字符后面是当前打开的工作簿的名称,标题栏最右边的三个按钮分别是最小化、最大化/恢复按钮和关闭按钮。标题栏下面是菜单栏,菜单栏下面是工具栏,熟练使用工具栏中的按钮可以提高我们的工作效率。

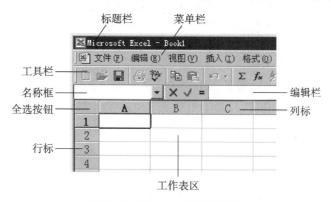

图 2-60　Excel 主界面(部分)

工具栏的下面就是 Excel 比较特殊的功能了。左边是名称框,可以在名称框里给一个或一组单元格定义一个名称,也可以从名称框中直接选择定义过的名称来选中相应的单元格。右边是编辑栏,选中单元格后可以在编辑栏中输入单元格的内容,如公式、文字或数据等。在编辑栏中单击准备输入时,名称框和编辑栏中间会出现图 2-60 中所示三个按钮:左边的叉符是取消按钮,它的作用是恢复到单元格输入以前的状态;中间的钩符是输入按钮,就是确定输入栏中的内容为当前选定单元格的内容;等号是编辑公式按钮,单击等号按钮表示要在单元格中输入公式。

名称框下面灰色的小方块儿是全选按钮,单击它可以选中当前工作表的全部单元格。全选按钮右边的 A、B、C 等是列标,单击列标可以选中相应的列。全选按钮下面的 1、2、3 等是行标,单击行标可以选中相应的整行。中间最大的区域就是 Excel 的工作表区,也就是放置表格内容的地方。工作表区的右边和下面有两个滚动条,是翻动工作表查看内容用的。

在工作表区的下面,左边的部分用是用来管理工作簿中的工作表,如图 2-61 所示。我们把一个 Excel 文档叫做工作簿,在一个工作簿中可以包含很多的工作表。Sheet1、Sheet2 等都代表着一个工作表,这些工作表组成了一个工作簿,就好像我们的账本,每一页是一个工作表,而一个账本就是一个工作簿。左边是工作表标签,上面显示的是每个表的名字。单击"Sheet2",就可以转

图 2-61　动态栏

到表 Sheet2 中,同样,单击"Sheet3""Sheet4",都可以到相应的表中。四个带箭头的按钮是标签滚动按钮:单击向右的箭头可以让标签整个向右移动一个位置,即从 Sheet2 开始显示;单击带竖线的向右箭头,最后一个表的标签就显露了出来;单击向左的箭头,标签整个向左移动了一个表;单击带竖线的向左的箭头,最左边的表就又是 Sheet1 了。而且这样只是改变工作表标签的显示,当前编辑的工作表是没有改变的。

界面的最下面是状态条,Excel 的状态条可以显示当前键盘的几个 Lock 键的状态。右边有一个"NUM"的标记,表示现在的 Num Lock 是打开的,按一下键盘上的"Num Lock"键,这个标记就消失了,表示不再是 Num Lock 状态;按一下"Caps Lock"键,就显示出 CAPS,表示 Caps

Lock 状态是打开的,再按一下 Caps Lock 键,它就会消失。

二、Excel 文件的新建、打开和保存

1. 新建文档

要想新建一个 Excel 的文档,除了使用"开始"菜单和在 Excel 中使用新建按钮外,还可以这样:在桌面的空白区域上单击右键,在菜单中单击 "新建"项,打开"新建"子菜单,从子菜单中选择"Microsoft Excel 工作表"命令,如图 2-62 所示。

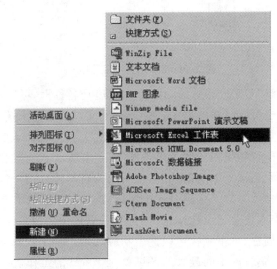

图 2-62　Excel 文件新建

执行该命令后,在桌面上出现了一个新的 Excel 工作表图标,如图 2-63 所示。在文件名称处输入一个合适的名字,注意不要把扩展名".xls"丢掉。双击桌面上的文件图标就可以打开它进行编辑了。

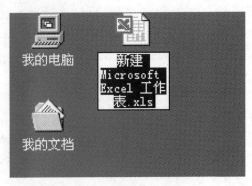

图 2-63　新建表格图标

同样,在资源管理器和"我的电脑"中也可以这样新建一个 Excel 工作表。在资源管理器中选择一个文件夹,然后单击菜单中的"文件"菜单,选择"新建"项中的"Microsoft Excel 工作表"

命令,就可以在当前的文件夹中建立一个新的 Excel 工作表;使用右键菜单也可以,这里就不再讲述了。使用"我的电脑"浏览框也一样。

2. 打开文档

我们已经知道了在桌面和资源管理器中双击相应的文档可以直接打开这个文档,使用"开始"菜单中的"打开 Office 文档"项可以打开 Excel 的工作簿,在 Excel 中使用工具栏上的打开按钮也可以打开一个 Excel 工作簿。

我们还有其他的方法:打开"文件"菜单,单击"打开"命令,就会弹出"打开"对话框,如图2-64所示。

图 2-64 "打开"对话框

在 Excel 中按快捷键 Ctrl+O,同样可以弹出"打开"对话框。在 Excel 的"文件"菜单下方可以看到四个最近打开的文档名称,有时工作重复性高时这样打开文档是很方便的:打开"文件"菜单,在文件列表中选择相应的文件名,就可以打开相应的文档。我们还可以设置在这里显示的文档数目:在"工具"菜单中选择"选项"命令,弹出"选项"对话框,如图 2-65 所示。单击"常规"选项卡,在"列出最近所用文件数"后面的输入框中可以设置在"文件"菜单中显示的文件数目;取消这个复选框的选中可以使"文件"菜单中不显示最近打开的文件。

3. 保存工作簿

单击工具栏中的"保存"按钮或"文件"菜单中的"保存"命令可以实现保存操作,在工作中要注意随时保存工作的成果。

在"文件"菜单中还有一个"另存为"选项。前面已经打开的工作簿,如果定好了名字,再使用"保存"命令时就不会弹出"保存"对话框,而是直接保存到相应的文件中。但有时我们希望把当前的工作做一个备份,或者不想改动当前的文件,要把所做的修改保存在另外的文件中,这时就要用到"另存为"选项了。打开"文件"菜单,单击"另存为"命令,弹出"另存为"对话框,如图2-66所示。

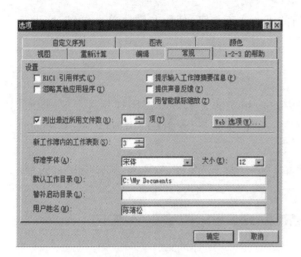

图 2-65 "选项"对话框

图 2-66 "另存为"对话框

这个对话框同我们前面见到的一般的保存对话框是相同的,同样如果想把文件保存到某个文件夹中,单击"保存位置"下拉列表框,从中选择相应的目录,进入对应的文件夹,在"文件名"中键入文件名,单击"保存"按钮,这个文件就保存到指定的文件夹中了。

三、数据的简单操作

1. 在单元格中输入数据

我们在建立表格之前,应该先把表格的大概模样考虑清楚,比如表头有什么内容,标题列是什么内容等。因此在用 Excel 建立一个表格的时候开始是建立一个表头,然后就是确定表的行标题和列标题的位置,最后才是填入表的数据。

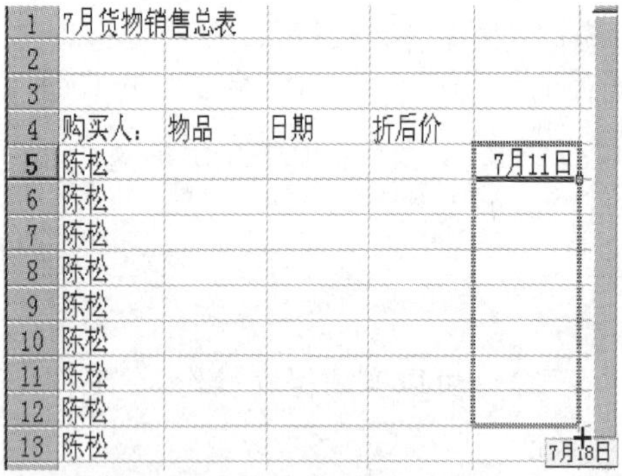

首先把表头输入进去:单击选中 A1 单元格,输入文字,然后从第四行开始输入表的行和列的标题,再把不用计算的数据添进去。输入的时候要注意合理地利用自动填充功能,先输入一个,然后把鼠标放到单元格右下角的方块上,当鼠标变成一个黑色的十字时就按下左键向下拖动,到一定的数目就可以了。填充还有许多其他的用法,如输入7-11,回车,它就自动变成了一个日期,向下填充,日期会按照顺序变化,如图 2-67 所示。

图 2-67 Excel 填充的用法

2. 简单的计算

在电子表格中经常需要计算数据,当然可以先把数据计算好再输入 Excel,不过,最好还是使用 Excel 自身的计算功能,这样改动起来就很方便。现在我们来看一个表格,把每人每次的购买总额计算出来:选中"总值"下的第一个单元格,在编辑栏中单击,直接输入"=c5 * d5",在这里不用考虑大小写,单击输入按钮,确认我们的输入,就在这个单元格中输入了一个公式,如图 2-68 所示。

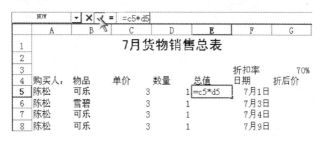

图 2-68 Excel 计算界面

输入公式可以从表里选,也可以直接输入,只要保证正确就行。这两种方法各有各的用途:有时输入有困难,就要从表里选择;而有时选择就会显得很麻烦,就直接输入。还有一点要注意,这里是在编辑公式,所以一定要在开始加一个等号,这样就相当于在开始时单击了编辑公式按钮。

现在,单击 E5 单元格,然后用鼠标拖动边框右下角的小方块向下填充就可以了。

四、水准测量内业处理示例

现有附合水准测量原始数据如表 2-11 所示,1 点高程为 65.376 m,2 点高程为 68.623 m,利用 Excel 软件进行内业处理。

表 2-11 附合水准测量原始数据如表

点号	距离	后视读数	前视读数
BM₁			
1			
2			
3			
BM₂			

1.新建文件

新建一个 Excel 文件,取名为"附合水准路线成果计算表",通过合并单元格等方法建立表格,并填入原始数据,如图 2-69 所示。

2.计算实测高差

在 E5 格输入"=C4−D6",如图 2-70 所示。

利用自动填充功能,把鼠标放到 E5 单元格右下角的方块上,当鼠标变成一个黑色的十字时按下左键向下拖动,计算出各测站间实测高差,如图 2-71 所示。

Microsoft Excel - 附合水准路线成果计算表

	A	B	C	D	E	F	G	H	I
1	附合水准路线成果计算表								
2	点号	距离	后视读数	前视读数	实测高差	改正数	改正后高差	高程	备注
3	1	2	3	4	5	6	7	8	9
4	BM1								
5			2.305					65.376	
6	1	1.0							
7			2.636	0.730					
8	2	1.2							
9			0.473	0.600					已知1点高程为65.376m，2点高程为68.623m
10	3	1.4							
11			2.104	2.215					
12	BM2	2.2							
13				0.658					
14	∑								
15	辅助计算	fh=∑h-（H2—H1）							
16		fh=±40√L							

图 2-69　附合水准路线成果计算表

SUM　=C4-D6

	A	B	C	D	E	F	G	H	I
1	附合水准路线成果计算表								
2	点号	距离	后视读数	前视读数	实测高差	改正数	改正后高差	高程	备注
3	1	2	3	4	5	6	7	8	9
4	BM1								
5			2.305					65.376	
6	1	1.0			=C4-D6				
7			2.636	0.730					
8	2	1.2							
9			0.473	0.600					已知1点高程为65.376m，2点高程为68.623m
10	3	1.4							
11			2.104	2.215					
12	BM2	2.2							
13				0.658					
14	∑								
15	辅助计算	fh=∑h-（H2—H1）							
16		fh=±40√L							

图 2-70　实测高差计算图示一

	A	B	C	D	E	F	G	H	I
1	附合水准路线成果计算表								
2	点号	距离	后视读数	前视读数	实测高差	改正数	改正后高差	高程	备注
3	1	2	3	4	5	6	7	8	9
4	BM1								
5			2.305					65.376	
6	1	1.0			1.575				
7			2.636	0.730					
8	2	1.2			2.036				
9			0.473	0.600					已知1点高程为65.376m，2点高程为68.623m
10	3	1.4			-1.742				
11			2.104	2.215					
12	BM2	2.2			1.446				
13				0.658					
14	∑								
15	辅助计算	fh=∑h-（H2—H1）							
16		fh=±40√L							

图 2-71　实测高差计算图示二

3. 进行辅助计算

在 B14 单元格输入"＝SUM(B5:B12)",对距离进行求和,如图 2-72 所示。

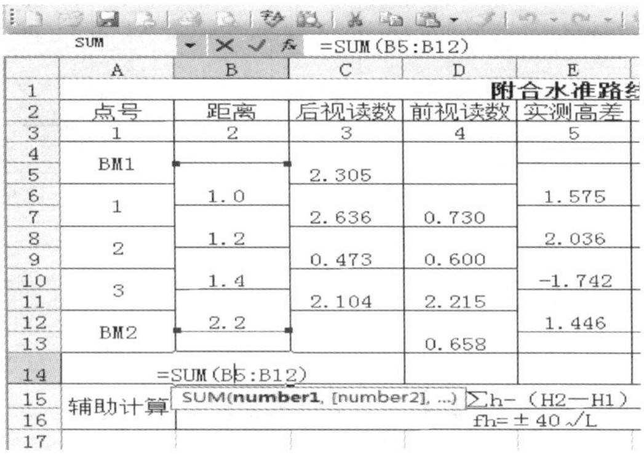

图 2-72　辅助计算图

在 E14 单元格输入"＝SUM(E5:E12)",对实测高差进行求和,如图 2-73 所示。

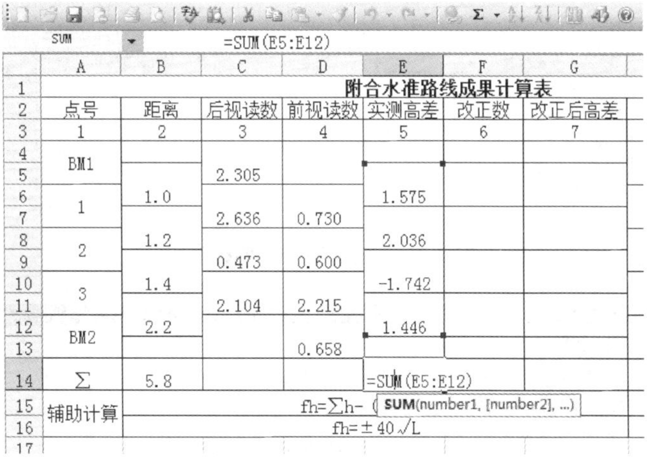

图 2-73　实测高差求和图示

在 C14、D14 单元格中分别输入"＝SUM(C4:C11)""＝SUM(D6:D12)",对所有后视读数和前视读数进行求和检验实测高差求和的结果是否正确,如图 2-74 所示。

计算高差闭合差和高差闭合差容许值并填入表中。

4. 改正后高程计算

在 F5 单元格中输入"＝(－68)＊B5/B14",计算其改正数,同样依次求出其他改正数,在 F14 中对改正数进行求和进行验证,如图 2-75 所示。

在 G5 单元格中输入"＝E5＋F5/1 000",求其改正后高差,利用自动填充功能求其他改正后高差,如图 2-76 所示。

在 G14 单元格中对改正后高差进行求和进行检验。在 H6 单元格中输入"＝E5＋F5/1000",求其改正后高程,利用自动填充功能求其他改正后高程。如图 2-77 所示。

E22
附合水准路线成果计算表

点号	距离	后视读数	前视读数	实测高差	改正数	改正后高差
1	2	3	4	5	6	7
BM1		2.305				
	1.0			1.575		
1		2.636	0.730			
	1.2			2.036		
2		0.473	0.600			
	1.4			-1.742		
3		2.104	2.215			
	2.2			1.446		
BM2			0.658			
∑	5.8	7.518	4.203	3.315		
辅助计算	fh=∑h-（H2—H1）					
	fh=±40√L					

图 2-74　数据检验图示

SUM
=(-68)*B5/B14
附合水准路线成果计算表
=(-68)*B5/B14
=SUM(F5:F12)
附合水准路线成果计算表

点号	距离	后视读数	前视读数	实测高差	改正数	改正后高差	高程
1	2	3	4	5	6	7	8
BM1		2.305					65.376
	1.0			1.575	-12		
1		2.636	0.730				
	1.2			2.036	-14		
2		0.473	0.600				
	1.4			-1.742	-16		
3		2.104	2.215				
	2.2			1.446	-26		
BM2			0.658				
∑	5.8	7.518	4.203	3.315	-68		
辅助计算	fh=∑h-（H2—H1）						68mm
	fh容=±40√L						±96mm

图 2-75　改正高差计算图示一

Microsoft Excel - 附合水准路线成果计算表
文件(F) 编辑(E) 视图(V) 插入(I) 格式(O) 工具(T) 数据(D) 窗口(W) 帮助(H)
宋体
G5
=E5+F5/1000
附合水准路线成果计算表
自动填充选项

点号	距离	后视读数	前视读数	实测高差	改正数	改正后高差	高程	备注
1	2	3	4	5	6	7	8	9
BM1		2.305					65.376	
	1.0			1.575	-12	1.563		
1		2.636	0.730					
	1.2			2.036	-14	2.022		已知1点高程为65.376m，2点高程为68.623m
2		0.473	0.600					
	1.4			-1.742	-16	-1.758		
3		2.104	2.215					
	2.2			1.446	-26	1.420		
BM2			0.658					
∑	5.8	7.518	4.203	3.315	-68			
辅助计算	fh=∑h-（H2—H1）						68mm	
	fh容=±40√L						±96mm	

图 2-76　改正高程计算图示二

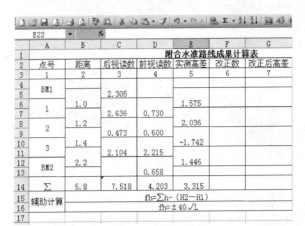

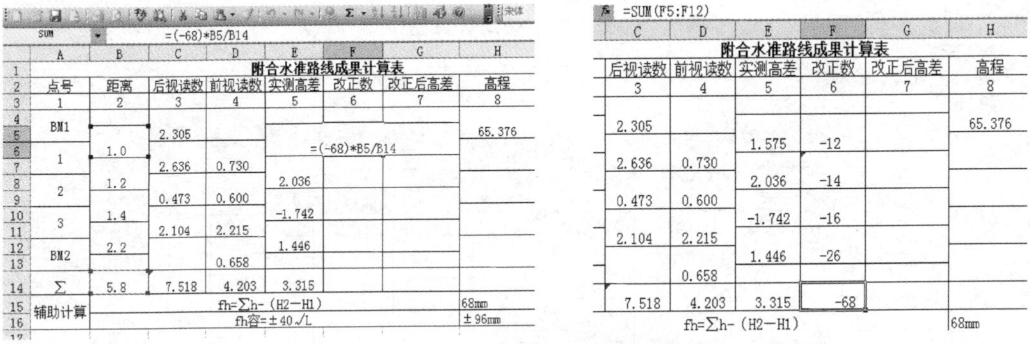

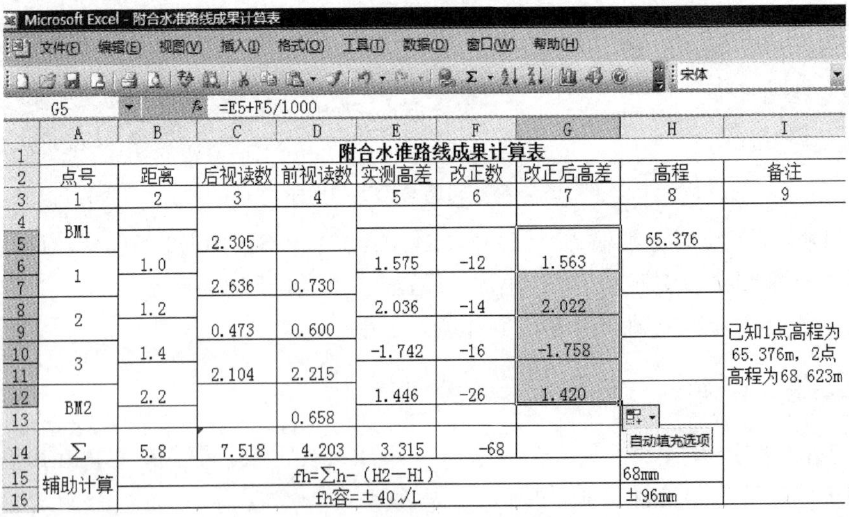

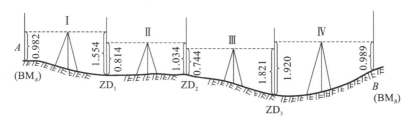

附合水准路线成果计算表

点号	距离	后视读数	前视读数	实测高差	改正数	改正后高差	高程	备注
1	2	3	4	5	6	7	8	9
BM1		2.305					65.376	
1	1.0			1.575	-12	1.563		
		2.636	0.730				66.939	
2	1.2			2.036	-14	2.022		
		0.473	0.600				68.961	已知1点高程为
3	1.4			-1.742	-16	-1.758		65.376m，2点
		2.104	2.215				67.203	高程为68.623m
BM2	2.2			1.446	-26	1.420		
			0.658				68.623	
∑	5.8	7.518	4.203	3.315	-68	3.247		
辅助计算			fh=∑h-（H2-H1）				68mm	
			fh容=±40√L				±96mm	

图 2-77　改正高程检验图

思考题

1. 简述水准测量的基本原理。

2. 简述如何消除视差。

3. 简述一般水准仪有哪些轴线，以及各轴线应满足什么关系。

4. 如下图所示，水准测量由 A 点测向 B 点，已知 A 点的高程为 85.248 m，各观测数据在图中显示，试把观测数据写到"水准测量记录表"中，并计算出 B 点的高程。

水准测量记录表

测站	点号	后视读数/m	前视读数/m	高差/m		高程/m	备注
				+	-		

77

续表

测站	点号	后视读数/m	前视读数/m	高差/m		高程/m	备注
				+	−		
计算检核	Σ						

5. 有一条附合水准路线如下图,其各观测数值标于图上,已知 A 点高程为 $H_A = 86.346$ m, B 点高程为 $H_B = 87.201$ m。求 1、2、3、4 点闭合差校核后的高程(mm)。

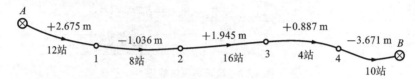

6. 有一条闭和水准路线如下,其各观测数值标于图上,已知 BM_1 点高程为 86.346 m。求 1、2、3、4 点闭合差检核后的高程(mm)。

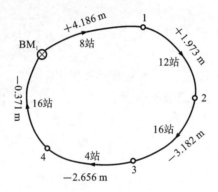

角度测量

要确定地面上点的位置，我们常常要进行角度测量。角度测量包括水平角测量和竖直角测量：测量水平角可以确定地面点的平面位置；测量竖直角可以用于测定高差进而确定高程，或者将倾斜距离改化为水平距离。

任务 **1** 角度测量仪器和工具及其使用

一、角度测量原理

1. 水平角测量原理

设 A、B、C 为地面上存在的任意三个点。C 点为测站点，A、B 为目标点，则从 C 点观测 A、B 的水平角为 CA、CB 两方向线垂直投影在水平面 Q 上所成的 $\angle A_1 C_1 B_1$，如图 3-1 所示。也可以说，地面上一点到两目标的方向线间所夹的水平角，就是过这两方向线所作两竖直面间的二面角。

为了测出水平角的大小，以过 C 点的铅垂线上任一点 O 为中心，水平地放置一个带有刻度的圆盘，通过 CA、CB 各做一竖直面，设这两个竖直面在刻度盘上截取的读数分别为 a 和 b，则所求水平角 β 之值为：

$$\beta = b - a$$

根据以上分析，经纬仪须有一刻度盘和在刻度盘上读数的指标。观测水平角时，刻度盘中心应安放在过测站点的铅垂线上，并能使之水平。为了瞄准不同方向，经纬仪的望远镜应能沿水平方向转动，也能高低俯仰。当望远镜高低俯仰时，其视准轴应划出一整直面，这样才能使得在同一

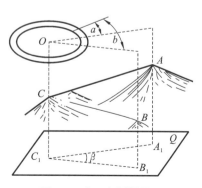

图 3-1　水平角测量原理

竖直面内高低不同的目标有相同的水平度盘读数。

2. 竖直角测量原理

竖直角是指某一方向与其在同一铅垂面内的水平线所夹的角度。由图 3-2 可知,同一铅垂面上,空间方向线 OA 和水平线所夹的角 α_1 就是 OA 方向与水平线的竖直角,同理,α_2 就是 OB 方向与水平线的竖直角。若方向线在水平线之上,竖直角为仰角,用"$+\alpha$"表示;若方向线在水平线之下,竖直角为俯角,用"$-\alpha$"表示。其角值范围为 $0°\sim90°$。

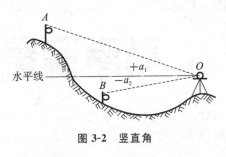

图 3-2　竖直角

在望远镜横轴的一端竖直设置一个刻度盘(竖直度盘),其中心与望远镜横轴中心重合,度盘平面与横轴轴线垂直,视线水平时指标线为一固定读数。当望远镜瞄准目标时,竖盘随之转动,则望远镜照准目标的方向线读数与水平方向上的固定读数之差为竖直角。

根据上述测量水平角和竖直角的要求而设计制造的一种测角仪器称为经纬仪。

二、经纬仪的构造

光学经纬仪按其精度划分为 $DJ_{0.7}$、DJ_1、DJ_2、DJ_6 等,"D"和"J"分别为"大地测量仪器"和"经纬仪"汉语拼音的第一个字母,0.7、1、2、6 分别表示该等级经纬仪一测回水平方向的中误差不超过 $\pm0.7''$、$\pm1''$、$\pm2''$、$\pm6''$。

每个等级的经纬仪,由于生产厂家的不同,有各种型号,且仪器部件和结构也不完全一样,但其主要部件的构造大致相同。下面以我国北京光学仪器厂生产的 TDJ_6 型和 TDJ_2 型仪器为例,对经纬仪的构造做一简单介绍。

(一)TDJ_6 型光学经纬仪

1. TDJ_6 型经纬仪各部件的名称

图 3-3 所示为北京光学仪器厂生产的 TDJ_6 型光学经纬仪。

2. TDJ_6 型经纬仪的构造及作用

TDJ_6 型经纬仪主要由照准部、水平度盘和基座三部分组成。

1)照准部

照准部主要部件有望远镜、水准管、竖直度盘、读数设备等。

望远镜由物镜、目镜、十字丝分划板、调焦透镜组成。望远镜的主要作用是照准目标。望远镜与横轴固连在一起,由望远镜制动螺旋和微动螺旋控制其做上下转动。照准部可绕竖轴在水平方向转动,由照准部制动螺旋和微动螺旋控制其水平转动。

照准部水准管用于精确整平仪器。

竖直度盘是为了测竖直角而设置的,可随望远镜一起转动。另设竖直度盘指标自动补偿器

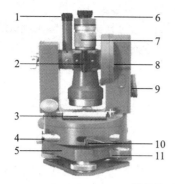

图 3-3 TDJ₆型光学经纬仪

1—读数目镜；2—外粗瞄器；3—管水准器；4—照准部微动螺旋；5—基座；6—目镜；7—物镜对光螺旋；
8—竖直度盘；9—度盘照明反光镜；10—照准部制动扳手；11—圆水准器；12—物镜；
13—竖盘补偿器开关；14—对中目镜；15—水平度盘拨盘手轮；16—脚螺旋；
17—望远镜制动扳手；18—望远镜微动螺旋；19—基座固定螺丝

装置和开关，借助自动补偿器使读数指标处于正确位置。

读数设备是通过一系列光学棱镜将水平度盘和竖直度盘及测微器的分划都显示在读数显微镜内，并通过仪器反光镜将光线反射到仪器内部，以便读取度盘读数。

另外，为了能将竖轴中心线安置在过测站点的铅垂线上，在经纬仪上都设有对点装置。一般的光学经纬仪都设置有垂球对点装置或光学对点装置：垂球对点装置是在中心螺旋下面装有垂球挂钩，将垂球挂在钩上即可；光学对点装置是通过安装在旋转轴中心的转向棱镜，将地面点成像在对点分划板上，通过对中目镜放大，同时看到地面点和对点分划板的影像，若地面点位于对点分划板刻画中心，并且水准管气泡居中，则说明仪器中心与地面点位于同一铅垂线上。

2）水平度盘

水平度盘是一个光学玻璃圆环，圆环上按顺时针刻画注记 0°～360°分画线，主要用来度量水平角。观测水平角时，经常需要将某个起始方向的读数配置为预先指定的数值，称为水平度盘的配置。水平度盘的配置机构有复测机构和拨盘机构两种类型，北京光学仪器厂的仪需采用的是拨盘机构。当转动拨盘机构变换手轮时，水平度盘随之转动，水平读数发生变化，而照准部不动，当压住度盘变换手轮下的保险手柄时，可将度盘变换手轮向里推进并转动，即可将度盘转动到需要的读数位置上。

3）基座

基座主要由轴座、圆水准器、脚螺旋和连接板组成。基座是支撑仪器的底座，照准部同水平度盘一起插入轴座，用固定螺丝固定；圆水准器用于粗略整平仪器；三个脚螺旋用于整平仪器，从而使竖轴竖直、水平度盘水平；连接板用于将仪器稳固地连接在三脚架上。

3. 分微尺装置的读数方法

如图 3-4 所示，TDJ₆型光学经纬仪一般采用分微尺读数。在读数显微镜内，可以同时看到水平度盘和竖直度盘的像。注有"H"字样的是水平度盘，注有"V"字样的是竖直度盘，在水平度盘和竖直度盘上，相邻两分画线间的弧长所对的圆心角称为度盘的分划值。TDJ₆型经纬仪分

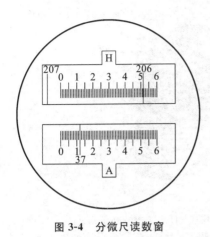

图 3-4 分微尺读数窗

划值为 1°,按顺时针方向每度注有度数,小于 1°的读数在分微尺上读取。读数窗内的分微尺有 60 小格,其长度等于度盘上间隔为 1°的两根分画线在读数窗中的影像长度。因此,测微尺上一小格的分画值为 1′,可估读到 0.1′,分微尺上的零分画线为读数指标线。

读数方法:瞄准目标后,将反光镜掀开,使读数显微镜内光线适中,然后转动、调节读数窗口的目镜调焦螺旋,使分画线清晰,并消除视差;直接读取度盘分画线注记读数及分微尺上 0 指标线到度盘分画线读数,两数相加,即得该目标方向的度盘读数。采用分微尺读数,方法简单、直观。如图 3-4 所示,水平盘读数为 206°51.5′,竖盘读数为 37°12.0′。

(二)TDJ₂ 型光学经纬仪

1. TDJ₂ 型经纬仪各部件的名称

图 3-5 所示为北京光学仪器厂生产的 TDJ_2 型光学经纬仪。

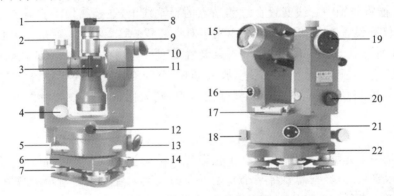

图 3-5 TDJ_2 型光学经纬仪

1—读数目镜;2—望远镜制动螺旋;3—粗瞄器;4—望远镜微动螺旋;5—照准部微动螺旋;
6—基座;7—脚螺旋;8—目镜;9—物镜对光螺旋;10—竖盘照明反光镜;11—竖直度盘;
12—对中目镜;13—水平盘照明反光镜;14—圆水准器;15—物镜;16—竖盘补偿器开关;
17—管状水准器;18—照准部制动螺旋;19—测微轮;20—换像手轮;21—拨盘手轮;22—固定螺丝

2. 读数装置

TDJ_2 型光学经纬仪的观测精度高于 TDJ_6 光学经纬仪。在结构上,除望远镜的放大倍数较大,照准部水准管的灵敏度较高、度盘格值较小外,主要表现为读数设备的不同。

在读数窗内一次只能看到一个度盘的影像。读数时,可通过转动换像手轮,转换所需要的度盘影像,以免读错度盘。当手轮面向上,刻线处于水平位置时,显示水平度盘影像;当刻线处于竖直位置时,显示竖直度盘影像。

采用数字式读数装置可使读数简化。如图 3-6 所示:上窗数字为度数,读数窗上突出小方框中所注数字为整 10′;中间的小窗为分画线符合窗;下方的小窗为测微器读数窗。读数时瞄准

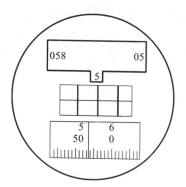

图 3-6 TDJ₂ 型光学经纬仪数字化读数窗

目标后,转动测微轮使度盘对径分画线重合,度数由上窗读取,整 $10'$ 数由小方框中数字读取,小于 $10'$ 的数由下方小窗中读取。如图 3-6 所示,读数为 $58°55'53.6''$。

三、经纬仪的使用

使用经纬仪时,一般有对中、整平、瞄准和读数 4 个基本步骤,其中对中和整平又统称为安置仪器。

1. 对中

经纬仪对中的目的是使水平度盘中心和测站点标志中心在同一铅垂线上。对中的方法有垂球对中法和光学对中器对中法两种。

1)用垂球对中

用垂球对中的步骤如下:

(1)张开三脚架,调节架腿,使三脚架高度适中、架头大致水平,并使架头中心初步对准标志中心。

(2)装上仪器,使其位于架头中部,拧紧中心螺旋,挂上垂球。如果垂球尖偏离标志中心较大,可平移脚架,使垂球尖靠近标志中心,并将脚架的脚尖踩入土中。同时,注意保持架头大致水平和垂球偏离标志中心不超过 1 cm。

(3)稍许松开中心连接螺,在架头上慢慢移动仪器,使垂球尖对准标志中心,再旋紧中心连接螺旋。垂球对中的误差可小于 3 mm。

2)用光学对中器对中

在光学经纬仪中,通常都装有光学对中器,它实际上是一个小型望远镜。它的视准轴通过棱镜转动后与仪器竖轴的方向线重合。用光学对中器对中,实际上是用铅垂后的视准轴去瞄准标志中心。对中的步骤如下:

(1)首先使架头大致水平和用垂球(或目估)初步对中,然后转动(拉出)对中器目镜,使测站标志的影像清晰。

(2)转动脚螺旋,使标志中心影像位于对中器小圆圈(或十字分画线)中心,此时圆水准器气泡偏离。

(3)伸缩脚架使圆水准气泡居中,但需注意脚尖位置不得移动,再按下述整平的方法转动脚螺旋使长水准管气泡居中。

(4)检查对中情况,标志中心是否位于小圆圈中心,若有很小偏差可稍许松开中心连接螺旋,平移基座,使标志中心和分划圈中心重合。

(5)检查水准管气泡,若气泡仍居中,说明对中已经完成。否则,应重复步骤②、③、④、⑤直至标志中心与分划圈中心重合后水准管气泡仍居中为止。最后,将中心螺旋旋紧。

用光学对中器对中的优点是不受风力的影响且能提高对中精度,其误差一般可小于 1 mm。

2. 整平

整平的目的是使水平度盘处于水平位置和仪器竖轴处于严格的铅垂位置,其操作步骤如下:

(1)转动照准部,使长水准管平行于任意两个脚螺旋(编号分别为 1、2)的连线,并转动 1、2 脚螺旋使长水准管气泡居中,如图 3-7(a)所示。

(2)将照准部转动 90°,使水准管垂直于 1、2 的连线,并转动脚螺旋 3 使气泡居中,如图 3-7(b)所示。

(3)重复步骤①、②,直至照准部转到任何位置时,气泡的偏离量不超过 1 格为止。

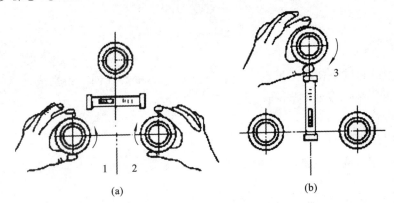

(a)　　　　　　　　　　　(b)

图 3-7　左手大拇指法则整平水平水准管示意图

3. 瞄准

瞄准就是用望远镜的十字丝交点去精确对准目标。与水准仪一样,经纬仪瞄准目标时也是先用望远镜上的粗瞄器瞄准目标,将各制动螺旋制动并调焦后,再转微动螺旋使十字丝精确瞄准目标。测水平角时,应该用十字丝的竖丝精确夹准(双丝)或切准(单丝)目标,竖测直角时,则应该用十字丝的横丝精确切准目标。图 3-8(a)、图 3-8(b)分别为水平角观测和竖直角观测时瞄准后的望远镜视场的示意图。

4. 读数

读数前,先将反光镜张开到适当位置,调节镜面朝向光源,使读数窗亮度均匀,转动读数显微镜调焦螺旋,使读数分画线清晰,然后根据仪器的读数设备按前述方法读数。

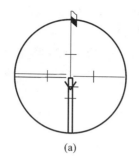 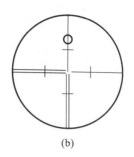

(a)   (b)

图 3-8　经纬仪瞄准目标点示意图

任务 **2** 水平角与竖直角测量

一、水平角的测量

水平角的测量方法是根据测量工作的精度要求、观测目标的多少及所用仪器而定的,一般有测回法和方向观测法两种。

1. 测回法

测回法适用于在一个测站有两个观测方向的水平角观测,如图 3-9 所示。设要观测的水平角为 $\angle AOB$,先在目标点 A、B 设置观测标志,在测站点 O 安置经纬仪,然后分别瞄准 A、B 两目标点进行读数,水平度盘两个读数之差即为要测的水平角。

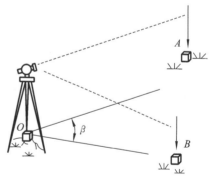

图 3-9　测回法测水平角

为了减小平角观测中的某些误差,通常对同一角度要进行盘左、盘右两个盘位观测(观测者对着望远镜目镜,竖盘位于望远镜左侧时,称盘左又称正镜;当竖盘位于望远境右侧时,称盘右又称倒镜)。盘左位置观测,称为上半测回;盘右位置观测,称为下半测回。上、下两个半测回合称为一个测回。

测回法的具体步骤如下:

(1)安置仪器于测站点 O 上,对中、整平。

(2)盘左位置瞄准 A 目标,读取水平度盘读数为 a_1,设为 $0°04'30''$,记入记录手簿表 3-1 中盘左 A 目标水平读数一栏。

(3)松开制动螺旋,顺时针方向转动照准部,瞄准 B 点,读取水平度盘读数为 b_1,设为 $95°22'48''$,记入记录手簿表 3-1 中盘左 B 目标水平读数一栏,此时完成上半个测回的观测,即

$$\beta_左 = b_1 - a_1$$

(4)松开制动螺旋,倒转望远镜成盘右位置,瞄准 B 点,读取水平度盘读数为 b_2,设为 $277°19'12''$,记入记录手簿表 3-1 中盘右 B 目标水平读数一栏。

(5)松开制动螺旋,逆时针方向转动照准部,瞄准 A 点,读取水平度盘读数为 a_2,设为 $182°00'42''$,记入记录手簿表 3-1 中盘右 A 目标水平读数一栏,此时完成下半个测回观测,即

$$\beta_右 = b_2 - a_2$$

上、下两个半测回合称为一个测回,取盘左、盘右所得角值的算术平均值作为该角的一测回角值,即

$$\beta = \frac{\beta_左 + \beta_右}{2}$$

表 3-1　水平角观测记录(测回法)

测站	目标	盘位	水平度盘读数	角　值	平 均 角 值	备　　注
O	A	左	$0°04'30''$	$95°18'18''$	$95°18'24''$	
	B		$95°22'48''$			
	B	右	$277°19'12''$	$95°18'30''$		
	A		$182°00'42''$			

当需要用测回法测某角 n 个测回时,为了减小刻度盘刻画误差的影响,各测回之间要按 $180°/n$ 的差值变换度盘的起始位置。如 $n=4$ 时,各测回的起始方向读数可等于或略大于 $0°$、$45°$、$90°$ 及 $135°$。

此外,无论是盘左观测还是盘右观测,水平角的角值始终是瞄准右方目标时的水平度盘读数减去瞄准左方目标时的水平度盘读数,不够减时,右方目标读数加上 $360°$。

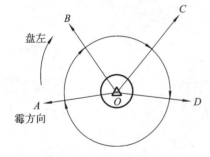

图 3-10　方向法观测方法

2. 方向观测法

当一个测站有 3 个或 3 个以上的观测方向时,应采用方向观测法进行水平角观测。方向观测法是以所选的起始方向为水平角值,也称方向值。如图 3-10 所示,为测 4 个观测方向,需采用方向观测法进行观测。

1)观测步骤

上半测回:选择一明显目标作为起始方向(零方向),用盘左瞄准,配置度盘,顺时针依次观测各目标,最后回到起始方向,计算半测回归零差(TDJ$_6$ 型不超过 $18''$,TDJ$_2$ 型不超过 $8''$)。

下半测回:盘右,逆时针依次观测各目标。

为提高精度进行 n 测回时,各测回间按 $180°/n$ 的差值,配置水平度盘。

2)记录、计算

(1)$2c$ 值(两倍照准误差)=盘左读数-(盘右读数$±180°$),一测回内 TDJ$_2$≤$13''$,TDJ$_6$ 无要求。

(2)各方向盘左、盘右读数的平均值=[盘左读数+(盘右读数$±180°$)]/2,零方向观测两次,将平均值再取平均。

(3)归零方向值:将各方向平均值分别减去零方向平均值,即得各方向归零方向值。

(4)各测回归零方向值的平均值:同一方向值各测回间互差,对 $TDJ_2 \leqslant 12''$,对 $TDJ_6 \leqslant 9'$。

(5)计算各水平角的角值:根据各测回归零后方向值的平均值计算。

二、竖直角的测量

1. 竖直度盘的构造及其特点

(1)竖直度盘包括竖直度盘、竖盘读数指标、竖盘指标水准管和竖盘指标水准管微动螺旋。

(2)指标线固定不动,而整个竖盘随望远镜一起转动。

(3)竖盘的注记形式有顺时针与逆时针两种。

(4)当望远镜视线水平、竖盘指标水准管气泡居中时,盘左和盘右位置的竖盘读数均为 $90°$ 或 $90°$ 的整数倍。

2. 竖直角计算公式

顺时针注记形式(盘左位置抬高物镜,竖盘读数渐小)如图 3-11(a)、图 3-11(b)所示,竖直角计算公式如下:

$$\alpha_L = 90° - L$$
$$\alpha_R = R - 270°$$
$$\alpha = (\alpha_L + \alpha_R)/2$$

逆时针注记形式(盘左位置抬高物镜,竖盘读数渐大)如图 3-11(c)、图 3-11(d)所示,竖直角计算公式如下:

3. 竖盘指标差

当竖直度盘指标水准管气泡居中或自动补偿器归零时,指标线偏离正确位置的角度值称为竖盘指标差 x。当偏移方向与竖盘注记增加方向一致时为正,反之为负。对于顺时针注记的情况,如图 3-12 所示。

$$\alpha = (90° + x) - L = \alpha_左 + x$$
$$\alpha = R - (270° + x) - L = \alpha_右 - x$$

竖直角:

$$\alpha = (\alpha_左 + \alpha_右)/2 \text{(取盘左、盘右的平均值,可消除指标差的影响)}$$

竖盘指标差:

$$x = (\alpha_左 - \alpha_右)/2 = (L + R - 360°)/2$$

4. 竖直角观测

(1)准备工作:在目标点树立标志;安置(包括对中和整平)仪器于测站 O 点,确定竖直角计算公式。

(2)盘左位置观测:调焦与照准目标,使十字丝横丝精确瞄准目标。转动竖盘指标水准管微动螺旋,使水准管气泡严格居中,然后读取竖盘读数 L,记入记录表中。

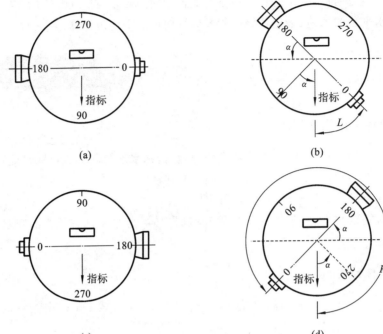

(a)

(b)

(c)

(d)

图 3-11　竖直角计算

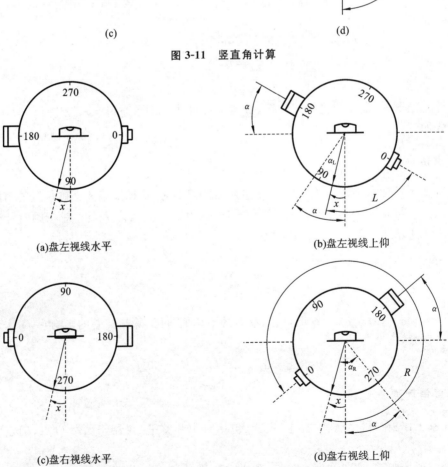

(a)盘左视线水平

(b)盘左视线上仰

(c)盘右视线水平

(d)盘右视线上仰

图 3-12　竖盘指标差

（3）盘右位置观测：倒转望远镜成盘右，瞄准目标，精平，读取竖盘读数 R，记入记录表中。

（4）根据竖直角计算公式计算：计算得 α_L、α_R 及一测回竖直角 α。

（5）精度检核：同一测站不同目标的指标差互差，TDJ$_6$ 型经纬仪不超过 $\pm 25''$，TDJ$_2$ 型不得超过 $\pm 15''$。

任务 3 角度测量误差来源及注意事项

水平角测量的误差主要是由仪器误差、整平误差、观测误差和外界条件影响造成的。

一、仪器误差

仪器误差的来源主要有两个方面：一方面是仪器检验与校正后还存在着残余误差，另一方面是仪器制造加工不完善而引起的误差。可以采用适当的观测方法来减弱或消除其中一些误差，如视准轴不垂直于横轴、横轴不垂直于竖轴及度盘偏心等误差，可通过盘左、盘右观测取平均值的方法消除，度盘刻画不均匀的误差可以通过改变各测回度盘起始位置的办法来削弱。

二、整平误差

整平误差引起竖轴倾斜，且正、倒镜观测时的影响相同，因而不能消除，故观测时应严格整平仪器。其影响类似于横轴与竖轴不垂直的情况，垂直角越大，影响也越大。在山区观测时，一般垂直角较大，尤其要注意。当发现水准管气泡偏离零点超过一格时，要重新整平仪器，重新观测。

三、观测误差

1. 瞄准误差

影响瞄准的因素有很多，现只从人眼的鉴别能力做简单的说明。人眼分辨两个点的最小视角约为 $60''$，以此作为眼睛的鉴别角。当放大倍率为倍 v 时，瞄准误差为：

$$m_v = \pm \frac{60''}{v}$$

设望远镜的放大倍率为 28 倍，则该仪器的瞄准误差为：

$$m_v = \pm \frac{60''}{28} = \pm 2.1''$$

2. 读数误差

用分微尺测微器读数时, 一般可估到最小格值的 $1/10$。以此作为读数误差 m_0, 则:

$$m_0 = \pm 0.1t$$

式中, t 为分微尺的最小格值。

设 $t = 1'$, 则读数误差 $m_0 = \pm 6''$。如果反光镜进光情况不佳, 读数显微镜调焦不好和观测者的技术不够熟练, 则估读误差可能超过 $\pm 6''$。

四、外界条件的影响造成的误差

外界条件对观测质量有直接影响, 如松软的土壤和大风影响仪器的稳定, 日晒和温度变化影响仪器整平, 大气层受地面热辐射的影响会引起物像的跳动等。因此, 要选择目标成像清晰而稳定的有利时间观测, 设法克服不利环境的影响, 以提高观测成果的质量。

思考题

1. 简述水平角的定义。经纬仪为什么能够测出水平角?
2. 试述 TDJ_6 级光学经纬仪分微尺测微器的读数方法。
3. 什么叫竖直角? 观测水平角和竖直角有哪些异同点?
4. 角度测量为什么要用正、倒镜观测?

学习情境 4

距离测量

任务 1 钢尺量距

一、量距的工具

1. 钢尺

钢尺是用薄钢片制成的带状尺,可卷入金属圆盒内,故又称钢卷尺。尺宽约 10～15 mm,长度有 20 m、30 m 和 50 m 等几种。根据尺的零点位置的不同,有端点尺和刻线尺之分。

钢尺的优点:钢尺抗拉强度高,不易拉伸,所以量距精度较高,在工程测量中常用钢尺量距;钢尺的缺点。钢尺性脆,易折断,易生锈,使用时要避免扭折,防止受潮。

2. 测杆

测杆多用木料或铝合金制成,直径约为 3 cm,全长有 2 m、2.5 m 及 3 m 等几种规格。杆上用油漆漆成红白相间的 20 cm 色段,非常醒目,测杆下端装有尖头铁脚,便于插入地面,作为照准标志。

3. 测钎

测钎一般用钢筋制成,上部弯成小圆环,下部磨尖,直径为 3～6 mm,长度为 30～40 cm。钎上可用油漆涂成红白相间的色段。通常 6 根或 11 根系成一组。量距时,将测钎插入地面,用以标定尺端点的位置,亦可作为近处目标的瞄准标志。

4. 锤球、弹簧秤和温度计等

锤球用金属制成,上大下尖呈圆锥形,上端中心系一细绳,悬吊后,锤球尖与细绳在同一垂线上,常用于在斜坡上丈量水平距离。弹簧秤和温度计等将在精密量距中应用。

二、直线定线

水平距离测量时,当地面上两点间的距离超过一整尺长时,或地势起伏较大,一尺段无法完成丈量工作时,需要在两点的连线上标定出若干个点,这项工作称为直线定线。按精度要求的不同,直线定线有目估定线和经纬仪定线两种方法。目估定线的定线工作可由甲、乙两人进行:

(1)定线时,先在 A、B 两点上竖立测杆,甲立于 A 点测杆后面约 $1\sim2$ m 处,用眼睛自 A 点测杆后面瞄准 B 点测杆。

(2)乙持另一测杆沿 BA 方向走到离 B 点大约一尺段长的 C 点附近,按照甲指挥手势左右移动测杆,直到测杆位于 AB 直线上为止,插下测杆(或测钎),定出 C 点。

(3)乙又带着测杆走到 D 点处,同法在 AB 直线上竖立测杆(或测钎),定出 D 点,依此类推。这种从直线远端 B 走向近端 A 的定线方法,称为走近定线。直线定线一般应采用走近定线。

三、钢尺量距的一般方法

1. 平坦地面上的量距方法

平坦地面上的量距方法为量距的基本方法。丈量前,先将待测距离的两个端点用木桩(桩顶钉一小钉)标志出来,清除直线上的障碍物后,一般由两人在两点间边定线边丈量。

为了防止丈量错误和提高精度,一般还应由 B 点量至 A 点进行返测,返测时应重新进行定线。取往、返测距离的平均值作为直线 AB 最终的水平距离。

2. 倾斜地面上的量距方法

(1)平量法。在倾斜地面上量距时,如果地面起伏不大时,可将钢尺拉平进行丈量。返测应由高向低丈量。若精度符合要求,则取往返测的平均值作为最后结果。

(2)斜量法。当倾斜地面的坡度比较均匀时可以沿倾斜地面丈量出 A、B 两点间的斜距 L,用经纬仪测出直线 AB 的倾斜角 α,或测量出 A、B 两点的高差 h_{AB},然后计算 AB 的水平距离 D_{AB}。

3. 一般量距步骤

1)定线

水平距离测量时,当地面上两点间的距离超过一整尺长时,或地势起伏较大,一尺段无法完成丈量工作时,需要在两点的连线上标定出若干个点,这项工作称为直线定线。定线方法按精度分为目估法和经纬仪法,如图 4-1 所示。

2)丈量

(1)喊"预备""好",前后尺手同时读数。

(2)在山区丈量时,可采用平量法、斜量法,如图 4-2 所示。

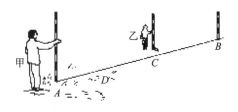

(a)目估法

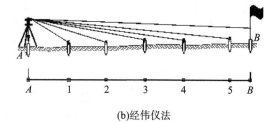

(b)经纬仪法

图 4-1 定线方法

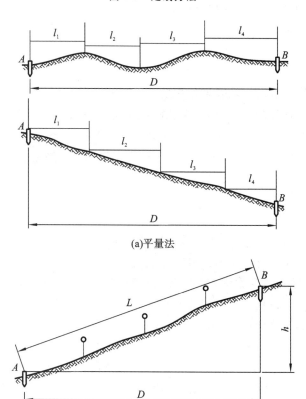

(a)平量法

(b)斜量法

图 4-2 平量法、斜量法丈量山区

丈量精度用相对误差来衡量:

$$K=\frac{|D_{往}-D_{返}|}{\frac{1}{2}(D_{往}+D_{返})}$$

一般量距相对误差要求:平坦地面≤1/3 000,山区≤1/1 000。

例 4-1　　用 30 m 长的钢尺往返丈量 A、B 两点间的水平距离,丈量结果分别为:往测 4 个整尺段,余长为 9.98 m;返测 4 个整尺段,余长为 10.02 m。计算 A、B 两点间的水平距离 D_{AB} 及其相对误差 K。

解　　$D_{AB}=nl+q=(4\times30+9.98)$ m$=129.98$ m

$$D_{BA} = nl + q = (4 \times 30 + 10.02) \text{ m} = 130.02 \text{ m}$$

$$D_{av} = (D_{AB} + D_{BA})/2 = 130 \text{ m}$$

$$K = \frac{|D_{AB} - D_{BA}|}{D_{av}} = \frac{|129.98 - 130.02|}{130} = \frac{1}{3\,250}$$

四、钢尺量距的精密方法

实际测量工作中,有时量距精度要求很高,如有时量距精度要求在1/10 000以上。这时应采用钢尺量距的精密方法。

1. 钢尺检定

钢尺由于材料原因、刻画误差、长期使用的变形以及丈量时温度和拉力不同的影响,其实际长度往往不等于尺上所标注的长度,即名义长度。因此,量距前应对钢尺进行检定。

(1)经过检定的钢尺,其长度可用尺长方程式表示,即 $l_t = l_0 + \Delta l + \alpha(t - t_0)l_0$。钢尺在施加标准拉力下,其实际长度等于名义长度与尺长改正数和温度改正数之和。

(2)钢尺的检定方法有与标准尺比较和在测定精确长度的基线场进行比较两种方法。

2. 钢尺量距的精密方法

(1)准备工作,包括清理场地、直线定线和测桩顶间高差。

(2)人员组成:两人拉尺,两人读数,一人测温度兼记录,共五人。丈量时,后尺手挂弹簧秤于钢尺的零端,前尺手执尺子的末端,两人同时拉紧钢尺,把钢尺有刻画的一侧贴切于木桩顶十字线的交点,达到标准拉力时,由后尺手发出"预备"口令,两人拉稳尺子,由前尺手喊"好"。在此瞬间,前、后读尺员同时读取读数,估读至0.5 mm,计算尺段长度。

前、后移动钢尺一段距离,同法再次丈量。每一尺段测三次,读三组读数。由三组读数算得的长度之差要求不超过2 mm,否则应重测。如在限差之内,取三次结果的平均值作为该尺段的观测结果。同时,每一尺段测量应记录温度一次,估读至0.5 ℃。如此继续丈量至终点,即完成往测工作。完成往测后,应立即进行返测。

(3)将每一尺段丈量结果经过尺长改正、温度改正和倾斜改正改算成水平距离,并求总和,得到直线往测、返测的全长。往、返测较差符合精度要求后,取往、返测结果的平均值作为最后成果。

根据尺长、温度改正和倾斜改正,计算尺段改正后的水平距离。将各个尺段改正后的水平距离相加,便得到直线 AB 的往测水平距离。相对误差如果在限差以内,则取其平均值作为最后成果;若相对误差超限,应返工重测。

五、钢尺量距的误差及注意事项

1. 尺长误差

钢尺的名义长度和实际长度不符,因而产生尺长误差。尺长误差是积累性的,它与所量距离成正比。

2. 定线误差

丈量时钢尺偏离定线方向,将使测线成为一折线,导致丈量结果偏大,这种误差称为定线误差。

3. 拉力误差

钢尺有弹性,受拉会伸长。钢尺在丈量时所受拉力应与检定时拉力相同。如果拉力变化 ±2.6 kg,尺长将改变 ±1 mm。一般量距时,只要保持拉力均匀即可。精密量距时,必须使用弹簧秤。

4. 钢尺垂曲误差

钢尺悬空丈量时中间下垂,称为垂曲,由此产生的误差为钢尺垂曲误差。垂曲误差会使量得的长度大于实际长度,故在钢尺检定时,亦可按悬空情况检定,得出相应的尺长方程式。在成果整理时,按此尺长方程式进行尺长改正。

5. 钢尺不水平的误差

用平量法丈量时,钢尺不水平会使所量距离增大。对于 30 m 的钢尺,如果目估尺子水平误差为 0.5 m(倾角约 1°),由此产生的量距误差为 4 mm。因此,用平量法丈量时应尽可能使钢尺水平。精密量距时,测出尺段两端点的高差,进行倾斜改正,可消除钢尺不水平的影响。

6. 丈量误差

钢尺端点对不准、测钎插不准、尺子读数不准等引起的误差都属于丈量误差。这种误差对丈量结果的影响可正可负,大小不定。在量距时应尽量认真操作,以减小丈量误差。

7. 温度改正

钢尺的长度随温度变化,丈量时温度与检定钢尺时温度不一致,或测定的空气温度与钢尺温度相差较大,都会产生温度误差。所以,精度要求较高的丈量,应进行温度改正,并尽可能用点温计测定尺温,或尽可能在阴天进行,以减小空气温度与钢尺温度的差值。

任务 2 视距测量

视距测量是根据几何光学原理,利用仪器望远镜筒内的视距丝在标尺上截取读数,应用三角公式计算两点距离,可同时测定地面上两点间水平距离和高差的测量方法。视距测量的优点是操作方便、观测快捷,一般不受地形影响。其缺点是测量视距和高差的精度较低,测距相对误差约为 1/300~1/200。尽管视距测量的精度较低,但还是能满足测量地形图碎部点的要求,所以在测绘地形图时,常采用视距测量的方法测量距离和高差。

一、视距测量原理

视距测量所用的仪器主要有经纬仪、水准仪和平板仪等。进行视距测量要用到视距丝和视距尺:视距丝即望远镜内十字丝平面上的上下两根短丝,它与横丝平行且等距离,如图 4-3 所示;视距尺是有刻画的尺子,和水准尺基本相同。

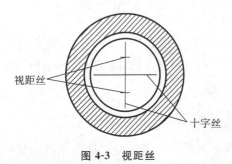

图 4-3 视距丝

1.视线水平时的水平距离和高差公式

如图 4-4 所示,在 A 点安置经纬仪,在 B 点竖立视距尺,用望远镜照准视距尺,当望远镜视线水平时,视线与尺子垂直。如果视距尺上 M、N 两点成像在十字丝分划板上的两根视距丝 m、n 处,那么视距尺上 MN 的长度,可由上、下视距丝读数之差求得。上、下视距丝读数之差称为视距间隔或尺间隔,用 l 表示。

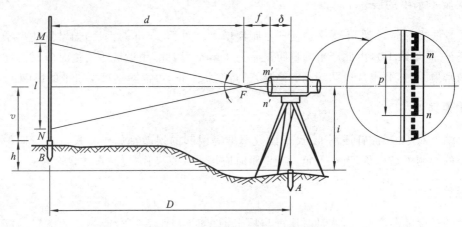

图 4-4 视线水平时的视距测量原理

在图 4-4 中,$p=\overline{mn}$ 为上、下视距丝的间距,$l=\overline{MN}$ 为视距间隔,f 为物镜焦距,δ 为物镜中心到仪器中心的距离。由相似 $\triangle m'Fn'$ 和 $\triangle MFN$ 可得。

$$\frac{d}{l}=\frac{f}{p} \quad 即 \quad d=\frac{f}{p}l$$

因此,由图 4-4 得:

$$D=d+f+\delta=\frac{f}{p}l+f+\delta$$

令 $K=\frac{f}{p}$,$C=(f+\delta)$,则有:

$$D=Kl+C$$

式中:K——视距乘常数,通常 $K=100$;

C——视距加常数。

上式是用外对光望远镜进行视距测量时计算水平距离的公式。对于内对光望远镜,其加常数 C 值接近零,可以忽略不计,故水平距离为:

$$D=Kl=100l$$

同时,由图 4-4 可知,A、B 两点间的高差 h 为:

$$h=i-v$$

式中:i——仪器高(m);

　　v——十字丝中丝在视距尺上的读数,即中丝读数(m)。

2. 视线倾斜时的水平距离和高差公式

在地面起伏较大的地区进行视距测量时,必须使望远镜视线处于倾斜位置才能瞄准尺子。此时,视线便不垂直于竖立的视距尺尺面,因此上节内容不适用。下面介绍视线倾斜时的水平距离和高差的计算公式。

如图 4-5 所示,如果我们把竖立在 B 点上视距尺的尺间隔 MN 换算成与视线相垂直的尺间隔 $M'N'$,就可用公式计算出倾斜距离 L。然后再根据 L 和垂直角 α,算出水平距离 D 和高差 h。

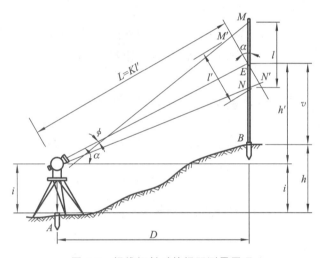

图 4-5　视线倾斜时的视距测量原理

从图 4-5 可知,在 $\triangle EM'M$ 和 $\triangle EN'N$ 中,由于 ϕ 角很小(约 $34'$),可把 $\angle EM'M$ 和 $\angle EN'N$ 视为直角。而 $\angle MEM'=\angle NEN'=\alpha$,因此:

$$M'N=M'E+EN'=ME\cos\alpha+EN\cos\alpha=(ME+EN)\cos\alpha=MN\cos\alpha$$

式中,$M'N'$ 就是假设视距尺与视线相垂直的尺间隔 l',MN 是尺间隔 l,所以:

$$l''=l\cos\alpha$$

由此得倾斜距离 L:

$$L=Kl'=Kl\cos\alpha$$

因此,A、B 两点间的水平距离为:

$$D=Kl\cos^2\alpha$$

此公式为视线倾斜时水平距离的计算公式。

由图 4-5 可以看出,A、B 两点间的高差 h 为:

$$h=h'+i-v$$

式中：h'——高差主值（也称初算高差）。

$$h'=L\sin\alpha=Kl\cos\alpha\sin\alpha=\frac{1}{2}Kl\sin2\alpha$$

所以：

$$h=\frac{1}{2}KL\sin2\alpha+i-v$$

式中：D——立镜点至立尺点间的水平距离；h——立镜点至立尺点间的高差；K——视距常数，按 100 计；α——竖直角；L——视距差，上、下丝读数之差的绝对值；i——仪器高；v——中丝读数。

二、视距测量的施测与计算

1. 视距测量的施测

(1)如图 4-5 所示，在 A 点安置经纬仪，量取仪器高 i，在 B 点竖立视距尺。

(2)盘左(或盘右)位置，转动照准部瞄准 B 点视距尺，分别读取上、下、中三丝读数，并算出尺间隔 l。

(3)转动竖盘指标水准管微动螺旋，使竖盘指标水准管气泡居中，读取竖盘读数，并计算垂直角 α。

(4)根据尺间隔 l、垂直角 α、仪器高 i 及中丝读数 v，计算水平距离 D 和高差 h。

2. 视距测量的计算

例 4-2　以表 4-1 中的已知数据和测点 1 的观测数据为例，计算 A、1 两点间的水平距离和 1 点的高程。

解　$D_{A1}=Kl\cos^2\alpha=\{100\times1.574\times[\cos(2°18'48'')]^2\}\,m=157.14\,m$

$h_{A1}=\frac{1}{2}Kl\sin2\alpha+i-v=\frac{1}{2}\times100\times1.574\times\sin[2\times(2°18'48'')]+1.45-1.45=6.35\,m$

$H_1=H_A+h_{A1}=(45.37+6.35)\,m=51.72\,m$

表 4-1　视距测量记录与计算手簿

测站：A		测站高程：+45.37 m		仪器高：1.45 m			仪器：TDJ₆		
点	下丝读数 上丝读数 尺间隔 l/m	中丝读数 v/m	竖盘读数 L	垂直角 α	水平距离 D/m	除算高差 h'/m	高差 h/m	高程 H/m	备注
1	2.237 0.663 1.574	1.45	87°41''12'	+2°18'48''	157.14	+6.35	+6.35	+51.72	盘左位置

续表

		测站:A		测站高程:+45.37 m		仪器高:1.45 m		仪器:TDJ$_6$	
2	2.445 1.555 0.890	2.00	95°17′36″	−5°17′36″	88.24	−8.18	−8.73	+36.64	

三、视距测量误差

1. 视距尺分划误差

视距尺分划误差若是系统性增大或减小,对视距测量将产生系统性误差;若是偶然误差,对视距测量的影响则是偶然性的。视距尺分划误差一般为±0.5 mm,$m_d=[K(\sqrt{2}\times0.5)]$ mm=0.071 mm。

2. 视距常数不准确的误差

一般视距常数 $K=100$,但由于视距丝间隔有误差,视距尺有系统性误差,仪器检定有误差,会使 K 值不为100。K 值误差会使视距测量产生系统误差。K 值应为 100 ± 0.1 之内,否则应加以改正。

3. 竖直角测量误差

竖直角观测误差对视距测量有影响,但竖直角观测误差对视距测量影响不大。

4. 视距丝读数误差

视距丝读数误差是影响视距测量精度的重要因素,它与视距远近成正比,距离越远误差越大。所以视距测量中要根据测图对测量精度的要求限制最远视距。

5. 视距尺倾斜误差

视距测量公式是在视距尺严格与地面垂直条件下推导出来的。视距尺倾斜时,对视距测量的影响不可忽视,特别是在山区,倾角大时更应注意,必要时可在视距尺上附加圆水准器。

6. 外界气象条件对视距测量的影响

(1)大气折光的影响。视线通过大气时会产生折射,其光程从直线变为曲线,造成误差。由于视线靠近地面,折光大,所以规定视线应高处地面1 m以上。

(2)大气湍流的影响。空气的湍流使视距成像不稳定,造成视距误差。当视线接近地面时这种现象更为严重,所以视线要高出地面1 m以上。除此之外,风和大气能见度对视距测量也会产生影响,风力过大,视距尺会抖动,空气中灰尘和水汽会使视距尺成像不清晰,造成读数误差,所以应选择良好的天气进行测量。

任务 3 光电测距

一、光电测距简介

前面介绍的钢尺量距,作业工作十分繁重,而且效率较低,在山区或沼泽地区使用钢尺更为困难。视距测量精度又太低。为了提高测距速度和精度,随着科学技术的进步,在 20 世纪 40 年代末人们就研制成了光电测距仪。它具有测量速度快、方便,受地形影响小,测量精度高等优点,现已逐渐代替常规量距。如今,光电测距仪的应用,大大提高了作业的速度和效率,使测边的精度大为提高。

光电测距仪按测程划分有:短程(≤5 km)测距仪、中程(5～15 km)测距仪、远程(15 km 以上)测距仪。按采用载波划分有:微波测距仪、激光测距仪和红外测距仪。

二、光电测距仪测距的原理

如图 4-6 所示,光电测距的原理是以电磁波(光波等)作为载波,通过测定光波在测线两端点间的往返传播时间 t,以及光波在大气中的传播速度 c,来测量两点间的距离。若电磁波在测线两端往返传播的时间为 t,光波在大气中的传播速度为 c,则可求出两点间的水平距离 D。

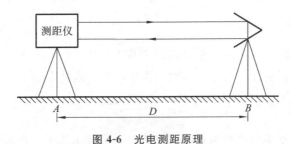

图 4-6 光电测距原理

水平距离 D 计算公式为:

$$D = 1/2c \times t$$

式中:c——光波在大气中的传播速度;

t——光波在被测两端点间往返传播一次所用的时间(s)。

从式中可知,光电测距仪主要是确定光波在待测距离上所用的时间 t,据此计算出所测距离。因此测距的精度主要取决于测定时间 t 的精度。时间 t 的测定可采用直接方式,也可采用间接方式,如要达到 ±1 cm 的测距精度,时间量测精度应达到 6.7×10^{-11} s,这对电子元件的性能要求很高,难以达到。根据测定光波传播时间的方法,光电测距仪可分为脉冲式和相位式两种。

1.脉冲式光电测距仪

脉冲式光电测距仪是由测距仪发射系统发出脉冲,经被测目标反射后,再由测距仪的接收系统接收,直接测定脉冲在待测距离上所用的时间 t,即测量发射光脉冲与接收光脉冲的时间差,从而求得距离的仪器。

脉冲式光电测距仪具有功率大、测程远等优点,但测距的绝对精度较低,一般只能达到米级,不能满足地籍测量和工程测量所需的精度要求。

2.相位式光电测距仪

相位式光电测距仪是将测量时间变成测量光在测线中传播的载波相位差,通过测定相位差来测定距离的仪器。目前具有高精度测距的是相位式光电测距仪。

光源灯的发射光管发出的光会随输入电流的大小发生相应的变化,这种光称为调制光。随输入电流变化的调制光射向测线另一端的反射镜,经反射镜反射后被接收系统接收,然后由相位计将反射信号(又称参考信号)与接收信号(又称测距信号)进行相位比较,并由显示器显示出调制光在被测距离上往返传播所引起的相位移 Φ,将调制光在测线上的往程和返程展开后,得到如图 4-7 所示的波形。

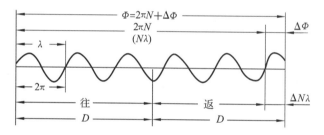

图 4-7 相位法测距往返波形展开示意图

由图 4-7 可知,调制光往返程的总位移 Φ 为:

$$\Phi = N \cdot 2\pi + \Delta\Phi = 2\pi(N + \Delta\Phi)$$

式中:N——调制光往返程总位移的整周期个数,其值可为 0 或正整数;$\Delta\Phi$——不足整周期的相位移尾数,其值 $<2\pi T$;ΔN——不足整周期的比例数。

对应的距离值为:

$$D = 1(N\lambda + \Delta\lambda) = \lambda/2(N + \Delta\lambda/\lambda)$$

式中:N——调制光往返程总位移的整周期个数,其值可为 0 或正整数;λ——调制光的波长;$\Delta\lambda$——不足一个波长的调制光的长度。

此为相位式光电测距仪的基本测距公式。式中的 λ 可看成是一根"光尺"的长度,光电测距仪就是用这根"光尺"去量距;式中的 N 表示"光尺"的整尺段数,$\Delta\lambda$ 为不足一根"光尺"长的余长值。因此竿必然是小于1的数,λ 所对应的相位移为 $2\pi T$,$\Delta\lambda$ 所对应的相位移为 $\Delta\lambda$,故:

$$\Delta\lambda/\lambda = \Delta\Phi/2\pi$$

$$\Delta\lambda = \lambda \times \Delta\Phi/2\pi$$

因而相位式光电测距仪中的相位计只能测定全程相位移尾数 $\Delta\Phi$,而无法测定整周期数 N。因此,在相位式光电测距仪中,可采取发射两个或两个以上不同频率的调制光波,然后将频率的调制光波所测得的距离正确衔接起来就可得到被测距离。其中,较低的测尺频率所对应的测尺称为粗测尺,较高的测尺频率所对应的测尺称为精测尺。将两个测尺的读数联合起来,即可求得单一的距离确定值。

由于 c 值是大气压力、温度、湿度的函数,故在不同的气压、温度、湿度条件下,其值的大小略有变动。因此,在进行测距时,还需测出当时的气象数据,用来计算距离的气象改正数。

相位式光电测距仪与脉冲式光电测距仪相比,具有测距精度高的优势,目前精度高的光电测距仪能达到毫米级,甚至可达到0.1 mm级。但其也具有测程较短的缺点。

三、ND3000 红外测距仪简介

图 4-8 所示为南方测绘公司生产的 ND3000 红外测距仪。它自带望远镜,望远镜的视准轴、发射光轴及接收光轴等三轴同轴,可以安装在光学经纬仪上(见图 4-9(a))或电子经纬仪上。测距时,测距仪瞄准棱镜测距,经纬仪瞄准棱镜测量视线方向的天顶距,通过测距仪面板上的键盘,将经纬仪测量出的天顶距输入测距仪,从而计算出水平距离和高差。图 4-9(b)及图 4-9(c)分别为单棱镜和三棱镜,图 4-10 为棱镜对中杆与支架。

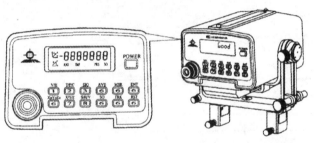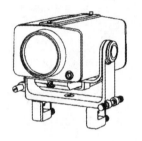

图 4-8　ND3000 红外测距仪

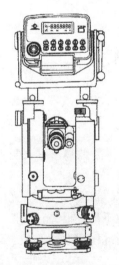

(a)与TDJ₂型光学经纬仪连接　　(b)单棱镜与基座　　(c)三棱镜与基座

图 4-9　安装在 TDJ₂ 型光学经纬仪上的 ND3000 及棱镜　　　　图 4-10　棱镜对中杆与支架

四、徕卡 DISTO A8 手持激光测距仪

在建筑施工与房产测量中,经常需要测量距离、面积和体积,使用手持激光测距仪可以方便、快速地实现。图4-11所示为徕卡 DISTO A8 手持激光测距仪。

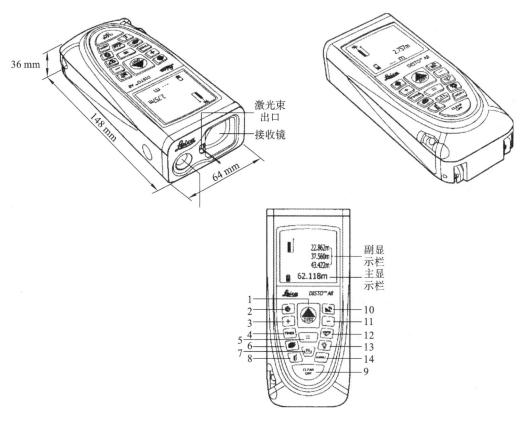

图 4-11　徕卡 DISTO A8 手持激光测距仪

1—开/测量键;2—数码瞄准器键;3—加键;4—延迟测量键;5—等于键;6面积/体积键;7—存储键;
8—基准设置键;9—清除/关机键;10—倾斜测量键;11—减键;12—间接测量键;13—照明键;14—菜单键

五、光电测距仪测距的误差分析

1. 光电测距的误差来源

光电测距的精度与仪器性能、检定和测距时的操作方法、使用时的外界环境条件等有关,分析光电测距的各种误差来源、性质及其规律性,对于提高测距的精度,正确使用、检定和维护仪器具有重要作用。

考虑到大气中光波的传播速度 c 及仪器加常数(仪器中心与等效反射面差值 K)的影响,相位式测距仪的基本测距公式可以写成:

$$D=c_0/2nf(N+\Delta\Phi/2\pi)+K\Phi$$

式中：c_0——真空中的光速；

    n——大气的折射率；

    f——光波的调制频率；

    N——调制光在测线上往返传播的整波数；

    $\Delta\Phi$——往返传播的相位差。

按误差传播定律得到测距中误差为：

$$\mathrm{d}D=\frac{c_0}{4nf\pi}\mathrm{d}\Phi+\mathrm{d}K+\frac{D}{c_0}\mathrm{d}c_0-\frac{D}{f}\mathrm{d}c_0-\frac{D}{n}\mathrm{d}n$$

由此可知,测距的误差来源可分为两部分：一部分是由测定相位的误差 m_Φ 和仪器加常数的误差 m_K。所引起的测距中误差,它与被测距离的长短无关,对某一仪器在某一外界条件下施测,其中误差固定不变,故称为固定误差（或称为常误差）；另一部分是由真空中的光速值误差 m_{c_0}、调制频率误差叶和大气折射率误差 m_n 所引起的测距中误差,它与被测距离的长短成正比,故称为比例误差。

光电测距的误差来源,除在式中所反映的各项误差外,还有安置仪器与反射棱镜的对中误差 m。和由固定的电子和光信号串扰所产生的测定相位的周期误差%。对中误差 m。与所测距离的长短无关,周期误差 m。虽然在精测尺的尺长度范围内做周期性变化,但经过检定并在测距成果中加以改正,其剩余部分也属于与距离无关的偶然误差。因而这两项误差也可划入固定误差的范围。

$$m_D=\sqrt{d^2\left(\frac{m_{c_0}^2}{c_0^2}+\frac{m_f^2}{f^2}\cdot\frac{m_n^2}{n_n^2}\right)+\left(\frac{\lambda^2}{4\pi}\right)m_\Phi^2+m_k^2+m_c^2+m_t^2}$$

上式可缩写成：$m_D^2=A^2+B^2D^2$。将上式简化成经验公式：$m_D=(A+BD)$。该式就成了测距仪出厂时的标称精度公式。

2. 光电测距仪测距误差分析

1）比例误差分析

（1）真空中光速值误差的影响：若采用光速值 $c_0=299\ 792\ 458\ \mathrm{m/s}\pm1.2\ \mathrm{m/s}$ 计算,则其对测距的影响很小,可以忽略不计。

（2）调制频率误差的影响：调制频率误差是指测距仪主控晶体振荡器提供的精测尺的测尺频率误差。调制频率决定了测尺长度,调制频率变化将给测距成果带来影响,此误差将随距离的增大而增大,其比例常数称为乘常数。对于长边需进行检定和改正,而对于短边可不考虑。在作业时对仪器要有足够的预热时间,否则会给测距成果带来系统误差。乘常数用测频法求得。

（3）大气折射率误差的影响：由于光波传播速度是由已知的真空光速值 c_0 和观测时的大气折射率计算得到的,因而测定气象因素的误差影响大气折射率的误差,进而影响测距的误差。只要在测距时,温度测量误差<1 ℃,气压测定误差<3.33 kPa,气象参数测定误差将减到很小。但气象代表性误差是影响测距精度最大的因素,目前尚无较好的办法减小此误差。

2）固定误差分析

（1）测相误差：包括自动数字测相系统误差、信噪比误差、幅相误差和照准误差。这些误差与所测距离的长短无关,并且一般具有偶然误差的性质。

自动数字测相系统误差与相位计灵敏度、检相电路的时间分辨率、噪声干扰、时标脉冲的频率及一次测相的平均次数等因素有关,要减弱此误差需提高仪器的结构、元件的质量和电路的调整,也可以采取多次测相取平均值来减弱此项误差。

信噪比误差是由于大气湍流和杂散光等的干扰使测距的回光信号产生附加随机相移而产生的误差。噪声不能完全避免,但要求有较高的信噪比,信噪比愈低,测距误差就愈大。因此在高温条件下作业,需注意通风散热并避免长时间的连续作业,高精度测距时,应选择在阴天及大气清晰的气象条件下操作。

幅相误差是由于接收光信号强弱不同而产生的测相误差。要减少此项误差,可将接收光信号的强度控制在一定的范围内。

照准误差是因调制光束截面不同部位的相位不均匀,当反射镜位于发射光束截面的不同部分时导致测距结果不一致产生的误差。因此对于购置的仪器要进行等相位曲线的测定、电照准系统共轴性或平行性的检验。在实际操作时,先用望远镜瞄准反射镜进行光照准,再根据面板上的光信号指示,调整水平、竖直微动螺旋,使信号强度达到最大值,完成电照准,以减少照准误差对测距的影响。

(2)对中误差:要减弱此项误差,需操作人员精心操作,一般要把对中误差控制在±3 mm之内。另外对测距仪和反射棱镜的对中器要进行校正,操作时要严格整平水准管和精确对中。

(3)仪器加常数校正误差:测距仪的加常数误差包括在基线上检测的加常数误差以及在长期使用过程中发生的加常数变化。由于加常数给测距带来的是系统误差,因而要对仪器的加常数做定期的检测。检测时需注意反射棱镜的配套,同一测距仪对不同的反射棱镜可能有不同的加常数。

3)周期误差分析

周期误差是由于测距仪内部电信号的串扰而存在相位不变的串扰信号,使相位计测得的相位值为测距信号和串扰信号合成矢量的相位值,从而产生的误差。它随所测距离的不同而做周期性变化,并以精测尺的尺长为周期,变化周期为半个波长,误差曲线为正弦曲线。在测距作业时,应定期对仪器进行周期误差的测定,在观测成果中加以改正,以消除周期误差对测距的影响。

3. 光电测距的成果整理

光电测距获得的是所测两点间的倾斜距离,还需进行倾斜改正、气象改正、加常数改正、乘常数改正和周期误差改正,化为两点间的平均高程面上的水平距离,才能获得高精度的水平距离。

气象改正是计算观测时大气状态的大气折射率 n 和标准状态下的大气折射率 N_0,进而进行距离的改正。

光电测距仪具有预置加常数的功能,但仍有剩余的加常数 K 需要进行改正。加常数是由发光管的发射面、接收面与仪器中心不一致,仪器在搬运过程中的震动、电子元件老化,反光镜的等效反射面与反光镜中心不一致,内光路产生相位延迟及电子元件的相位延迟等因素引起的,因此使得测距仪测出的距离值与实际距离值不一致。可用六段法或基线比较法测定剩余加常数,测定时一般与反射棱镜配套进行,不同型号的测距仪,其反光镜常数是不一样的。因此在进行距离改正时也要注意用与棱镜配套的加常数改正。

仪器的测尺长度与仪器振荡频率有关,在测距时,仪器的振荡频率与设计频率有偏移,产生与测试距离成正比的系统误差,其比例因子称为乘常数。现在的光电测距仪都具有设置仪器常数的功能,可在测距前预先设计常数,在测距过程中将会自动改正。

周期误差的改正随所测距离的长短而变化,以仪器的精测尺尺长为变化周期。在改正时需对仪器的周期误差进行测定,由等距间隔的距离尾数为引数求得周期改正值。

经过上述几项误差改正后的距离,得到的是测距仪几何中心到反射棱镜几何中心的斜距,要换算成水平距离还应进行倾斜改正。

任务 4 直线定向

地面两点的相对位置,不仅与两点之间的距离有关,还与两点连成的直线方向有关。确定直线的方向称直线定向,即确定直线和某一参照方向(称标准方向)的关系。

一、标准方向的种类

标准方向应有明确的定义,并在一定区域的每一点上能够唯一确定。在测量中经常采用的标准方向有三种,即真子午线方向、磁子午线方向和坐标纵轴方向。

1. 真子午线方向

过地球某点及地球的北极和南极的半个大圆为该点的真子午线。通过该点真子午线的切线方向称为该点的真子午线方向,它指出地面上某点的真北和真南方向。真子午线方向是用天文测量方法或用陀螺经纬仪来测定的。

由于地球上各点的真子午线都收敛于两极,所以地面上不同经度的两点,其真子午线方向是不平行的,两点真子午线方向间的夹角称为子午线收敛角。

2. 磁子午线方向

自由悬浮的磁针静止时,磁针北极所指的方向是磁子午线方向,又称磁北方向。磁子午线方向可用罗盘仪来测定。

由于地球南北极与地磁场南北极不重合,故真子午线方向与磁子午线方向也不重合,它们之间的夹角为 δ,称为磁偏角,如图 4-12 所示。磁子午线北端在真子午线以东为东偏,其符号为正;在西时为西偏,其符号为负。磁偏角 δ 的符号和大小因地而异,在我国,磁偏角 δ 的变化在 $+6°$(西北地区)到 $-10°$(东北地区)之间。

3. 坐标纵轴方向

由于地面上任何两点的真子午线方向和磁子午线方向都不平行,这会给直线方向的计算带来不便。采用坐标纵轴作为标准方向,在同一坐标系中任何点的坐标纵轴方向都是平行的,这在使用上带来极大方便。因此,在平面直角坐标系中,一般采用坐标纵轴作为标准方向,称坐标纵轴方向,又称坐标北方向。

我国采用高斯平面直角坐标系,在每个 6°带或 3°带内都以该带的中央子午线作为坐标纵轴。如采用假定坐标系,则用假定的坐标纵轴(y 轴),以过 O 点的真子午线为坐标纵轴,任意点 A 或 B 的真子午线方向与坐标纵轴方向间的夹角就是任意点与 O 点间的子午线收敛角 γ,当坐标纵轴方向的北端偏向真子午线方向以东时,γ 定为正值,偏向西时 γ 定为负值,如图 4-13 所示。

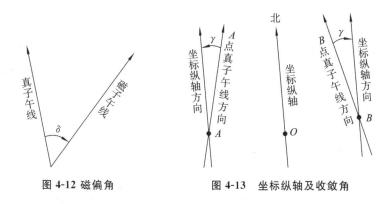

图 4-12 磁偏角　　　　图 4-13 坐标纵轴及收敛角

二、方位角、象限角

1. 方位角

定义从标准方向的北端量起,沿着顺时针方向量到直线的水平角称为该直线的方位角,如图 4-14 所示。方位角的取值范围为 $0°\sim360°$。

当标准方向取为真子午线时,方位角称真方位角,用 $A_{真}$ 来表示;当标准方向为磁子午线时,方位角称磁方位角,用 $A_{磁}$ 表示。真方位角和磁方位角的关系为:

$$A_{真}=A_{磁}+\delta$$

2. 正反方位角

对于直线 AB 而言,如图 4-15 所示。过始点 A 的坐标纵轴平行线指北端顺时针至直线的夹角 α_{AB} 是 AB 的正方位角,而过端点 B 的坐标纵轴平行线指北端顺时针至直线的夹角 α_{BA} 则是 AB 的反方位角,同一条直线的正、反方位角相差 180°,即

$$\alpha_{AB}=\alpha_{BA}\pm180°$$

若 $\alpha_{BA}<180°$,用"+"号;若 $\alpha_{BA}\geqslant180°$,用"−"号。

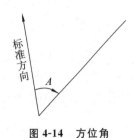

图 4-14　方位角

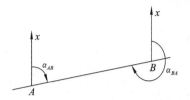

图 4-15　同一直线的正反方位角

3. 坐标方位角的传递

测量工作中一般不是直接测定每条边的方位角,而是通过与已知方向的连测,推算出各边的坐标方位角。

4. 象限角

图 4-16　象限角

一条直线的方向有时也可用象限角表示。所谓象限角是指从坐标纵轴的指北端或指南端起始,至直线的锐角,用 R 表示,取值范围为 $0°\sim 90°$,如图 4-16 所示。为了说明直线所在的象限,在 R 前应加注直线所在象限的名称。四个象限的名称分别为北东(NE)、南东(SE)、南西(SW)、北西(NW)。象限角和坐标方位角之间的换算公式列于表 4-2。

表 4-2　象限角与方位角关系表

象限	象限角 R 与方位角 α 的换算公式
第一象限(NE)	$\alpha = R$
第二象限(SE)	$\alpha = 180° - R$
第三象限(SW)	$\alpha = 180° + R$
第四象限(NW)	$\alpha = 360° - R$

5. 坐标方位角的推算

测量工作中一般并不直接测定每条边的方向,而是通过与已知方向进行连测,推算出各边的坐标方位角。

设地面有相邻的 A、B、C 三点,连成折线(见图 4-17)。已知 AB 边的方位角 α_{AB},又测定了 AB 和 BC 之间的水平角 β,求 BC 边的方位角 α_{BC},即相邻边坐标方位角的推算。

水平角 β 又有左、右之分,前进方向左侧的水平角为 $\beta_{左}$,前进方向右侧的水平角为 $\beta_{右}$。

设三点相关位置如图 4-17(a)所示,应有:

$$\alpha_{BC} = \alpha_{AB} + \beta_{左} + 180°$$

设三点相关位置如图 4-17(b)所示,应有:

$$\alpha_{BC} = \alpha_{AB} + \beta_{左} + 180° - 360° = \alpha_{AB} + \beta_{左} - 180°$$

若按折线前进方向将 AB 视为后边,BC 视为前边,综合上二式即得相邻边坐标方位角推算

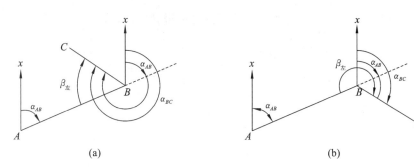

图 4-17 相邻边坐标方位角的推算

的通式：

$$\alpha_前 = \alpha_后 + \beta_左 \pm 180°$$

显然，如果测定的是 AB 和 BC 之间前进方向右侧的水平角 $\beta_右$，因为 $\beta_左 = 360° - \beta_右$，代入上式即得通式：

$$\alpha_前 = \alpha_后 - \beta_右 \pm 180°$$

上述两式右端，若前两项计算结果 <180°，180°前面用"＋"号，否则 180°前面用"－"号。

任务 5 误差概述

一、测量误差及其来源

在实际的测量工作中，大量实践表明，当对某一未知量进行多次观测时，不论测量仪器有多精密，观测进行得多么仔细，所得的观测值之间总是不尽相同。这种差异都是由于测量中存在误差的缘故。测量所获得的数值称为观测值。由于观测中误差的存在往往导致各观测值与其真实值（简称为真值）之间存在差异，这种差异称为测量误差（或观测误差）。用 L 代表观测值，X 代表真值，则误差等于观测值 L 减真值 X，即

$$\Delta = L - X$$

测量误差通常又称为真误差。由于任何测量工作都是由观测者使用某种仪器、工具，在一定的外界条件下进行的，所以，测量误差来源于以下三个方面：①观测者的视觉鉴别能力和技术水平；②仪器、工具的精密程度；③观测时外界条件的好坏。通常我们把这三个方面综合起来称为观测条件。观测条件将影响观测成果的精度：若观测条件好，则测量误差小，测量的精度高；反之，则测量误差大，精度低；若观测条件相同，则可认为精度相同。在相同观测条件下进行的一系列观测称为等精度观测，在不同观测条件下进行的一系列观测称为不等精度观测。

由于在测量结果中含有的误差是不可避免的，因此，研究误差理论的目的就是要对误差的来源、性质及其产生和传播的规律进行研究，以便解决测量工作中遇到的实际数据处理问题。例如：在一系列的观测值中，如何确定观测量的最可靠值，如何评定测量的精度，以及如何确定

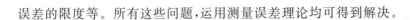
误差的限度等。所有这些问题,运用测量误差理论均可得到解决。

二、测量误差的分类

测量误差按其性质可分为系统误差和偶然误差两类。

1. 系统误差

在相同的观测条件下,对某一未知量进行一系列观测,若误差的大小和符号保持不变,或按照一定的规律变化,这种误差称为系统误差。例如:水准仪的视准轴与水准管轴不平行而引起的读数误差,与视线的长度成正比且符号不变;经纬仪因视准轴与横轴不垂直而引起的方向误差,随视线竖直角的大小而变化且符号不变;距离测量尺长不准产生的误差,随尺段数成比例增加且符号不变。这些误差都属于系统误差。

系统误差主要来源于仪器工具上的某些缺陷,来源于观测者的某些习惯,如有些人习惯把读数估读得偏大或偏小,也有来源于外界环境的影响,如风力、温度及大气折光等的影响。

系统误差的特点是具有累积性,对测量结果影响较大,因此,应尽量设法消除或减弱它对测量成果的影响,方法有两种。一是在观测方法和观测程序上采取一定的措施来消除或减弱系统误差的影响。例如:在水准测量中,保持前视和后视距离相等,以消除视准轴与水准管轴不平行所产生的误差;在测水平角时,采取盘左和盘右观测取其平均值,以消除视准轴与横轴不垂直所引起的误差。另一种是找出系统误差产生的原因和规律,对测量结果加以改正。例如在钢尺量距中,可对测量结果加尺长改正和温度改正,以消除钢尺长度的影响。

2. 偶然误差

在相同的观测条件下,对某一未知量进行一系列观测,如果观测误差的大小和符号没有明显的规律性,即从表面上看误差的大小和符号均呈现偶然性,这种误差称为偶然误差。例如:在水平角测量中照准目标时,可能稍偏左也可能稍偏右,偏差的大小也不一样;在水准测量或钢尺量距中估读毫米数时,可能偏大也可能偏小,其大小也不一样。这些都属于偶然误差。

产生偶然误差的原因很多,主要是由于仪器或人的感觉器官能力的限制,如观测者的估读误差、照准误差等,以及环境中不能控制的因素(如不断变化着的温度、风力等外界环境)所造成。偶然误差在测量过程中是不可避免的,从单个误差来看,其大小和符号没有一定的规律性,但对大量的偶然误差进行统计分析,就能发现在观测值内部却隐藏着一种必然的规律,这给偶然误差的处理提供了可能性。

测量成果中除了系统误差和偶然误差以外,还可能出现错误(有时也称为粗差)。错误的产生原因较多,可能由作业人员疏忽大意、失职而引起,如大数读错、读数被记录员记错、找错了目标等,也可能是仪器自身或受外界干扰发生故障引起的,还有可能是容许误差取值过小造成的。错误对观测成果的影响极大,所以在测量成果中绝对不允许有错误存在。发现错误的方法是:进行必要的重复观测,通过多余观测条件,进行检核验算,严格按照各种测量规范进行作业等。

在测量的成果中,错误可以被发现并剔除。系统误差能够加以改正,而偶然误差是不可避免的,它在测量成果中占主导地位,所以测量误差理论主要是处理偶然误差的影响。

三、偶然误差的特性

偶然误差的特点具有随机性,所以它是一种随机误差。偶然误差就单个而言具有随机性,但在总体上具有一定的统计规律,是服从于正态分布的随机变量。

在测量实践中,根据偶然误差的分布,可以明显地看出它的统计规律。例如在相同的观测条件下,观测了 217 个三角形的全部内角。已知三角形内角之和等于 $180°$,这是三内角之和的理论值即真值 X,实际观测所得的三内角之和即观测值 L。由于各观测值中都含有偶然误差,因此各观测值不一定等于真值,其差即真误差 Δ。其误差可用以下两种方法来分析:

1. 表格法

计算可得 217 个内角和的真误差,按其大小和一定的区间(本例为 $d\Delta = 3''$),分别统计在各区间正负误差出现的个数 k 及其出现的频率 $k/n(n=217)$,列于表 4-3 中。

从表 4-3 中可以看出,该组误差的分布表现出如下规律:①小误差出现的个数比大误差多;②绝对值相等的正、负误差出现的个数和频率大致相等;③最大误差不超过 $27''$。

实践证明,对大量测量误差进行统计分析,都可以得出上述同样的规律,且观测的个数越多,这种规律就越明显。

表 4-3　三角形内角和真误差统计表

误差区间 dΔ	正　误　差		负　误　差		合　计	
	个数 k	频率 k/n	个数 k	频率 k/n	个数 k	频率 k/n
$0''\sim3''$	30	0.138	29	0.134	59	0.272
$3''\sim6''$	21	0.097	20	0.092	41	0.189
$6''\sim9''$	15	0.069	18	0.083	33	0.152
$9''\sim12''$	14	0.065	16	0.073	30	0.138
$12''\sim15''$	12	0.055	10	0.046	22	0.101
$15°\sim18°$	8	0.037	8	0.037	16	0.074
$18''\sim21''$	5	0.023	6	0.028	11	0.051
$21''\sim24''$	2	0.009	2	0.009	4	0.018
$24''\sim27''$	1	0.005	0	0	1	0.005
$27''$以上	0	0	0	0	0	0
合计	108	0.498	109	0.502	217	1.000

2. 直方图法

为了更直观地表现误差的分布,可将表 4-3 的数据用较直观的频率直方图来表示。以真误差的大小为横坐标,以各区间内误差出现的频率 k/n 与区间 $d\Delta$ 的比值为纵坐标,在每一区间上根据相应的纵坐标值画一矩形,则各矩形的面积等于误差出现在该区间内的频率 k/n。如图 4-18 中有斜线的矩形面积表示误差出现在 $+6''\sim+9''$ 的频率,等于 0.069 0。显然,所有矩形面积的总和等于 1。

可以设想,如果在相同的条件下,所观测的三角形个数不断增加,则误差出现在各区间的频率就趋向于一个稳定值。当 $n \to \infty$ 时,各区间的频率也就趋向于一个完全确定的数值——概率。若无限缩小误差区间,即 $\mathrm{d}\Delta \to 0$,则图 4-18 中各矩形的上部折线就趋向于一条以纵轴为对称的光滑曲线(见图 4-19),该曲线称为误差概率分布曲线,简称误差分布曲线。在数理统计中,它服从正态分布。

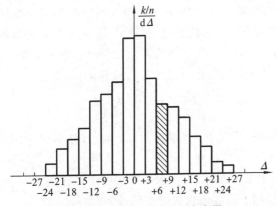

图 4-18　误差分布的频率直方图　　　　　　图 4-19　误差概率分布曲线

根据上述图表可以总结出偶然误差具有如下四个特性:

(1)有限性:在一定的观测条件下,偶然误差的绝对值不会超过一定的限值。

(2)集中性:绝对值较小的误差比绝对值较大的误差出现的概率大。

(3)对称性:绝对值相等的正误差和负误差出现的概率相同。

(4)抵偿性:当观测次数无限增多时,偶然误差的算术平均值趋近于零。

任务 6　评定精度的指标

研究测量误差理论的主要任务之一是要评定测量成果的精度。在实际测量问题中,需要有一个数字特征来评定观测成果的精度,也就是说需要有评定精度的指标。在测量中评定精度的指标有下列几种。

一、中误差

在实际应用中,以有限次观测个数 n 计算出标准差的估值(定义为中误差 m),作为衡量精度的一种标准,计算公式为:

$$m = \pm \sigma = \pm \sqrt{\frac{[\Delta\Delta]}{n}}$$

式中:σ——标准差,$\sigma = \lim_{n \to \infty} \sqrt{\dfrac{[\Delta\Delta]}{n}}$

例 4-3　有甲、乙两组各自用相同的条件观测了 6 个三角形的内角,得三角形的闭合差(即三角形内角和的真误差)分别为:

(甲)$+3''$、$+1''$、$-2''$、$-1''$、$0''$、$-3''$;

(乙)$+6''$、$-5''$、$+1''$、$-4''$、$-3''$、$+5''$。

试分析两组的观测精度。

解　用中误差公式计算得:

$$m_甲 = \pm\sqrt{\frac{[\Delta\Delta]}{n}} = \pm\sqrt{\frac{3^2 + 1^2 + (-2)^2 + (-1)^2 + 0^2 + (-3)^2}{6}} = \pm 2.0''$$

$$m_乙 = \pm\sqrt{\frac{[\Delta\Delta]}{n}} = \pm\sqrt{\frac{6^2 + (-5)^2 + 1^2 + (-4)^2 + (-3)^2 + 5^2}{6}} = \pm 4.3''$$

从上述两组结果中可以看出,甲组的中误差较小,所以观测精度高于乙组。而直接从观测误差的分布来看,也可看出甲组观测的小误差比较集中,离散度较小,因而观测精度高于乙组。所以在测量工作中,普遍采用中误差来评定测量成果的精度。

注意:在同精度的观测值中,尽管各观测值的真误差出现的大小和符号各异,而观测值的中误差却是相同的,因为中误差反映观测的精度,只要观测条件相同,则中误差不变。

二、相对误差

真误差和中误差都有符号,并且有与观测值相同的单位,它们被称为"绝对误差"。绝对误差可用于衡量诸如角度、方向等误差与观测值大小无关的观测值的精度。但在某些测量工作中,绝对误差不能完全反映出观测的质量。例如,用钢尺丈量长度分别为 100 m 和 200 m 的两段距离,若观测值的中误差都是 ± 2 cm,不能认为两者的精度相等,显然后者要比前者的精度高,这时采用相对误差就比较合理。相对误差 K 等于误差的绝对值与相应观测值的比值。它是一个不名数,常用分子为 1 的分式表示,即

$$相对误差 \frac{误差的绝对值}{观测值} = \frac{1}{T}$$

式中,当误差的绝对值为中误差 m 的绝对值时,K 称为相对中误差。

$$K = \frac{|m|}{D} = \frac{1}{\dfrac{D}{|m|}}$$

上例用钢尺丈量长度的例子若用相对误差来衡量,则两段距离的相对误差分别为 1/5 000 和 1/10 000,后者精度较高。在距离测量中还常用往返测量结果的相对较差来进行检核。相对较差定义为:

$$K = \frac{|D_往 - D_返|}{D_{平均}} = \frac{|\Delta D|}{D_{平均}} = \frac{1}{\dfrac{D_{平均}}{\Delta D}}$$

相对较差是真误差的相对误差,它反映的只是往返测的符合程度。显然,相对较差愈小,观

测结果的精度愈好。

三、极限误差和容许误差

1. 极限误差

由偶然误差的特性可知,在一定的观测条件下,偶然误差的绝对值不会超过一定的限值,这个限值就是极限误差。

在测量工作中,要求对观测误差有一定的限值,所以可取 3σ 作为偶然误差的极限值。

$$\Delta_{极} = 3\sigma$$

2. 容许误差

在实际工作中,测量规范要求观测中不允许存在较大的误差,可由极限误差来确定测量误差的容许值,称为容许误差,并以 m 代替 σ,即

$$\Delta_{容} = 3m$$

当要求严格时,也可取两倍的中误差作为容许误差,即

$$\Delta_{容} = 2m$$

如果观测值中出现了大于所规定的容许误差的偶然误差,则认为该观测值不可靠,应舍去不用或重测。

四、等精度直接观测平差

当测定一个角度、一点高程或一段距离时,按理说观测一次就可以获得该值。但仅有一个观测值,测的正确与否,精确与否,都无从知道。如果进行多次观测,就可以有效地解决上述问题,可以提高观测成果的质量,也可以发现和消除错误。但多次观测也产生了观测值之间互不相等这样的矛盾。如何由这些互不相等的观测值求出观测值的最佳估值,同时对观测质量进行评估,属于测量平差所研究的内容。

对一个未知量的直接观测值进行平差,称为直接观测平差。根据观测条件,直接观测平差可分为等精度直接观测平差和不等精度直接观测平差。平差的结果是得到未知量最可靠的估值,它最接近真值,平差中一般称这个最接近真值的估值为"最或然值"或"最可靠值",有时也称"最或是值",一般用 x 表示。

1. 等精度直接观测值的最或然值

等精度直接观测值的最或然值即是各观测值的算术平均值。当观测次数 n 趋近于无穷大时,算术平均值就趋向于未知量的真值。当 n 为有限值时,算术平均值最接近于真值,因此在实际测量工作中,将算术平均值作为观测的最后结果。增加观测次数则可提高观测结果的精度。

2. 评定精度

观测值的中误差可由如下两种方式计算。

1)由真误差来计算

当观测量的真值已知时,可根据中误差的定义,由观测值的真误差来计算其中误差。

$$m = \pm \sqrt{\frac{[\Delta\Delta]}{n}}$$

2)由改正数来计算

在实际工作中,除少数情况外观测量的真值一般是不易求得的。因此,在多数情况下,我们只能按观测值的最或然值来求观测值的中误差。

(1)改正数及其特征。

最或然值 x 与各观测值 L 之差称为观测值的改正数,其表达式为:

$$v_i = x - L_i (i = 1, 2, \cdots, n)$$

在等精度直接观测中,最或然值 x 是各观测值的算术平均值,即 $x = \frac{[L]}{n}$。

显然

$$[v] = \sum_{i=1}^{n}(x - L_i) = nx - [L] = 0$$

上式是改正数的一个重要特征,在检核计算中有用。

(2)公式:

$$m = \pm \sqrt{\frac{[vv]}{(n-1)}}$$

上式即等精度观测用改正数计算观测值中误差的公式,又称白塞尔公式。

例4-4 对某角等精度观测 6 次,其观测值见表 4-4,试求观测值的最或然值、观测值的中误差以及最或然值的中误差。

解 由本节可知,等精度直接观测值的最或然值是观测值的算术平均值。

根据公式计算各观测值的改正数 v_i,进行检核,计算结果列于表 4-4 中。计算观测值的中误差为:

$$m = \pm \sqrt{\frac{17.5}{6-1}} = \pm 1.98''$$

表 4-4 等精度直接观测平差计算

观测值	改正数 $v/''$	$vv/''^2$
$L_1 = 75°32'13''$	2.5	6.25
$L_2 = 75°32'18''$	−2.5	6.25
$L_3 = 75°32'15''$	0.5	0.25
$L_4 = 75°32'17''$	−1.5	2.25
$L_5 = 75°32'16''$	−0.5	0.25
$L_6 = 75°32'14''$	1.5	2.25
$x = [L]/n = 75°32'15.5''$	$[v] = 0$	$[vv] = 17.5$

计算最或然值的中误差为:

$$M = \frac{m}{\sqrt{n}} = \pm \frac{1.98''}{\sqrt{6}} = \pm 0.8''$$

可以看出,算术平均值的中误差是观测值中误差的 $1/\sqrt{n}$ 倍,这说明算术平均值的精度比观测值的精度要高,且观测次数愈多,精度愈高。所以多次观测取其平均值,是减小偶然误差的影响、提高成果精度的有效方法,当观测的中误差 m 一定时,算术平均值的中误差 M 与观测次数 n 的平方根成反比,如图 4-20 及表 4-5 所示。

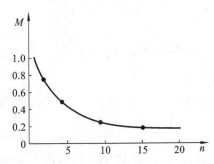

图 4-20　算术平均值中误差与观测次数关系

表 4-5　观测次数与算术平均值中误差的关系

观测次数	算术平均值的中误差 M
2	$0.71m$
4	$0.50m$
6	$0.41m$
10	$0.32m$
20	$0.22m$

从图 4-20 及表 4-5 可以看出观测次数 n 与 M 之间的变化关系:n 增加时,M 减小;当 n 达到一定数值后,再增加观测次数,则工作量增加,但提高精度的效果就不太明显了。故不能单纯靠增加观测次数来提高测量成果的精度,而应设法提高单次观测的精度,如使用精度较高的仪器,提高观测技能或在较好的外界条件下进行观测。

任务 7　误差传播定律

前面已经叙述了评定观测值的精度指标,并指出在测量工作中一般采用中误差作为评量精度的指标。但在实际测量工作中,往往会碰到有些未知量是不可能或者是不便于直接观测的,而可由一些可以直接观测的量通过函数关系间接计算得出,这些量称为间接观测量。例如,用水准仪测量两点间的高差 h,通过后视读数 a 和前视读数 b 来求得 h,即 $h = a - b$。由于直接观测值中都带有误差,因此未知量也必然受到影响而产生误差。说明观测值的中误差与其函数的中误差之间关系的定律,叫作误差传播定律,它在测量学中有着广泛的用途。

一、误差传播

设 Z 是独立观测量 $x_1,x_2,\cdots,x_n$ 的函数,即

$$Z=f(x_1,x_2,\cdots,x_n)$$

式中:$x_1,x_2,\cdots,x_n$ 为直接观测量,它们对应的观测值的中误差分别为 $m_1,m_2,\cdots,m_n$。计算函数中误差的一般形式:

$$m_z=\sqrt{\left(\frac{\partial f}{\partial x_1}\right)^2 m_1^2+\left(\frac{\partial f}{\partial x_2}\right)^2 m_2^2+\cdots+\left(\frac{\partial f}{\partial x_n}\right)^2 m_n^2}$$

求任意函数中误差的方法和步骤如下:

(1)列出独立观测量的函数式:

$$Z=f(x_1,x_2,\cdots,x_n)$$

(2)求出真误差的关系式。对函数进行全微分得:

$$dZ=\frac{\partial f}{\partial x_1}dx_1+\frac{\partial f}{\partial x_2}dx_2+\cdots+\frac{\partial f}{\partial x_n}dx_n$$

(3)求出中误差关系式。只要把真误差换成中误差的平方,系数也平方,即可直接写出中误差关系式:

$$m_z^2=\left(\frac{\partial f}{\partial x_1}\right)m_1^2+\left(\frac{\partial f}{\partial x_2}\right)m_2^2+\cdots+\left(\frac{\partial f}{\partial x_n}\right)m_n^2$$

按上述方法可导出几种常用的简单函数中误差的公式,如表 4-6 所列,计算时可直接应用。

表 4-6　常用函数的中误差公式

函数式	函数的中误差
倍数函数 $Z=kx$	$m_z=km_x$
和差函数 $Z=x_1\pm x_2\pm\cdots\pm x_n$	$m_z=\pm\sqrt{m_1^2+m_2^2+\cdots+m_n^2}$, 若 $m_1=m_2=\cdots=m_n$ 时,$m_z=m\sqrt{n}$
线形函数 $Z=k_1x_1\pm k_2x_2\pm\cdots\pm k_nx_n$	$m_z=\pm\sqrt{k_1^2m_1^2+k_2^2m_2^2+\cdots+k_n^nm_n^2}$

二、应用

误差传播定律在测绘领域应用十分广泛,利用它不仅可以求得观测值函数的中误差,而且还可以研究确定容许误差值。

例 4-5　在比例尺为 $1:500$ 的地形图上,量得两点的长度 $d=23.4$ mm,其中误差 $m_d=\pm0.2$ mm,求该两点的实际距离 D 及其中误差 m_D。

解　函数关系式为 $D=Md$,属倍数函数,$M=500$ 是地形图比例尺分母。

$$D = Md = (500 \times 23.4)\ \text{mm} = 11\ 700\ \text{mm} = 11.7\ \text{m}$$
$$m_D = Mm_d = [500 \times (\pm 0.2)]\ \text{mm} = \pm 100\ \text{mm} = \pm 0.1\ \text{m}$$

两点的实际距离可写为 11.7 m±0.1 m。

例 4-6　在水准测量中,已知后视读数 $a = 1.734$ m,前视读数 $b = 0.476$ m,中误差分别为 $m_a = \pm 0.002$ m,$m_b = \pm 0.003$ m,试求两点的高差及其中误差。

解　函数关系式为 $h = a - b$,属和差函数:
$$h = a - b = (1.734 - 0.476)\ \text{m} = 1.258\ \text{m}$$
$$m_h = \pm \sqrt{m_a^2 + m_b^2} = (\pm \sqrt{0.002^2 + 0.003^2})\ \text{m} = \pm 0.004\ \text{m}$$

两点的高差可写为 1.258 m±0.004 m。

例 4-7　图根水准测量中,已知每次读水准尺的中误差 $m_i = \pm 2$ mm,假定视距平均长度为 50 m,若以 3 倍中误差为容许误差,试求在测段长度为 L(km)的水准路线上,图根水准测量往返测所得高差闭合差的容许值。

解　已知每站观测高差为:
$$h = a - b$$

则每站观测高差的中误差为:
$$m_h = \sqrt{2}\, m_i$$

因视距平均长度为 50 m,则 1 km 可观测 10 个测站,L(km)共观测 $10L$ 个测站,L(km)高差之和为:
$$\sum h = h_1 + h_2 + \cdots + h_{10}$$

L(km)高差和的中误差为:
$$m_\Sigma = \sqrt{10L}\, m_h = \pm 4\sqrt{5L}\ \text{mm}$$

往返高差的较差(即高差闭合差)为:
$$f_h = \sum h_往 + \sum h_返$$

高差闭合差的中误差为:
$$m_{f_h} = \sqrt{2}\, m_\Sigma = \pm 4\sqrt{10L}\ \text{mm}$$

以 3 倍中误差为容许误差,则高差闭合差的容许值为:
$$f_{h_容} = 3m_{f_h} = \pm 12\sqrt{10L}\ \text{mm} \approx \pm 38\sqrt{L}\ \text{mm}$$

在前面水准测量的学习中,我们取 $f_{h_容} = \pm 40$ mm 作为闭合差的容许值是考虑了除读数误差以外的其他误差(如外界环境误差、仪器的 i 角误差等)的影响。

三、注意事项

应用误差传播定律应注意以下两点。

(1)要正确列出函数式。

例如:用长 30 m 的钢尺丈量了 10 个尺段,若每尺段的中误差 $m_1 = \pm 5$ mm,求全长 D 及其

中误差 m_D。全长 $D=10l=(10\times30)$ m $=300$ m，$D=10l$ 为倍数函数。但实际上全长应是 10 个尺段之和，故函数式应为 $D=l_1+l_2+\cdots+l_{10}$（和差函数）。用和差函数式求全长中误差，因各段中误差均相等，故得全长中误差为：

$$m_D=\sqrt{10}\,m_l=\pm16 \text{ mm}$$

若按倍数函数式求全长中误差，则得出：

$$m_D=10m_l=\pm50 \text{ mm}$$

按实际情况分析得出用和差公式是正确的，而用倍数公式则是错误的。

(2)函数式中各个观测值必须相互独立，即互不相关。例如函数式：

$$z=y_1+2y_2+1$$
$$y_1=3x,\ y_2=2x+2$$

若已知 x 的中误差为 m_x，求 z 的中误差 m_z。

若直接用公式计算，由上式得：

$$m_z=\pm\sqrt{m_{y_1}^2+4m_{y_2}^2}$$

而

$$m_{y_1}=3m_x,\ m_{y_2}=2m_x$$

将以上两式代入式 $m_z=\pm\sqrt{m_{y_1}^2+4m_{y_2}^2}$ 得：

$$m_z=\pm\sqrt{(3m_x)^2+4(2m_x)^2}=5m_x$$

但上面所得的结果是错误的。因为 y_1 和 y_2 都是 x 的函数，它们不是互相独立的观测值，因此在式 $z=y_1+2y_2+1$ 的基础上不能应用误差传播定律。正确的做法是先把式 $y_1=3x,y_2=2x+2$ 代入式 $z=y_1+2y_2+1$ 中，然后把同类项合并，再用误差传播定律计算。

$$z=3x+2(2x+2)+1=7x+5\Rightarrow m_z=7m_x$$

思考题

1.钢尺量距精度受到那些误差的影响？在量距过程中应注意哪些问题？

2.简述光电测距的基本原理，并说明其基本公式中各符号的含义。

3.直线定线的目的是什么？目估定线和经纬仪定线各适用于什么情况？

4.丈量两段距离，一段往测为 126.78 米，返测为 126.68 米，另一段往测、返测分别为 357.23 米和 357.33 米。问哪一段丈量的结果比较精确？为什么？两段距离丈量的结果各等于多少？

5.设丈量了两段距离，结果为：$D_{11}=528.46$ m ±0.21 m；$D_{12}=517.25$ m ±0.16 m。试比较这两段距离的测量精度。

6.用钢尺丈量一条直线，往测丈量的长度为 217.30 m，返测为 217.38 m，今规定其相对误差不应大于 1/2 000，试问：(1)此测量成果是否满足精度要求？(2)按此规定，若丈量 100 m，往返丈量最大可允许相差多少毫米？

7.已知钢尺的尺长方程式为 $L_T=30$ m -0.008 m $+1.2\times10^{-5}(t-20\ ℃)\times30$ m，用该钢尺丈量 AB 的长度为 125.148 m，丈量时的温度 $T=+25\ ℃$，AB 两点的高差 $h_{AB}=0.200$ m，计算 AB 直线的实际距离。

学习情境 5

全站仪与 GPS 测量技术

任务 1　全站仪概述

一、全站仪概述

全站仪，即全站型电子速测仪（electronic total station），是一种集光、机械、电子部件为一体的高技术测量仪器，是集水平角、垂直角、距离（斜距、平距）、高差测量功能于一体的测绘仪器系统。因其一次安置仪器就可完成该测站上全部测量工作，所以称为全站仪。全站仪具有多功能、高效率的特性，因此目前几乎可以用在所有的测量领域。

全站仪是在角度测量自动化的过程中应运而生的，各类电子经纬仪在各种测绘作业中起着巨大的作用。

全站仪的发展经历了从组合式，即光电测距仪与光学经纬仪组合，或光电测距仪与电子经纬仪组合，到整体式，即将光电测距仪的光波发射接收系统的光轴和经纬仪的视准轴组合为同轴的整体式全站仪等几个阶段。

最初速测仪的距离测量是通过光学方法来实现的，我们称这种速测仪为光学速测仪。实际上，光学速测仪就是指带有视距丝的经纬仪，被测点的平面位置由方向测量及光学视距来确定，而高程则是用三角测量方法来确定的。带有视距丝的光学速测仪，由于快速、简易的特点，在短距离（100 米以内）、低精度（1/500～1/200）的测量中，如碎部点测定中，有其优势，因而得到了广泛的应用。

电子测距技术的出现，大大地推动了速测仪的发展。用电磁波测距仪代替光学视距经纬仪，使得测程更大、测量时间更短、精度更高。人们将距离由电磁波测距仪测定的速测仪笼统地称为电子速测仪（electronic tachymeter）。

随着电子测角技术的出现，电子速测仪的概念又相应地发生了变化。根据测角方法的不同，电子速测仪分为半站型电子速测仪和全站型电子速测仪。半站型电子速测仪是指用光学方法测角的电子速测仪，也称为测距经纬仪。这种速测仪出现得较早，并且进行了不断的改进，可将光学角度读数通过键盘输入测距仪，对斜距进行化算，最后可得出平距、高差、方向角和坐标差,这些结果都可自动地传输到外部存储器中。全站型电子速测仪则是由电子测角、电子测距、电子计算和数据存储单元等组成的三维坐标测量系统,测量结果能自动显示,并能与外围设备交换信息的多功能测量仪器。由于全站型电子速测仪较完善地实现了测量和处理过程的电子化和一体化,所以通常也称为全站型电子速测仪或简称全站仪。

近年来,随着微电子技术、电子计算技术、电子记录技术的迅速发展和广泛应用,世界上众多的测绘仪器制造厂家不断推出各种型号的全站仪,以满足各类用户各种用途的需要。特别是新一代的智能型全站仪,不仅测量速度快、精度高,还内置有微处理器和存储器,以及功能强大的系统软件和丰富多彩应用程序,可实现设计、计算、放样等许多高级功能,将全站仪的发展推向了一个崭新的阶段。

二、全站仪的分类

全站仪采用光电扫描测角系统,系统的类型主要有编码盘测角系统、光栅盘测角系统及动态(光栅盘)测角系统等三种。

全站仪按结构组成分为组合式(modular)全站仪(测距单元与电子经纬仪既可组合又可分离,两者通过专用的电缆和接口装置连接)和整体式(integrated)全站仪(测角、测距和微处理器单元与仪器的光学、机械系统融为一体,不可分离,且经纬仪的视准轴和测距仪的发射轴、接收轴三轴共线)。

全站仪按功能分为普通全站仪(能够测角、测距和计算坐标、高差)、智能型全站仪(具有内置或可扩充的系统软件和工具软件,具有自动安平和补偿设备)、自动跟踪式全站仪等。随着制造工艺、微电子技术和计算机技术的发展,世界上各主要测量仪器制造厂商出产的全站仪大都属于新一代的集成式智能型全站仪。

三、全站仪的应用

全站仪的应用范围不仅局限于测绘工程、建筑工程、交通与水利工程、地籍与房地产测量,而且在大型工业生产设备和构件的安装调试、船体设计施工、大桥水坝的变形观测、地质灾害监测及体育竞技等领域中都得到了广泛应用。

全站仪具有以下特点:

(1)在地形测量过程中,可以将控制测量和地形测量同时进行。

(2)在施工放样测量中,可以将设计好的管线、道路、工程建筑的位置测设到地面上,实现三维坐标快速施工放样。

(3)在变形观测中,可以对建筑(构筑)物的变形、地质灾害等进行实时动态监测。

(4)在控制测量中,导线测量、前方交会、后方交会等程序功能操作简单、速度快、精度高,其他程序测量功能方便、实用且应用广泛。

(5)在同一个测站点,可以完成全部测量的基本内容,包括角度测量、距离测量、高差测量,实现数据的存储和传输。

(6)通过传输设备,可以将全站仪与计算机、绘图机相连,形成内外一体的测绘系统,从而大大提高地形图测绘的质量和效率。

四、现代全站仪的特性和功能

新一代的集成式智能型全站仪一般具有下列特性和功能：
(1)电子水准器、激光对点器使整平、对中更为简便；
(2)友好的用户界面可指导和提示作业人员应进行的操作；
(3)强大的系统软件能自动进行仪器调校、参数设置、气象改正等；
(4)丰富的应用软件可实现面积计算、导线测量、交会测量、道路放样等复杂操作流程和数据处理；
(5)三轴补偿器可自动测定竖轴误差、横轴误差和视准轴误差并加以改正，提高了半测回测角精度；
(6)动态电子测角系统可自动消除度盘偏心误差和分划误差的影响，而无须在测回间配置水平度盘；
(7)通过主机或电子记录器上的标准通信接口，可实现全站仪与计算机之间的数据通信，从而使得测量数据的采集、处理与绘图等实现无缝连接，形成内外业一体化的高效率测量系统。

五、全站仪的基本组成及结构

1.全站仪的基本组成

电子全站仪由电源部分、测角系统、测距系统、数据处理部分、通信接口、显示屏及键盘等组成。它本身就是一个带有特殊功能的计算机控制系统，其微机处理装置由微处理器、存储器、输入部分和输出部分组成。由微处理器对获取的倾斜距离、水平角、竖直角、垂直轴倾斜误差、视准轴误差、垂直度盘指标差、棱镜常数、气温、气压等信息加以处理，从而获得各项改正后的观测数据和计算数据。在仪器的只读存储器中测量程序被固化了，测量过程由程序完成。全站仪的设计框架如图5-1所示。

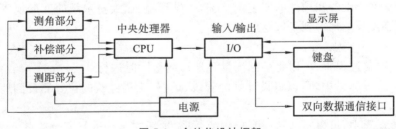

图5-1　全站仪设计框架

其中：
(1)电源部分是可充电电池，为各部分供电；
(2)测角部分为电子经纬仪，可以测定水平角、竖直角，设置方位角；
(3)补偿部分可以实现仪器垂直轴倾斜误差对水平、垂直角度测量影响的自动补偿改正；
(4)测距部分为光电测距仪，可以测定两点之间的距离；
(5)中央处理器接受输入指令、控制各种观测作业方式、进行数据处理等；
(6)输入、输出包括键盘、显示屏、双向数据通信接口。

从总体上看,全站仪的组成可分为如下两大部分:

一是为采集数据而设置的专用设备,主要有电子测角系统、电子测距系统、数据存储系统、自动补偿设备等。

二是测量过程的控制设备,主要用于有序地实现上述每一专用设备的功能,包括与测量数据相连接的外围设备及进行计算、产生指令的微处理机等。

只有以上两大部分有机结合才能真正地体现"全站"功能,即既要自动完成数据采集,又要自动处理数据和控制整个测量过程。

2. 全站仪的基本结构

全站仪按其结构可分为组合式(积木式)全站仪与整体式全站仪两种。

1)组合式全站仪

组合式全站仪由测距头、光学经纬仪及电子计算部分拼装组合而成。这种全站仪的出现较早,经不断地改进可将光学角度读数通过键盘输入测距仪并对倾斜距离进行计算处理,最后得出平面距离、高差、方位角和坐标差,这些结果可自动地传输到外部存储器中,后来发展为把测距头、电子经纬仪及电子计算部分拼装组合在一起。其优点是能通过不同的构件进行多样组合,当个别构件损坏时,可以用其他构件代替,具有很强的灵活性。早期的全站仪都采用这种结构。

图 5-2 所示为日本索佳公司生产的 REDmini 短程测距仪,仪器测程为 0.8 km。测距仪的支座下有插孔及制紧螺旋,可使测距仪牢固地安装在经纬仪的支架上方。旋紧测距仪支架上的竖直制动螺旋后,可调节微动螺旋使测距仪在竖直面内俯仰转动。测距仪发射接收镜的目镜内有十字丝分划板,用以瞄准反射棱镜。

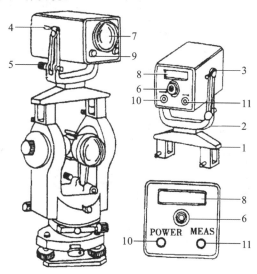

图 5-2 REDmini 短程测距仪

1—支架座;2—支架;3—主机;4—竖直制动螺旋;5—竖直微动螺旋;6—发射接收镜的目镜;
7—发射接收镜的物镜;8—显示窗;9—电源电缆插座;10—电源开关键;11—测量键

图 5-3 所示为组合式单块反射棱镜,当测程大于 300 m 时,可换成三块棱镜。

此外,测距仪横轴到经纬仪横轴的高度与视牌中心到反射棱镜中心的高度一致,从而使经纬仪瞄准觇牌中心的视线与测距仪瞄准反射棱镜中心的视线保持平行,如图 5-4 所示。

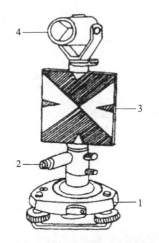

图 5-3　组合式单块反射棱镜

1—基座；2—光学对中器目镜；3—照准觇牌；4—反射棱镜

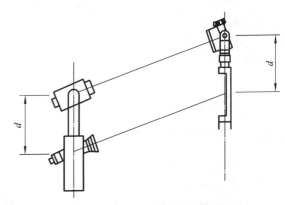

图 5-4　仪器站与棱镜站装配示意图

2）整体式全站仪

整体式全站仪是在一个机器外壳内含有电子测距、测角、补偿、记录、计算、存储等功能。将发射、接收、瞄准光学系统设计成同轴，共用一个望远镜，角度和距离测量只需一次瞄准，测量结果能自动显示并能与外围设备双向通信，如图 5-5 所示。其优点是体积小、结构紧凑、操作方便、精度高，近期生产的全站仪大都采用整体式结构。整体式全站仪配套使用棱镜对中杆与支架，如果仪器有水平方向和竖直方向同轴双速制动及微动手轮，瞄准操作只需单手进行，更适合移动目标的跟踪测量及空间点三维坐标测量，操作更方便，应用更广泛。

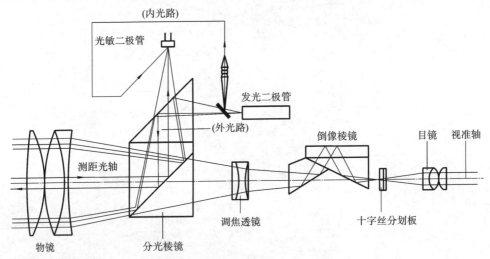

图 5-5　整体式全站仪望远镜的光路

六、电脑全站仪的主要特点

电脑全站仪亦称智能型全站仪，具有双轴倾斜补偿器，双边主、附显示器，双向传输通信，大容量的内存或磁卡与电子记录簿两种记录方式以及丰富的机内软件，因而测量速度快、观测精度高、操作简便、适用面宽、性能稳定，深受广大测绘技术人员的欢迎，成为 1993 年以来全站仪的主流发展方向。

电脑全站仪的主要特点如下：

(1)使用电脑操作系统,电脑全站仪具有像通常计算机一样的 DOS 操作系统。

(2)大屏幕显示,可显示数字、文字、图像,也可显示电子气泡居中情况,以提高仪器安置的速度与精度,并采用人机对话式控制面板。

(3)大容量的内存,一般内存在 1 MB 以上,其中主内存有 640 KB、数据内存 320 KB、程序内存 512 KB、扩展内存 512 KB。

(4)采用国际计算机通用磁卡,所有测量信息都可以文件形式记入磁卡或电子记录簿,磁卡采用无触点感应式,可以长期保留数据。

(5)具有自动补偿功能,补偿器装有双轴倾斜传感器,能直接检测出仪器的垂直轴,在视准轴方向和横轴方向上的倾斜量,经仪器处理计算出改正值并对垂直方向和水平方向值加以改正,提高测角精度。

(6)测距时间快,耗电量少。

任务 2 全站仪的发展现状及前景

全站仪作为最常用的测量仪器之一,它的发展改变着我们的测量作业方式,极大地提高了生产的效率。虽然 GPS 技术在大地测量领域已广泛应用,但在测绘领域中全站仪依然发挥着极其重要的作用,因为它有着 GPS 接收机所不具备的一些优点,如不需对天通视,选点和布点灵活,特别适用于带状地形及隐蔽地区,观测数据直观,数据处理简单,操作方便,精度高等。

全站仪早期的发展主要体现在硬件设备上,如减轻质量、减小体积等;中期的发展主要体现在软件功能上,如水平距离换算、自动补偿改正、加常数乘常数的改正等;现今的发展则是全方位的,如全自动、智能型。因此,全站仪的发展现状及前景正朝着全自动、多功能、开放性、智能型、标准化方向发展,它将在地形测量、工程测量、工业测量、建筑施工测量和变形观测等领域中发挥越来越重要的作用。

一、全站仪的发展

随着计算机技术的不断发展与应用以及用户的特殊要求与其他工业技术的应用,全站仪进入了一个新的发展时期,进入了带内存、防水型、防爆型、电脑型等全站仪。

目前,世界上最高精度的全站仪测角精度(一测回方向标准偏差)为 0.52,测距精度为 1 mm ＋1 ppm,利用 ATR 功能,白天和黑夜(无需照明)都可以工作。如今,全站仪已经达到令人不可置信的角度和距离测量精度,既可人工操作也可自动操作,既可远距离遥控运行也可在机载应用程序控制下使用。

纵观全站仪的发展,有些是仪器加工制造及传统理论的进化,有些是其他技术的进步所带来的变化,而有些则是思想观念的更新。综合分析全站仪的发展具有如下几个特点。

1. 仪器的系统性

全站仪从 20 世纪 60 年代末开始出现即显示了其系统性,如德国 ZEISS 产的 Reg Elta 14

和瑞典 AGA 产的 Geodimeter 700 全站仪,它们都配有记录、打印的外围设备,因此全站仪都配有供数据输出的 RS-232C 标准串行端口。目前这个标准串行端口的开发应用,不仅能将数据从仪器传输到记录器、电子记录簿或电子平板中,即实现数据的单向流动,而且能够将数据或程序从计算机输入仪器中,以便对仪器的软件进行更新,甚至通过计算机和仪器的连接,将仪器作为终端由计算机中的程序对仪器进行实时控制操作,可实现数据的双向流动。此时,全站仪已不再是一台单一的测绘仪器,它和计算机、软件甚至一些通信设备(如电话、传真机、调制解调器等)一起,组成了一个智能型的测绘系统。

2. 双轴自动补偿改正

仪器误差对测角精度的影响主要是由仪器的三轴之间关系的不正确造成的。在光学经纬仪中主要是通过对三轴之间关系的检验校正,减少仪器误差对测角精度的影响;在电子仪器中则主要是通过所谓的自动补偿实现的。最新的全站仪已实现了三轴补偿功能(补偿器的有效工作范围一般为 ±3′),即全站仪中安装的补偿器可自动检测或改正由于仪器垂直轴倾斜而引起的测角误差。通过仪器视准轴误差和横轴误差的检测结果计算出误差值,必要时由仪器内置程序对所观测的角度加以改正。

3. 实时自动跟踪、处理和接收计算机控制

新式结构的全站仪中都安装有驱动仪器水平方向 360°、望远镜竖直方向 360°旋转的伺服马达。用这种类型的全站仪可以实现无人值守观测、自动放样、自动检测三轴误差、自动寻找和跟踪目标。因此,若将此种类型的全站仪应用在变形观测、动态定位及在一些对人体有害的环境中,将具有无可比拟的优越性。

4. 操作方便、功能性强

全站仪的发展使得它操作方便、功能性强。由于仪器中的操作菜单往往使用的是英文描述,因此操作便显得复杂。全站仪处理在这一问题时是用象形符号或助记符号帮助理解,或使用类似于 Windows 风格的界面提供联机帮助。事实上,提供中文菜单并不是没有可能,因为全站仪所使用的是液晶显示屏,使用何种文字(有些仪器即提供了好几种不同语言的操作菜单,如英文、日文、法文、德文等)显示并没有太多的区别,尽管中文占用的点阵行数会多一些,但滚动条的使用可解决这个问题。因此,全站仪全中文菜单的出现将是一件并不遥远的事。

5. 内置程序增多和标准化

近年来,全站仪发展的一个极其重要的特征是内置程序的增多和标准化。内置程序能够实时提供观测过程并计算出最终结果,观测者只要能够按仪器中设定的功能,操作步骤正确就能完成测量工作,而不含程序的全站仪则只能提供观测值和观测值的计算值。也就是说,通过程序将内业计算的工作直接在外业中完成,程序的执行过程实际上也就是仪器操作的执行过程。目前,各厂家生产的仪器都具备内置程序的功能,比较实用的程序有度盘定向、放样测量、坐标测量等。

6. 开放性环境,用户可二次开发功能

开放性环境最大的特点是它具有足够的包容性和灵活性,在不同的场合中能够适应不同的要求。随着科学技术的进步,开放环境的要求已经遍及整个开发和应用领域。过去,用户只能被动地接受全站仪所提供的功能,若遇到一些特殊要求的工作,用户只能采用一些变通的方法,而不能主动地去指挥仪器工作。但在开放环境的条件下,用户就可以参与到仪器功能的二次开发中,从而使用户真正地成为仪器的"头脑",使仪器按照人的意愿去进行工作。

7.仪器的兼容性和标准化

考虑到用户的利益,兼容性是必需的。兼容的基础是在计算机领域由 IBM 公司首先完成,从而使计算机得以飞速发展。在全站仪领域,用户已经体会到了不兼容的弊端,如所购的一套仪器,使用了若干年后,如果其中一个关键部件损坏或技术更新,由于设备之间不兼容,这套仪器配置中的其他配件也不能为别的仪器所利用,因此用户只能将其整体淘汰。目前各厂家的数据记录设备都向 PCMCIA 靠拢,但这仅仅是在兼容性方面迈出的小小一步。考虑到全站仪是一种特殊行业使用的特殊仪器及各厂家自身的利益,兼容性还仅仅只能停留在设想上。

8.实现数据共事能力

由于对仪器实时作业的要求,内业的外业化便显得十分必要。过去从外业到内业再到外业的工作过程,将被一次性的外业工作所替代。而这种效率的提高,需要以仪器间数据的共享为基础。这种数据共享主要是指全站仪和其他类型的仪器(如 GPS 接收机、数字水准仪)之间的数据交流。通过不同仪器之间的数据交流,减少内业与外业之间的衔接,从而提高测量工作的自动化水平。

9.高精度

精度是全站仪最重要的参数之一。高精度仪器的出现,解决了一系列精密工程测量方面的问题,但现实测量工程中有时也需要更高精度的仪器以降低精密测量的难度和工作量,这是用户的要求,也是技术发展的要求。

二、全站仪软件包的发展

20 世纪 90 年代推出的全站仪所配置的测量与定位软件,已由过去少量的特殊功能发展到如今的功能齐全、实用、操作简便的测量软件包,使得全站仪测量技术更加广泛地应用于控制测量、施工放样测量、地形测量和地籍测量等领域。

1.全站仪测量软件包的发展现状

随着市场产销竞争日趋激烈,全站仪测量软件包的发展也在不断地更新。现代新型全站仪测量配置的软件包普遍向多功能化方向发展,归纳起来具有如下功能:

(1)菜单功能。各公司目前新近推出的全站仪软件包大都采用了菜单功能,利用菜单功能和配置的操作提示,可以在提高仪器操作功能的同时简化键盘操作。

(2)基本测量功能。基本测量功能包括电子测距、电子测角(水平角、垂直角),经微处理器可实现数据存储、成果计算、数据传输及基本参数设置等,主要用于测绘的基本测量工作,包括控制测量、地形测量和工程放样施工测量等。特别注意的是,只要开机,电子测角系统即开始工作并实时显示观测数据。

(3)程序测量功能。程序测量功能包括水平距离和高差的切换显示、三维坐标测量、对边测量、放样测量、偏心测量、后方交会测量、面积计算等。特别注意的是,程序测量功能只是测距及数据处理,它是通过预置程序由观测数据经微处理器数据处理、计算后显示所需的测量结果,实现数据的存储及双向通信。

(4)用户开发系统。为了便于用户自行开发新的功能,满足某些特殊测量工作的需要,全站仪具有用户开发系统。目前,全站仪一般都装有标准的 MS-DOS 操作系统,用户可在计算机上开发各种测量应用程序,以扩充全站仪的功能。

2. 国内全站仪软件包开发状况

我国电子测量仪器的研制与生产虽然起步较晚,但发展较快。20 世纪 80 年代初,国产光电测距仪投放市场,90 年代研制生产光电子经纬仪。南方测绘公司生产的我国第一台 NTS-200 系列全站仪,打破了国外厂家垄断我国全站仪市场的局面,随后其他仪器厂家也相继推出了自己的全站仪。这说明我国已基本具备生产全站仪的能力,而且全站仪精度也能满足实际需要,价格仅是国外全站仪的 1/3。从这些全站仪目前所配备的软件来看,它们具有以下特点:

(1)软件包一般配备有按我国测绘生产组织方式和国家测绘规范要求的应用程序。

(2)软件包功能齐全,如南方测绘公司的 NTS-200 系列全站仪,能够提供平均测量、放样测量、悬高测量、间接测量、坐标测量和数据传输等功能,它们在实现数字化测图中起着重要的作用。

(3)用户界面文字化,便于我国用户操作。例如苏州一光仪器有限公司生产的 DQZ2 全站仪具有宽屏幕点阵图形,其软件包的用户界面全部采用汉字显示。

(4)软件包数据采集和计算处理一体化,形成的坐标数据文件可通过格式转换与各种绘图软件接口,实现自动绘图。

(5)多种测量方法供用户选择,使全站仪能广泛地应用于控制测量、工程测量和工程放样施工等领域。

由此看来,从硬件到软件,实现全站仪国产化已具备了技术条件。

3. 全站仪软件包的未来发展趋势

由于近代电子技术高速发展,测量仪器不断地更新换代,满足了各种各样的用途和精度的需要,新型全站仪正朝着自动化、多功能化、一体化的方向更新和发展。为了充分发挥全站仪的功效,国内外厂家都在进一步研究与开发全站仪软件包。从目前的情况来看,全站仪软件包将向着以下几个方向发展:

(1)向基于 DOS 编程的 Windows 编程发展,软件包功能强大,界面更丰富多彩。

(2)通过格式转换和各种绘图软件接口,实现自动绘图。

(3)随着液晶显示技术的进一步发展,未来全站仪显示屏不仅能显示字符,而且还能显示图形,全站仪软件包能现场实时绘制工作草图,使数据自动采集与辅助测图同时进行,成为未来野外测量作业的先进作业方式。

(4)全站仪作为内、外作业联系的重要部分,建立综合测量系统已成为开发全站仪软件包的延续,如索佳测绘仪器贸易有限公司的综合测绘系统、徕卡公司的开放式测量世界、南方测绘公司的 CASS 南方内外业一体化成图软件、北京光学仪器厂的 BGSS 综合测绘系统等。

因此,综合测量系统将是今后测量工作的发展趋势。这种系统把全站仪通过相关软件系统和计算机、打印机、绘图机、数字化仪等设备连为一体,将大大有利于实现地形测量、地籍测量、工程测量及变形观测等工作的自动化。

任务 3 全站仪的操作

以在测量行业中应用比较广泛的 Leica TPS 1200 系列全站仪为例,具体介绍全站仪的基本功能和操作方法。

一、仪器界面

　　现市面上有多种全站仪并存，各种全站仪有各自的优缺点，但操作截面基本相似，本节以 Leica TPS 1200 系列全站仪为例讲述。仪器界面示意图如图 5-6 所示，其中图 5-6(a)为仪器界面，图 5-6(b)为仪器界面键盘屏幕说明，图 5-6(c)和图 5-6(d)为仪器界面图标说明。

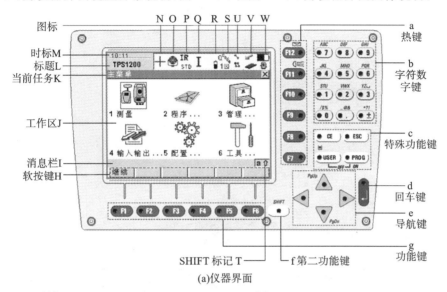

(a)仪器界面

	键名	说明
a	热键	F7~F12 和 SHIFT+F7~F10 共12个用户自定义热键，可以在配置时赋予这些热键常用的功能。（SHIFT+F11t 已被系统定义为打开照明设置等窗口，SHIFT+F12 已被系统定义为打开电子气泡和激光对中器窗口）
b	字符数字键	输入数字、字符
c	CE	开始输入时清除栏内容，输入期间删除最后字符
	ESC	退出目前的菜单或对话框，不做存储操作
	USER	调用用户自定义的菜单
		SHIFT+USER：切换到快速设置
	PROG	仪器关闭时为开机键，打开时为调用程序键
d	回车键	• 确认光标所在栏并让光标进入下一栏，进入下一对话框或菜单。 • 光标在编辑栏时会启动编辑模式。 • 如果光标处在可选栏（有 ⬇ 标志）时为打开列表
e	导航键	移动屏幕上的光标。⬅➡ 在选择栏中改变选项，在输入栏中启动输入，SHIFT+▲ 向上、向下翻页，驱动滚动条
f	第二功能键	第一和第二功能转换，显示更多软按键
g	功能键	F1~F6 响应对应位置软按键的功能

	编号	说明
H	软按键	显示区，用对应的功能键 F1~F6 配合使用。在 RCS 遥控器的触摸屏上可直接点击
I	消息栏	消息显示 10 秒钟
J	工作区	屏幕的工作区
K	当前任务	正在屏幕工作区显示的任务标题
L	标 题	主标题，显示的任务属于哪个板块，要么是主菜单项，要么是程序名或用户菜单
M	时 标	显示当前时间
T	⬆ 为 SHIFT 键按下的标志。 a 为输入时字母的小写标志	

(b)仪器界面键盘、屏幕说明

图 5-6　仪器界面示意图

编号	说明	图标	含义	图标	含义	图标	含义	图标	含义
N	ATR、LOCK、PS		ATR功能激活		锁定功能激活		锁定棱镜跟踪		失锁，棱镜在视场内即重新锁定
			ATR搜索		工作区搜索		PS激活		预测
O	棱镜类型		徕卡圆棱镜		360°棱镜		徕卡反射片		无棱镜测量
			徕卡微型棱镜		徕卡微型棱镜Mmi 0		徕卡360°微型棱镜	User	用户自备棱镜
P	测距类型	IR STD	用棱镜红外测距，有四种模式： • STD标准。 • FAST快速。 • TRK跟踪。 • AVG平均	RL STD	无棱镜激光测距，有三种模式： • STD标准。 • TRK跟踪。 • AVG平均	LO STD	长测程模式： • STD标准。 • AVG平均	IR TRK	用时间间隔设置的自动点测量
								IR' TRK	用距离间隔设置的自动点测量
Q	补偿器面Ⅰ、Ⅱ指示		补偿器关		补偿器开，但超出补偿范围	I	仪器在面Ⅰ位置（盘左）	II	仪器在面Ⅰ位置（盘右）
R	RCS遥控器指示		已打开RCS遥控器		RCS开，并且在接收信息				

(c)仪器界面图标说明一

图标说明：

编号	说明	图标	含义	图标	含义	图标	含义
S	快速编码	Qcode 1	快速编码开，在激活的编码表中应用1位数编码	Qcode 2	快速编码开，在激活的编码表中应用2位数编码	Qcode 3	快速编码开，在激活的编码表中应用3位数编码
		Qcode 1	1位数编码关	Qcode 2	2位数编码关	Qcode 3	3位数编码关
U	线、面指示	4 0	4表示现有4条线打开，0表示没有面打开				
V	CF卡、内存指示		仪器内有CF卡，并可取出		此时CF卡不可取出，否则可能丢失数据		正在使用内存
			没有插入CF卡				
W	电池		TPS使用内置电池，电池符号还指示剩余电量		有外接电池，并正在使用电池符号还指示剩余电量		TPS和RCS都在使用内置电池
			TPS和RCS都在使用外接电池。				

(d)仪器界面图标说明二

续图 5-6

二、仪器设置

(1)在仪器主菜单选择管理菜单进入图5-7所示管理界面。

(2)按F2新建，出现图5-8所示的配置界面，输入配置集名、描述，创建者可不输。

(3)按F1保存，到图5-9所示的向导界面。"简化的项目"设置内容较少，"查看所有内容"设置所有内容，选择查看所有内容。

(4)按F1继续，出现图5-10所示的语言界面，选择语言为中文。

(5)按F1继续，到图5-11所示的配置单位界面。单位和格式设置为按照自己测量时的需要设置单位和格式，可以按F6换页切换到角度、时间、格式等卡页进行设置。

（6）设置好以后按 F1 继续到图 5-12 所示的配置名称界面，在此设置仪器测量时屏幕显示的内容。

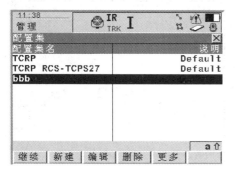

图 5-7　管理界面

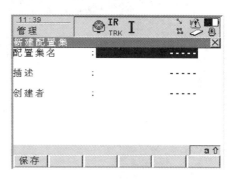

图 5-8　配置界面

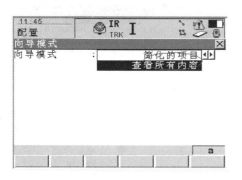

图 5-9　向导界面

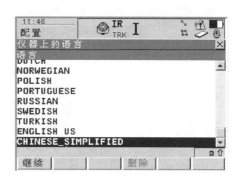

图 5-10　语言界面

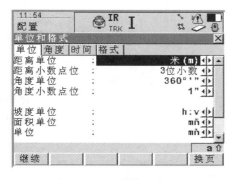

图 5-11　配置单位界面

图 5-12　配置名称界面

（7）按 F3 显板到下页，如图 5-13 所示。在图中可以设置在测量时屏幕每一行所显示的内容。如图 5-13(b)，光标在第 2 行处按回车键，在弹出的选项列表中选择其中的一个作为第 2 行的显示内容，其他行同样，设置好以后继续回到显示设置界面。

（8）按 F1 继续到图 5-14 所示的编码界面。编码可以不选。

（9）按 F1 继续到图 5-15 所示的设置 ID 模板界面设置 ID 模板，用导航键的上下键选择要配置 ID 模板的栏（点、线、面栏）。按 ENTER 键进入 ID 模板库。

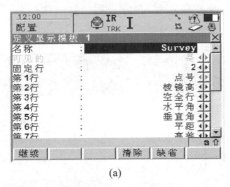 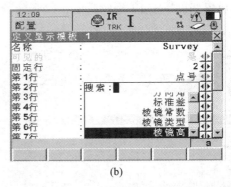

(a)   (b)

图 5-13　配置显示内容

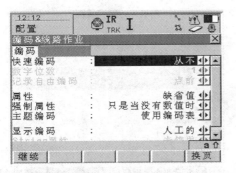 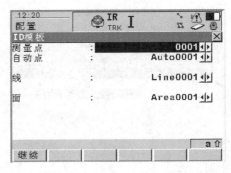

图 5-14　编码界面　　　　　　图 5-15　设置 ID 模板界面

（10）按 F2 增加创建一个新的 ID 模板，如图 5-16 所示。输入 ID 模板名称，"增量方式"采用点号自动增加方式，"仅仅数字"就是点、线、面的首次编号的最后一位必须是数字。字符数字就是自动增量可以是字符也可以是数字。"增量值"处输入增量的大小，缺省时值为 1，如增量方式为数字，首点为 A1，即记录首点后点号自动变为 A2。如果增量方式为数字字符，则看首点末位是数字还是字母，如首点为 A，记录首点后点号自动变为 B。"光标位置"测量点时在 ID 栏按回车键时光标所在位置。

（11）按 F1 继续键到图 5-17 所示的 TPS 改正界面。该界面主要设置气象改正参数、几何改正参数和折光差改正参数，一般对距离改正只进行气象改正 PPM，而将几何改正、投影改正 PPM 设为 0。对高差进行折光差改正。温度为测距时测站大气温度，大气压为测距时测站大气压，相对湿度为测距时大气相对湿度，大气 ppm 为自动计算值，也可强制输入。

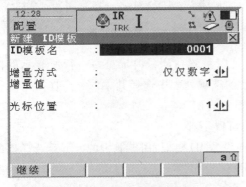 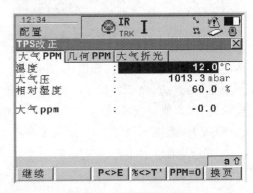

图 5-16　新建 ID 模板界面　　　　　图 5-17　TPS 改正界面

132

F3:选择使用大气压还是使用海拔高程作为参数。

F4:选择使用相对湿度还是使用湿温作为参数。

F5:将 PPM 值设置为 0。

F6:换页设置"几何 PPM"和"大气折光"。

(12)按 F1 继续到图 5-18 所示的 EDA 设置界面。"EDM 类型"选择是否使用棱镜,"EDM 模式"选择测距方式,"反射棱镜"选择棱镜类型,"棱镜常数"一般随选择的棱镜自动匹配。

(13)按 F1 继续,到图 5-19 所示的偏置界面,在测量不能放置棱镜或视线不能到达测量点时,可以在目标点附近找一个可以放置棱镜且与测站通视位置通过设置两点间的偏置值来解决问题。"偏置模式"中"记录后复位"记录后偏置值重置为 0,"永久"表示保持设置偏置值不变。

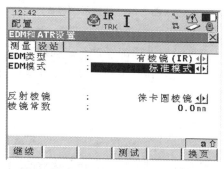

图 5-18 EDA 设置界面

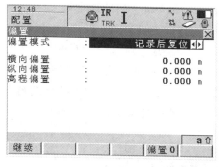

图 5-19 偏置界面

(14)按 F1 继续到图 5-20 所示的接口配置界面。TPS 1200 用一个端口和一个设备配置三个接口,根据不同的应用进行不同的配置。

接口:相当于仪器的一项功能,如 GSI 输出。

端口:被接口使用的物理端口,如端口 1。

设备:连接到所选端口的硬件,如 RS232 GSI。

配置内容:①GSI 输出,用于以 GSI 格式输出数据;②GeoCOM 模式,用于通过计算机控制仪器的操作;③RCS 模式,RCS 遥控操作接口;④导出作业。

F3:编辑,对光标选择的接口进行端口配置、设备选择以及通信参数的设置。

F5:选用,将端口配置给光标选取的接口或关闭。

(15)按 F1 继续到图 5-21 所示的热键配置界面。通过配置将用户最常用的功能和菜单指配给仪器提供的 10 个自定义热键和 1~9 USER 键菜单,使用户能最大限度发挥 TPS 1200 的效能。

F7~F12:将所有可指配的功能、显示、程序按要求指派给这些热键。光标在某一栏时,按回车键打开选项列表。

SHIFT+F7~F12:配置方法同上,切换热键窗口配置在只是 F7~F10 激活时需与第二功能键 SHIFT 配合使用。

USER 键菜单:将所有可指配的功能、显示、程序指定给 USER 键 1~9 菜单的 1~9 项。使用时按 USER 键激活并选取。

SHIFT+F11:固化功能,用于激活照明、显示屏、声音提示、文本的配置。

SHIFT+F12:固化功能,用于打开电子水准器和激光对中器。

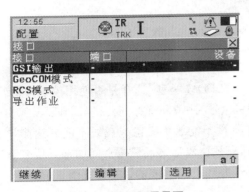

图 5-20　接口配置界面

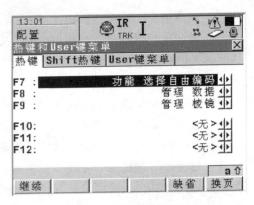

图 5-21　热键配置界面

（16）按 F1 继续到图 5-22 所示的光源、照明等设置界面可设置仪器屏幕照明、触摸屏等。

（17）按 F1 继续到图 5-23 所示的开机关机设置界面可设置本项配置进行启动屏幕界面的配置以及选择自动关机模式。仪器一旦断电，通电后会自动恢复到断电时的工作窗口，重开机后工作的作业、配置集不变。发生断电的情况有两种：①电池突然被取走，作业时应避免这种情况的发生；②内外电池耗尽。

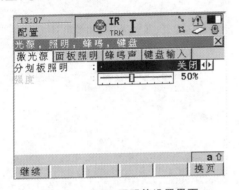

图 5-22　光源、照明等设置界面

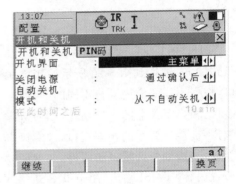

图 5-23　开机关机设置界面

开机界面：有主菜单及各个机载程序选项。可选择主菜单，也可指定为准备使用的某个程序。

关闭电源："通过确认后"表示仪器接到关闭电源指令后，弹出确认对话框；"直接"表示仪器接到关闭电源指令后，立即关机。

自动关机模式："从不自动关机"表示除非电量用完，不会自动关机；"关掉"表示在定时后关闭。

在此时间之后：设置过多少分钟后自动关机。

（18）按 F1 继续到图 5-24 所示的配置集界面。光标在建好的配置集处，按 F1 继续完成配置集的建立，仪器回到主菜单。

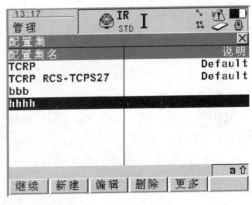

图 5-24　配置集界面

三、测量操作

1.建立作业

在仪器主菜单选择管理进入图 5-25 所示的管理界面。然后选择"1 作业"进入图 5-26 所示的作业界面。再按 F2 新建到图 5-27 所示的新建作业界面,输入作业名称后按 F1 保存即可。

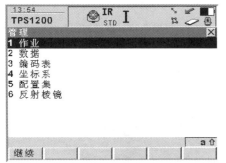

图 5-25　管理界面(一)

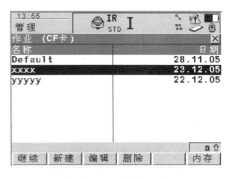

图 5-26　作业界面

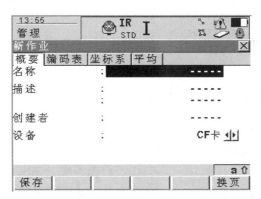

图 5-27　新建作业界面

2.输入数据

输入数据有如下两种方法。

第一种方法:在仪器主菜单选择管理进入图 5-28 所示的管理界面后选择数据栏,按继续进入图 5-29 所示的数据界面。在数据界面输入作业时的数据,按 F2 进行新建工作后进入图 5-30 所示的输入点坐标界面。输入点号、坐标值,按 F1 保存,再新建输入其他点。

第二种方法:在计算机里建立一个文本文件,把文件传入仪器。

已知坐标文件,把文件传入仪器作业。例如文本文件 zuobiao.txt,文件内容为:

$$1,4\ 563\ 721.234,342\ 123.453,165$$
$$2,4\ 563\ 752.333,342\ 142.673,172$$
$$3,4\ 563\ 773.432,342\ 183.435,134$$
$$\cdots\cdots\cdots\cdots$$

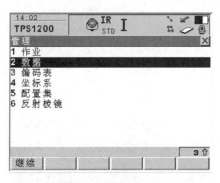

图 5-28 管理界面(二)

图 5-29 数据界面

第 1 列为点号,第 2 列为 X 坐标,第 3 列为 Y 坐标,第 4 列为高程,中间用逗号隔开。把这个文件复制到仪器里面 CF 卡里的 DATA 目录,再把卡插到仪器里,在仪器主菜单选择"转换数据"进入图 5-31 所示的数据转换界面。

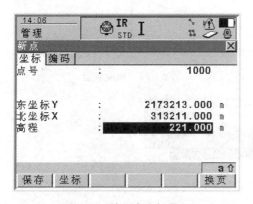

图 5-30 输入点坐标界面

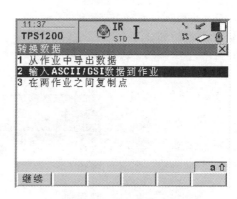

图 5-31 数据转换界面

选择第 2 个菜单"输入 ASCII/GSI 数据到作业",按 F1 继续,到图 5-32 所示的将 ASCⅡ/GSI 数据输入作业界面,"从"后选择 CF 卡,"输入"数据类型为 ASCII 数据,"从文件"后选择拷贝到 CF 卡里的 DATA 目录的文件"zuobiao. txt","复制到作业"选择要把数据传输到的作业"hhhh","标题"选择无,按 F2 配置,到图 5-33 所示的 ASCII 定义界面。

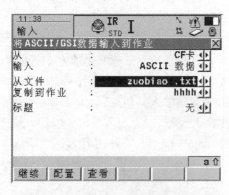

图 5-32 将 ASCII/GIS 数据输入到作业界面

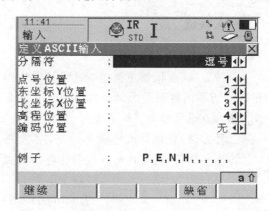

图 5-33 ASCII 定义界面

"分隔符"选择和建立的文本文件相同的分隔符即可,"点号位置"、"东坐标 Y 位置"、"北坐

标 X 位置"和"高程位置"定义文本文件里面的点号、X 坐标、Y 坐标、高程所在的列数。例如本例文件,输入的 X 坐标在第 2 列,在上图所示的"北坐标 X 位置"应选 2,输入的 Y 坐标在第 3 列,在上图所示的"东坐标 Y 位置"应选 3。然后按 F1 继续即可,数据就传到了名称为"hhhh"的作业里了。接着仪器会提问是否还要传输别的数据文件,如果不再传输数据,按 F4 否,仪器自动回到主菜单。

3. 测量

在主菜单选择测量菜单进入或在程序里选测量进入图 5-34 所示的测量界面。

在测量界面选择作业、配置集,坐标系和编码表均不选,选择使用的棱镜。按 F2 配置,出现图 5-35 所示的测量配置界面,可以记录自动点和悬高点。按 F1 继续回到图 5-34。按 F3 设站,进入图 5-36 所示的测站设置界面。

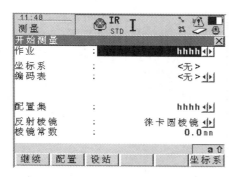

图 5-34　测量界面

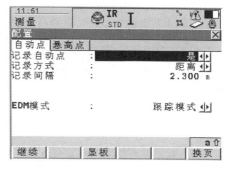

图 5-35　测量配置界面

在测站设置界面,"已知点作业"选择已知点所在作业,"方法"选择后视定向方法,进入图 5-37 所示的后视定向界面。

以已知坐标点定向为例,步骤如下:

(1)将光标移至"已知点作业",用导航键选择已知点所在的作业。

(2)将光标向下移至"方法",用导航键选择准备采用的定向方法(如设置方位角、已知后视点、后方交会、方位 & 高程传递等),如图 5-37 所示。

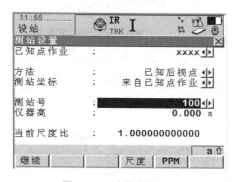

图 5-36　测站设置界面

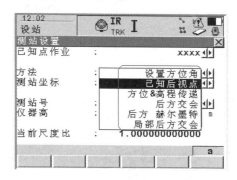

图 5-37　后视定向界面

(3)选择测站点的点号,输入仪器高。再按 F1 继续进入下一窗口,如图 5-38 所示。

(4)输入后视点号,此时仪器会显示后视方位角。仪器瞄准后视点位置,按 F1 确认即可完成设站,或按 F2 测距,可以看到方位角差、平距差及高差较差,用于评价定向质量。设站完成后仪器进入测量窗口,如图 5-39 所示。

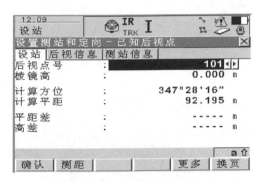

图 5-38　测站设置

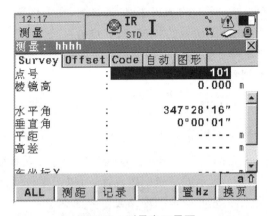

图 5-39　测量窗口界面

在测量窗口界面输入点号、棱镜高,瞄准棱镜中心,按 F2 测距,再按 F3 纪录,即保存了点数据,或按 F1 ALL 直接测存数据。接着瞄准棱镜测量下一点。

4. 放样

在主菜单进入程序,选择放样菜单进入放样主界面,如图 5-40 所示。

选择"13 放样"进入图 5-41 所示的放样作业设置界面,"放样点作业"是存放待放样点的作业,"作业"是放样时所要存放点的作业,实际工作是在"作业"里完成的,"坐标系"是依附于"作业"的,可选"无"。选择配置集按 F2 配置,进入图 5-42 所示的放样配置界面。

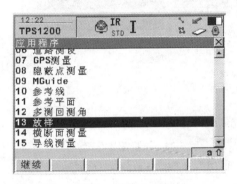

图 5-40　放样主界面

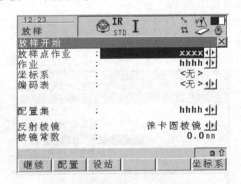

图 5-41　放样作业设置界面

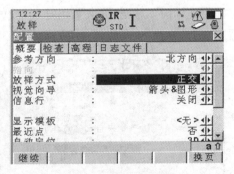

图 5-42　放样配置界面

在"参考方向"选择放样时的参考方向,如图 5-43 所示,如果仅放样点,可选为"北方向"或"面向棱镜"或者其他点方向,选定后的界面如图 5-44 所示。

参考方向选测站,再按 F1 继续到图 5-45 所示的正交放样界面,选择要放样点的点号,"后""右"后的数据表示棱镜仪器方向移动的距离。

如果是在线上放样,可选"待放样线方向"或者"已保存线方向",如图 5-46 所示。

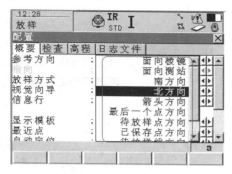

图 5-43　参考方向设置界面

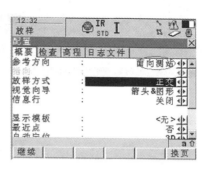

图 5-44　参考方向选择界面

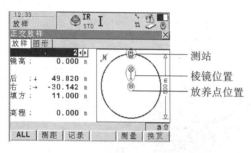

图 5-45　正交放样界面

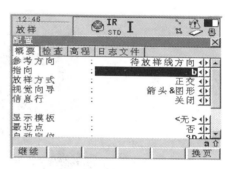

图 5-46　线上放样界面

选择好参考方向,在"指向"处需建立一条线作为参考线。光标移到指向处,按回车键出现图 5-47 所示的新建线上放样界面,按 F2 新建,出现图 5-48 所示的新建参考线界面。

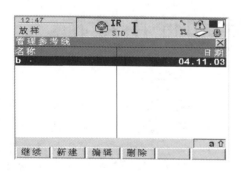

图 5-47　新建线上放样界面

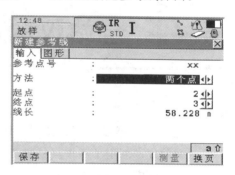

图 5-48　新建参考线界面

在"参考点号"处输入线名称,在"方法"处选择建立线的方法,可以用两个点,或者用一个已知点和已知方位角和线长来建立线。建好后按 F1 保存,进入图 5-49 所示的参考线设置界面,按 F1 继续,进入图 5-50 定线界面。

在定线界面,选定线,按 F1 继续,再按 F1 继续到放样界面,按 F2 测距进入图 5-51 所示的测距界面,按照图上指示的数据移动棱镜,直到数据在限差之内即可。按 F1 ALL 测存数据,再选另外的点继续放样。

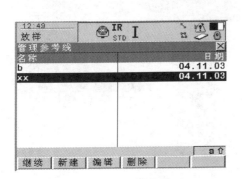

图 5-49　参考线设置界面

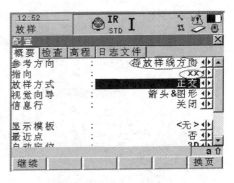

图 5-50　定线界面

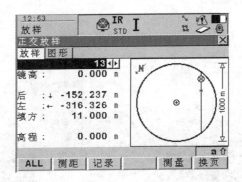

图 5-51　测距界面

任务 4 全站仪的检定和使用维护

全站仪的检测与调校,涉及一个非常重要的概念——限差。限差是对仪器误差最大范围的一种限制,在此限差内,仪器的正常使用应该保证其标称的精度指标。为了确保达到标称的精度指标,一般全站仪都制定了比较严格的工厂限差。同时,为了最大限度地允许仪器正常使用全站仪,全站仪也制定了较为宽松的允许偏差。

全站仪的检测与调校可分为三级:工厂、检定单位、用户。可想而知,以工厂和检定单位的检测与调校最为系统和完善,因为在那里,人员、设备和技术条件都是经过严格考核的。

工厂检测与调校目的是使全站仪符合工厂限差。检定单位检测与调校目的是使全站仪符合国家计量检定规程规定的限差。一般说来,在检定单位对仪器进行检定时,如果仪器误差在计量检定规程规定的限差(一般规程规定的限差略大于工厂限差,但远小于允许偏差)之内,则可定为合格产品,允许投入生产使用。

计量检定工作是一项非常严肃的技术工作,同时也是由政府及其授权的技术机构来实施的法制行为。全站仪在用于生产作业之前,必须通过严格的计量检定,获得合格的检定证书。目前,我国关于全站仪检定的计量规程有JJG 703—2003《光电测距仪检定规程》和JJG 100—2003《全站型电子速测仪检定规程》。

由于全站仪基本上是由电子经纬仪和电子测距仪组成,所以其检定一般分为以下两部分,即电子经纬仪的检定和电子测距仪的检定。

一、电子经纬仪的检定

电子经纬仪检定的主要项目有:①外观及键盘功能;②工作电压显示的正确性;③水准器轴与竖轴的垂直度;④照准部旋转的正确性;⑤照准误差 c、横轴误差 i、竖轴指标差 I;⑥照准部旋转时仪器基座的稳定度;⑦补偿器补偿范围及精度;⑧光学对中器视轴与竖轴的重合度;⑨望远镜调焦时视轴的变动误差;⑩一测回水平方向标准偏差;⑪一测回竖直角测角标准偏差。

在上述检定项目中,最重要的是一测回水平向标准偏差和一测回竖直角测角标准偏差,这两个检定项目反映了仪器的综合误差,至于其他检定项目,都是为了保证仪器综合误差不超过规定限差的要求。在用户手册中给出的诸多技术指标中,只有这两项才和检定证书的项目一一对应。而仪器检定本身的目的就是要以厂家给定的技术指标做检验,从而给出仪器合格、不合格或降级使用的结论。

标准偏差的检定方法一般使用多目标平行光管法,有些部门还使用多齿分度台法。经验表明,多齿分度台法测出的标准偏差一般高于多目标平行光管法。如果用户看到证书中提供的标准偏差数值大(精度低),不妨问一下是用哪种方法测得的,做到心中有数。

按照检定人员的职业习惯,在仪器检定前,一般要进行现场调整或校准(除个别不提供现场调整方法的厂家外),使仪器达到最佳工作状态。如前所述,经现场调整后的仪器残余误差很小。

二、光电测距仪的检定

光电测距仪检定的项目主要有如下几个:①外观与功能;②发射、接收、照准三轴关系的正确性;③调制光相位均匀性;④幅相误差;⑤电压变化对测距的影响;⑥周期误差;⑦测尺频率开机特性;⑧加常数与乘常数;⑨内符合精度;⑩测程;⑪标称精度的综合评定。

上述检定项目中,最重要的部分如测程、乘常数、标称精度等,其中加乘数与乘常数是所有检定项目中唯一需要用户在测量时作为改正数使用的。特别是加常数,证书中给出的数值是它与用户送检的棱镜配套的,一旦更换了棱镜,则需重新测量加常数。而对于乘常数,需要清楚的是,它是利用频率法得出的还是它是利用基线法得出的,并在实践中检验其可靠性。

(1)照准部水准轴应垂直于竖轴的检验和校正。检验时先将仪器大致整平,转动照准部使其水准管与任意两个脚螺旋的连线平行,调整脚螺旋使气泡居中,然后将照准部旋转180度,若气泡仍然居中则说明条件满足,否则应进行校正。

校正的目的是使水准管轴垂直于竖轴,即用校正针拨动水准管一端的校正螺钉,使气泡向正中间位置退回一半使竖轴竖直,再用脚螺旋使气泡居中即可。此项检验与校正必须反复进行,直到满足条件为止。

(2)十字丝竖丝应垂直于横轴的检验和校正。检验时用十字丝竖丝瞄准一清晰小点,使望远镜绕横轴上下转动,如果小点始终在竖丝上移动则条件满足,否则需要进行校正。校正时松开四个压环螺钉(装有十字丝环的目镜用压环和四个压环螺钉与望远镜筒相连接),转动目镜筒使小点始终在十字丝竖丝上移动,校好后将压环螺钉旋紧。

(3)视准轴应垂直于横轴的检验和校正。选择一水平位置的目标,盘左、盘右观测,取它们的读数(顾及常数180度)即得两倍的 c($c=1/2(\alpha_左-\alpha_右)$)。

(4)横轴应垂直于竖轴的检验和校正。选择在较高墙壁近处安置仪器。以盘左位置瞄准墙壁高处一点 p(仰角最好大于 $30°$),放平望远镜在墙上定出一点 m_1。倒转望远镜,盘右再瞄准 p 点,又放平望远镜在墙上定出另一点 m_2。如果 m_1 与 m_2 重合,则条件满足,否则需要校正。校正时,瞄准 m_1、m_2 的中点 m,固定照准部,向上转动望远镜,此时十字丝交点将不对准 p 点。抬高或降低横轴的一端,使十字丝的交点对准 p 点。此项检验也要反复进行,直到条件满足为止。

以上四项检验校正,以一、三、四项最为重要,在观测期间最好经常进行。每项检验完毕后必须旋紧有关的校正螺钉。

三、全站仪的使用与维护

1. 全站仪保管的注意事项

(1)仪器的保管由专人负责,每天现场使用完毕后带回办公室,不得放在现场工具箱内。

(2)仪器箱内应保持干燥,要防潮、防水并及时更换干燥剂。仪器必须放置在专门的架子上或固定位置。

(3)仪器长期不用时,应以一个月左右定期取出通风、防霉并通电驱潮,以保持仪器良好的工作状态。

(4)仪器放置要整齐,不得倒置。

2. 使用时的注意事项

(1)开工前应检查仪器箱背带及提手是否牢固。

(2)开箱后提取仪器前,要看准仪器在箱内放置的方式和位置;装卸仪器时,必须握住提手;将仪器从仪器箱取出或装入仪器箱时,应握住仪器提手和底座,不可握住显示单元的下部。切不可拿仪器的镜筒,否则会影响内部固定部件,从而降低仪器的精度。使用时应握住仪器的基座部分,或双手握住望远镜支架的下部。仪器用毕,先盖上物镜罩,并擦去表面的灰尘。装箱时各部位要放置妥帖,合上箱盖时应无障碍。

(3)在太阳光照射下观测时,应给仪器打伞,并带上遮阳罩,以免影响观测精度。在杂乱环境下测量时,要有专人守护仪器。当仪器架设在光滑的表面时,要用细绳(或细铅丝)将三脚架的三个脚联起来,以防滑倒。

(4)当架设仪器在三脚架上时,尽可能用木制三脚架,因为使用金属三脚架可能会产生振动,从而影响测量精度。

(5)当测站之间距离较远时,搬站时应将仪器卸下,装箱后背着走。行走前要检查仪器箱是否锁好,检查安全带是否系好;当测站之间距离较近时,搬站时可将仪器连同三脚架一起靠在肩上,但仪器要尽量保持直立放置。

(6)搬站之前,应检查仪器与脚架的连接是否牢固;搬运时,应把制动螺旋略微关住,使仪器在搬站过程中不致晃动。

(7)若仪器的任何部分发生故障时,不要勉强使用,应立即检修,否则会加剧仪器的损坏程度。

(8)光学元件应保持清洁,如沾染灰沙必须用毛刷或柔软的擦镜纸擦掉。禁止用手指抚摸仪器的任何光学元件表面。清洁仪器透镜表面时,请先用干净的毛刷扫去灰尘,再用干净的无线棉布沾酒精由透镜中心向外一圈圈地轻轻擦拭。除去仪器箱上的灰尘时切不可使用任何稀释剂或汽油,而应用干净的布块沾中性洗涤剂擦洗。

(9)在潮湿环境中工作时,作业结束后要用软布擦干仪器表面的水分及灰尘后装箱。回到办公室后立即开箱取出仪器放于干燥处,彻底晾干后再装箱内。

(10)冬天室内、室外温差较大时,若仪器搬出室外或搬入室内,应隔一段时间后才能开箱。

3.仪器转运时的注意事项

(1)首先把仪器装在仪器箱内,再把仪器箱装在专供转运用的木箱内,并在空隙处填以泡沫、海绵、刨花或其他防震物品。装好后将木箱或塑料箱盖子盖好。需要时应用绳子捆扎结实。

(2)无专供转运的木箱或塑料箱的仪器不应托运,应由测量员亲自携带。在整个转运过程中,要做到人不离开仪器,如乘车时,应将仪器放在松软物品上面,并用手扶着,在颠簸厉害的道路上行驶时,应将仪器抱在怀里。

(3)注意轻拿轻放、放正、不挤不压,无论天气如何,均要事先做好防晒、防雨、防震等措施。

4.电池的使用

全站仪的电池是全站仪重要的部件之一,现在全站仪所配备的电池一般为 Ni-MH(镍氢电池)和 Ni-Cd(镍镉电池),电池的好坏、电量的多少决定了外业时间的长短。

(1)建议在电源打开期间不要将电池取出,因为此时存储数据可能会丢失,因此请在电源关闭后再装入或取出电池。

(2)可充电池可以反复充电使用,但是如果在电池还存有剩余电量的状态下充电,则会缩短电池的工作时间。此时,电池的电压可通过刷新予以复原,从而改善作业时间,充足电的电池放电时间约需 8 个小时。

(3)不要连续进行充电或放电,否则会损坏电池和充电器,如有必要进行充电或放电,则应在停止充电约 30 分钟后再使用充电器。

(4)不要在电池刚充电后就进行充电或放电,这样会造成电池损坏。

(5)超过规定的充电时间会缩短电池的使用寿命,应尽量避免。

(6)电池剩余容量显示级别与当前的测量模式有关。在角度测量的模式下电池剩余容量够用,并不能够保证电池在距离测量模式下也能用,因为距离测量模式的耗电高于角度测量模式。当从角度模式转换为距离模式时,由于电池容量不足,会不时中止测距。

总之,只有在日常的工作中注意全站仪的使用和维护,注意全站仪电池的充、放电,才能延长全站仪的使用寿命,使全站仪的功效发挥到最大。

任务 5 GPS 的概述

GPS 即全球定位系统(Global Positioning System),是美国从 20 世纪 70 年代开始研制,历时 20 年,耗资 200 亿美元,于 1994 年全面建成的卫星导航定位系统。作为新一代的卫星导航定位系统,GPS 经过 20 多年的发展,已成为在航空航天、军事、交通运输、资源勘探、通信气象等所有的领域中一种被广泛采用的系统。我国测绘部门使用 GPS 也近 10 年了,最初它主要用于高精度大地测量和控制测量,建立各种类型和等级的测量控制网,现在它除了继续在这些领域发挥着重要作用外,还在测量领域的其他方面得到充分的应用,如用于各种类型的工程测量、变形观测、航空摄影测量、海洋测量和地理信息系统中地理数据的采集等。GPS 以测量精度高,操作简便,仪器体积小,便于携带,可全天候操作,观测点之间无须通视,测量结果统一在 WGS-84 坐标系下,信息自动接收、存储,减少繁琐的中间处理环节,具有高效益等显著特点,赢得广大测绘工作者的信赖。

GPS 系统是一种可以授时和测距的空间交会定点的导航系统,可向全球用户提供全球性、全天候、连续、实时、高精度的三维位置,三维速度和时间信息。它是在地面上用 GPS 接收机同时接收 4 颗以上的卫星信号,根据卫星的精确信号以求得地面点位置。1957 年世界上第一颗人造卫星发射成功后,利用卫星导航定位的研究提到了议事日程。1973 年 12 月,美国陆、海、空三军继"海军导航卫星系统"(简称"NNSS",1958 年开始研制,1964 年正式运行)后,开始联合研制新一代空间卫星导航定位系统,历时 20 多年,耗资 300 亿美元。其目的主要是为陆、海、空三大领域提供实时、全天候和全球性的导航服务,并用于情报收集、核爆监测和应急通信等军事目的,是美国独霸全球战略的重要组成部分。

GPS 系统的广泛应用,使得 GPS 信号接收机成为一些电子仪器厂家竞相生产的高技术产品。80 年代初,我国有关单位已开始研究 GPS 技术,并于 1987 年引进一批 GPS 接收机,至今进口各种类型的 GPS 接收机已有数千台,其中部分是导航型接收机,对于测地型的接收机,已引入了数百台。我国已成了 GPS 接收机的特大用户国。

我国自从 1970 年 4 月发射第一颗人造卫星以来,已成功发射了 30 多颗,今后 5 年将再发射 30 多颗,并引进各种接收机。GPS 技术在大地测量、工程测量、航空摄影测量、地球动力学、海洋测量、水下地形测绘等各个领域得到广泛的应用。GPS 技术在工程测量中具有广泛的应用前景,测量时无须通视,减少了常规方法的中间环节,因此,速度快、精度高,具有明显的经济和社会效益。

差分动态 GPS 在道路勘测方面主要应用于数字地面模型的数据采集、控制点的加密、中线放样、纵断面测量以及无须外控点的机载 GPS 航测等方面。1994 年 6 月在同济大学试验了 KART 实时相位差分卫星定位系统,其在 1 km 范围内达到了优于 2 cm 的精度,因此能够用于线路控制网的加密。GPS 测量包含三维信息,可用于数字地面模型的数据采集、中线放样以及纵断面测量。在中线平面位置放样的同时,可获得纵断面,在中线放样中需实时把基准站的数据由数据链传到移动站,从而提供移动站的实时位置。

因此,GPS技术率先在大地测量、工程测量、航空摄影测量、海洋测量、城市测量等测绘领域得到了应用,并在军事、交通、通信、资源、管理等领域展开了研究并得到广泛的应用。相对于常规测量来说,GPS测量主要有以下几个特点:

(1)测量精度高。GPS观测的精度明显高于一般常规测量,在小于50 km的基线上,其相对定位精度可达1×10^{-6},在大于1 000 km的基线上可达1×10^{-8}。

(2)测站间无须通视。GPS测量不需要测站间相互通视,可根据实际需要确定点位,使得选点工作更加灵活方便。

(3)观测时间短。随着GPS测量技术的不断完善、软件的不断更新,在进行GPS测量时,静态相对定位每站仅需20 min左右,动态相对定位仅需几秒钟。

(4)仪器操作简便。目前,GPS接收机自动化程度越来越高,操作智能化,观测人员只需对中、整平、量取天线高及开机后设定参数,接收机即可进行自动观测和记录。

(5)全天候作业。GPS卫星数目多,且分布均匀,可保证在任何时间、任何地点连续进行观测,一般不受天气状况的影响。

(6)提供三维坐标。GPS测量可同时精确测定测站点的三维坐标,其高程精度已可满足四等水准测量的要求。

GPS系统主要由三大部分组成,即空间部分、地面监控部分和用户装置部分,如图5-52所示。

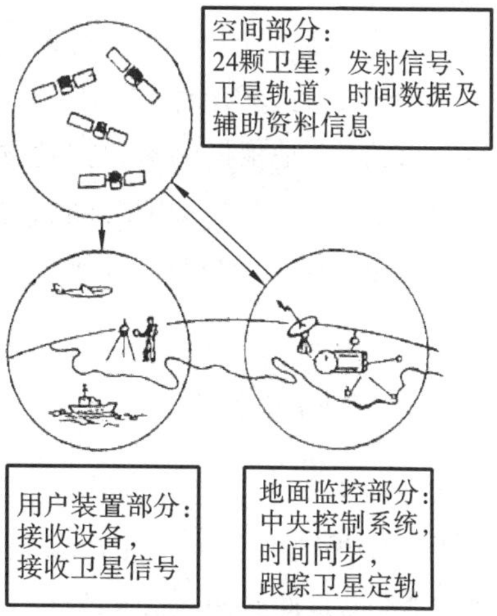

1. 空间部分

空间部分由分布在6个轨道面上的24颗卫星(21颗工作卫星和3颗备用卫星)组成,卫星上安置了精确的原子钟、发射和接受系统等装置。

2. 地面监控部分

地面监控部分由主控站(负责管理、协调整个地面系统的工作)、注入站(即地面天线,在主控站的控制下向卫星注入导航电文和其他命令)、监测站(数据自动收集中心)和通信辅助系统(数据传输)组成。

图 5-52　GPS 系统的组成

3. 用户装置部分

用户装置部分由天线、接收机、微处理机和输入输出设备组成。

任务 6 GPS 坐标系统与定位原理

GPS卫星是绕地球运行的运动物体,卫星所在的位置与其选择的坐标系统和时间系统是分

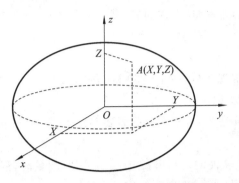

图 5-53　GPS 系统采用的世界大地坐标系

不开的。GPS 系统采用的是 WGS-84 世界大地坐标系(见图 5-53)。GPS 接收机观测得到的成果正是基于 WGS-84 世界大地坐标系,而用户的测量成果往往得属于某一国家或某一地区的大地坐标系,这就需要将 WGS-84 世界大地坐标转换成国家(或地区)的大地坐标,进而转换成平面直角坐标。WGS-84 世界大地坐标系是一种协议地球坐标系,其原点位于地球质量的中心。WGS-84 坐标系所采用的椭球体,称为 WGS-84 椭球体,椭球体的主要参数为:长半轴 $a = 6\,378\,137 \pm 2$ m,扁率 $\alpha = 1/298.257\,223\,563$。

一、GPS 测量中的常用坐标系

当涉及坐标系的问题时,有两个相关概念应当加以区分:一是大地测量的坐标系,它是根据有关理论建立的,不存在测量误差,同一个点在不同坐标系中的坐标转换也不影响点位;二是大地测量基准,它是根据测量数据建立的坐标系,由于测量数据有误差,所以大地测量基准也有误差,因而同一点在不同基准之间转换时将不可避免地产生误差。通常,人们对两个概念都用坐标系来表达,不加严格区分,如 WGS-84 坐标系和 1954 年北京坐标系实际上都是大地测量基准。

1. WGS-84 坐标系

WGS-84 坐标系是美国根据卫星大地测量数据建立的大地测量基准,是 GPS 目前所采用的坐标系。GPS 卫星发布的星历就是基于此坐标系的。用 GPS 所测的地面点位,如不经过坐标系的转换,也是此坐标系中的坐标。WGS-84 坐标系定义如表 5-1 所示。

表 5-1　WGS-84 坐标系定义

坐标系类型	WGS-84 坐标系属地心坐标系
原点	地球质量中心
z 轴	指向国际时间局定义的 BIH1984.0 的协议地球北极
x 轴	指向 BIH1984.0 的起始子午线与赤道的交点
参考椭球	椭球参数采用 1978 年第 17 届国际大地测量与地球物理联合会推荐值
椭球长半径	$a = 6\,378\,137$ m
椭球扁率	由相关参数计算的扁率:$\alpha = 1/298.257\,223\,563$

2. 1954 年北京坐标系

1954 年北京坐标系实际上是苏联的大地测量基准,属参心坐标系,参考椭球在苏联境内与大地水准面最为吻合,在我国境内,大地水准面与参考椭球面相差最大为 67 m。1954 年北京坐标系定义如表 5-2 所示。

表 5-2　1954 年北京坐标系定义

坐标系类型	1954 年北京坐标系属参心坐标系
原点	位于苏联的普尔科沃
z 轴	没有明确定义
x 轴	没有明确定义
参考椭球	椭球参数采用 1940 年克拉索夫斯基椭球参数
椭球半径	$a=6\,378\,245$ m
椭球扁率	由相关参数计算的扁率:$\alpha=1/298.3$

1954 年北京坐标系存在以下几个问题:①椭球参数与现代精确参数相差很大,且无物理参数;②该坐标系中的大地点坐标是经过局部分区平差得到的,在区与区的接合部,同一点在不同区的坐标值相差 1~2 m;③不同区的尺度差异很大;④坐标是从我国东北传递到西北和西南,后一区是以前一区的最弱部作为坐标起算点,因此有明显的坐标积累误差。

3.1980 年国家大地坐标系

1980 年国家大地测量坐标系是根据 20 世纪 50 至 70 年代观测的国家大地网进行整体平差建立的大地测量基准。椭球定位在我国境内与大地水准面最佳吻合。1980 年国家大地坐标系定义如表 5-3 所示。相对于 1954 年北京坐标系而言,1980 年国家大地坐标系的内符合性要好得多。1954 年北京坐标系和 1980 年国家大地坐标系中大地点的高程起算面是似大地水准面,是二维平面与高程分离的系统。而 WGS-84 坐标系中大地点的高程是以 WGS-84 椭球体作为高程起算面的,所以是完全意义上的三维坐标系。

表 5-3　1980 年国家大地坐标系定义

坐标系类型	1980 年国家大地坐标系属参心坐标系
原点	位于我国中部——陕西省泾阳县永乐镇
z 轴	平行于地球质心指向我国定义的 1 968.0 地极原点(JYD)方向
x 轴	起始子午面平行于格林尼治平均天文子午面
参考椭球	椭球参数采用 1975 年第 16 届国际大地测量与地球物理联合会的推荐值
椭球半径	$a=6\,378\,140$ m
椭球扁率	由相关参数计算的扁率:$\alpha=1/298.257$

测量学中有测距交会确定点位的方法。与其相似,无线电导航定位系统、卫星激光测距定位系统,其定位原理也是利用测距交会的原理确定点位。GPS 卫星发射测距信号和导航电文,导航电文中含有卫星的位置信息。用户用 GPS 接收机在某一时刻同时接收三颗以上的 GPS 卫星信号,测量出测站点(接收机天线中心)P 至三颗以上 GPS 卫星的距离并解算出该时刻 GPS

卫星的空间坐标,利用距离交会法解算出测站 P 的位置。

在 GPS 定位中,GPS 卫星是高速运动的卫星,其坐标随时间在快速变化着,因此需要实时由 GPS 卫星信号测量出测站至卫星之间的距离,实时由卫星的导航电文解算出卫星的坐标值,并进行测站点的定位。依据测距的原理,其定位原理与方法主要有伪距定位、载波相位定位以及差分定位等。

二、根据定位所采用的观测值

1. 伪距定位

伪距定位所采用的观测值为 GPS 伪距观测值,所采用的伪距观测值既可以是 C/A 码伪距,也可以是 P 码伪距。伪距定位的优点是数据处理简单,对定位条件的要求低,不存在整周模糊度的问题,可以非常容易地实现实时定位;其缺点是观测值精度低,C/A 码伪距观测值的精度一般为 3 m,而 P 码伪距观测值的精度一般也在 30 cm 左右,从而导致定位成果精度低。

2. 载波相位定位

载波相位定位所采用的观测值为 GPS 的载波相位观测值,即 L_1、L_2 或它们的某种线性组合。载波相位定位的优点是观测值的精度高,一般优于 2 mm;其缺点是数据处理过程复杂,存在整周模糊度的问题。

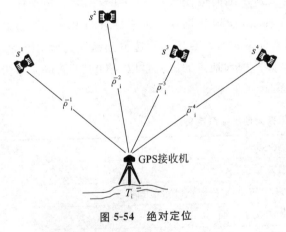

图 5-54　绝对定位

3. 绝对定位

绝对定位(见图 5-54)又称为单点定位,即利用 GPS 卫星和用户接收机之间的距离观测值直接确定用户接收机天线在 WGS-84 坐标系中相对于坐标系原点——地球质心的绝对位置。这是一种采用一台接收机进行定位的模式,它所确定的是接收机天线的绝对坐标。这种定位模式的特点是作业方式简单,可以单机作业。绝对定位一般用于导航和精度要求不高的应用中。

4. 相对定位

相对定位又称为差分定位。这种定位模式采用两台以上的接收机,同时对一组相同的卫星进行观测,以确定接收机天线间的相互位置关系。它是目前 GPS 定位中精度最高的一种定位方法。

GPS 定位的方法是多种多样的,可以根据不同的用途采用不同的定位方法。

三、GPS 测量的作业模式

近几年来,随着 GPS 定位后处理软件的发展,确定两点之间的基线向量,已有多种测量方案可供选择。这些不同的测量方案称为 GPS 测量的作业模式。其中,静态定位和动态定位为目前主要的作业模式。在 GPS 接收系统硬件和软件的支持下,普遍采用的 GPS 测量的作业模式有静态相对定位、快速静态相对定位、准动态相对定位和动态定位等。

1. 静态定位

所谓静态定位,指的是将接收机静置于测站上数分钟至 1 个小时或更长的时间进行观测,以确定一个点在 WGS-84 坐标系中的三维坐标(静态绝对定位)或两点之间的相对位置(静态相对定位)。

静态相对定位的作业方法为:采用两台(或两台以上)接收设备,分别安置在一条或数条基线的两个端点,同步观测 4 颗以上的卫星,每时段长 45 分钟至 2 个小时或更长。静态相对定位的作业布置如图 5-55 所示。

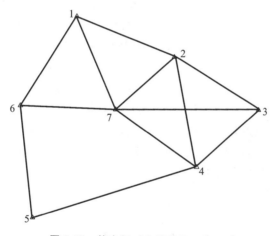

图 5-55　静态相对定位的作业布置

对于双频接收机,基线的定位精度可达 5 mm＋1 ppm・D,D 为基线长度(km);对于单频接收机,基线的定位精度可达 10 mm＋2 ppm・D,D 为基线长度(km)。

静态定位可适用于建立全球性或国家大地控制网,建立地壳运动检测网,建立长距离检校基线,进行岛屿与大陆联测、钻井定位及精密工程控制网建立等。注意事项:所有已观测基线应组成一系列封闭图形,以利于外业检核,提高成果可靠度,并且可以通过平差进一步提高定位精度。

2. 动态定位

与静态定位一样,动态定位也可分为绝对定位和相对定位。其特点是,支撑 GPS 接收机的平台是一运动载体。为确定运动载体的瞬时位置,可利用以测距码伪距或载波相位测量为根据的实时差分 GPS 测量技术。

实时动态(RTK)定位技术,是以载波相位观测量为根据的实时动态差分 GPS(RTD GPS)

测量技术,它是 GPS 测量技术发展中的一个新突破。实时动态测量的基本思想是在基准站上安置一台 GPS 接收机,对所有可见 GPS 卫星进行连续跟踪观测,并将其观测数据通过无线电传输设备,实时地发送给用户站。在用户站上,GPS 接收机在接收 GPS 卫星信号的同时,通过无线电接收设备,接收基准站传输的观测数据,然后根据相对定位的原理,实时计算并显示用户站的三维坐标及其精度。RTK 作业模式可分为快速静态测量、准动态测量和动态测量。

采用快速静态测量测量模式,要求 GPS 接收机在每一用户站上静止地进行观测。在观测过程中,连同接收机到基准站的同步观测数据,实时地解算整周未知数和用户站的三维坐标。如果解算结果的变化趋于稳定,且其精度已满足设计要求,便可适时地结束观测。

采用这种模式作业时,用户站的接收机在流动过程中可以不必保持对 GPS 卫星的连续跟踪,其定位精度可达 1~2 cm。这种方法可应用于城市、矿山等区域性的控制测量、工程测量和地籍测量等。

准动态测量模式通常要求流动的接收机在观测工作开始之前,首先在某一起始点上静止地进行观测,以便采用快速解算整周未知数的方法实时进行初始化工作。初始化后,流动的接收机在每一观测站上只需静止观测数历元,并连同基准站的同步观测数据实时解算流动站的三维坐标。目前,其定位的精度可达厘米级。

该方法要求接收机在观测过程中保持对所测卫星连续跟踪,一旦发生失锁,便需要重新进行初始化工作。准动态测量模式通常应用于地籍测量、碎部测量、路线测量和工程放样。

动态测量模式一般需要首先在某一起试点上静止地观测数分钟,以便进行初始化工作。之后,运动的接收机按预定的采样时间间隔自动进行观测,并连同基准站的同步观测数据,实时地确定采样点的空间位置。目前,其定位的精度可达厘米级。这种测量模式仍要求在观测过程中保持对观测卫星的连续跟踪。一旦发生失锁,则需重新进行初始化。动态测量模式主要应用于航道测量、道路中线测量,以及运动目标的精密导航等。目前,动态测量系统已在约 20 km 的范围内得到了成功的应用,相信随着数据传输设备性能和可靠性的不断完善和提高、数据处理软件功能的增强,它的范围将会不断地扩大。

任务 7　GPS 设备的安装

1. 架设基准站

基准站的架设(见图 5-56)包括电台天线的安装,电台天线、基准站接收机、DL3 电台、蓄电池之间的电缆连线。架设基准站时要求:①基准站应当选择在视野开阔的地方,这样有利于卫星信号的接收;②基准站应架设在地势较高的地方,以利于 UHF 无线信号的传送,如移动站距离较远,还需要增设电台天线加长杆。

当基准站启动好之后,把电台和基准站主机连接,如图 5-57 所示。电台通过电台天线发射差分数据。一般情况下,电台应设置一秒发射一次,即电台的红灯一秒闪一次,电台的电压一秒变化一次,每次工作时应根据以上现象判断电台工作是否正常。

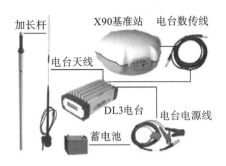

图 5-56　基准站的架设

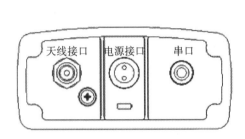
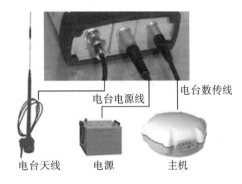

图 5-57　电台接口及其与基准站的连接

2. 坐标系管理

由配置进入坐标系管理界面,如图 5-58 所示,根据实际情况,进行坐标系的设置。选择已有坐标系进行编辑(主要是修改中央子午线,如标准的 1954 年北京坐标系中一定要输入和将要进行点校正的已知点相符的中央子午线)。或者新建坐标系,输入当地已知点所用的椭球参数及当地坐标的相关参数,而"基准转换""水平平差""垂直平差"都选"无",当进行完点校正后,校正参数会自动添加到"水平平差"和"垂直平差";如果已有转换参数可在"基准转换"中输入七参数或三参数,但不提倡此法。设置好后,选择"确定",即会替代当前任务里的参数,这样测量的结果就为经过转换的。如果新建一个任务则不需要重新做点校正,它会自动套用上一个任务的参数,到下一个测区新建任务后直接做点校正即可,选择"保存"会自动替代当前任务参数。

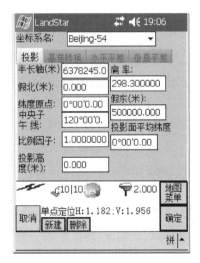

图 5-58　坐标系管理界面

3. 设置基准站

由配置进入基准站选项界面,如图 5-59 所示。"广播格式"一般默认为标准 CMR(当然也可以设为 RTCA 或 RTCM);一般"测站索引"(可输 1～99 等)和"发射间隔(秒)"一般为默认即可;"高度角"限制默认为 10 度,用户可根据当时、当地的收星情况适当改动;"天线高度(米)"为实测的斜高;"天线类型"选择为当时所用的天线(A100 或 A300);测量到选择测量仪器高所到位置,一般为"天线中部"。由于 CMR 具有较高的数据压缩比率,因此,建议用户选择 CMR;如果做 RTD,则应选用 RTCA;如果想选用 RTCM,发射间隔应输入 2 秒。

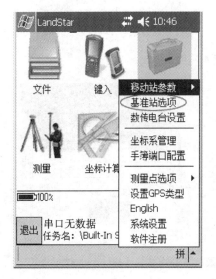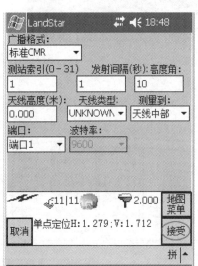

图 5-59　基准站选项界面

4.启动基准站接收机

由测量进入启动基准站接收机界面(如若没有与接收机连接则为灰色,不可用),如图 5-60 所示。输入"点名称"后选"此处"用单点定位的值来启动基准站,也可从"列表"中选已输入的已知点来启动(一般来说,在一个工作区第一次工作时用单点定位来启动,然后进行点校正;下一次工作时用上次工作点校正求得转换参数,仪器需架设在已知点且用此点的已知坐标启动基准站)。以单点定位启动为例,选择"此处"后再按"确定",在弹出的对话框中选择"确定",即保存启动基准站的所有设置到主机。(在基准站没有移动的情况下,下次工作时直接开启基准站即可正常工作;但移动基准站后一定要重新设置基准站,如果基准站被设为自启动,此时自启动已无效,需复位基准站主机后重新开、关接收机。)

基准站启动成功后,显示"成功设置了基站!",否则显示"设置基站不成功!",如图 5-61 所示。则需重新启动基准站(一般来说,用已知点启动时,如果输入的已知点和单点定位相差很大时,会出现此情况,造成原因一般为设置中央子午线或所用坐标错误)。

5.安装流动站

流动站的安装需要将移动站、天线对中杆,手簿等按图 5-62 所示的位置进行连接。

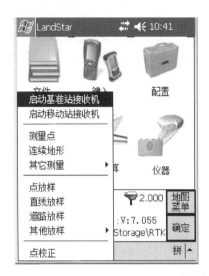

图 5-60　启动基准站接收机

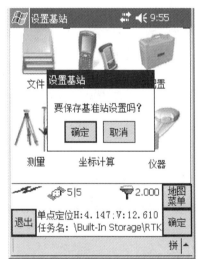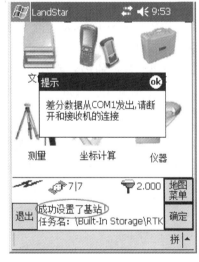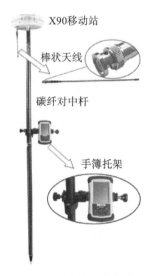

图 5-61　设置基准站　　　　　　　　图 5-62　流动站的安装

任务 8　GPS 测量工作

一、GPS 控制网的设计总述

一个完整的 GPS 控制网的技术设计主要应包含如下内容：

(1)项目来源,介绍项目的来源、性质,即项目由何单位或部门下达、发包,属于何种性质的项目等。

（2）测区概况，介绍测区的地理位置、气候、人文、经济发展状况、交通条件、通信条件等。这可为今后工程施测工作的开展提供必要的信息，如在施测时作业时间、交通工具的安排、电力设备使用、通信设备的使用等。

（3）工程概况，介绍工程的目的、作用、要求、GPS 网等级（精度）、完成时间、有无特殊要求等在进行技术设计、实际作业和数据处理中所必须要了解的信息。

（4）技术依据，介绍工程所依据的测量规范、工程规范、行业标准及相关的技术要求等。

（5）现有测绘成果，介绍测区内及与测区相关地区的现有测绘成果的情况，如已知点、测区地形图等。

（6）施测方案，介绍测量采用的仪器设备的种类、采取的布网方法等。

（7）作业要求，规定选点埋石要求、外业观测时的具体操作规程、技术要求等，包括仪器参数（如采样率、截止高度角等）的设置，对中精度、整平精度、天线高的量测方法及精度要求等。

（8）观测质量控制，介绍外业观测的质量要求，包括质量控制方法及各项限差要求等，如数据删除率、RMS 值、ratio 值、同步环闭合差、异步环闭合差、相邻点相对中误差、点位中误差等。

（9）数据处理方案，即详细的数据处理方案，包括基线解算和网平差处理所采用的软件和处理方法等内容。对于基线解算的数据处理方案，应包含基线解算软件、参与解算的观测值、解算时所使用的卫星星历类型等内容。对于网平差处理方案，应包含网平差处理软件、网平差类型、网平差时的坐标系、基准及投影、起算数据的选取等内容。

（10）提交成果要求，规定提交成果的类型及形式。若国家技术质量监督检验检疫总局或行业发布新的技术设计规定，应据之编写。

二、GPS 控制网的布网形式

GPS 控制网常用的布网形式有跟踪站式、会战式、多基准站式（枢纽点式）、同步图形扩展式、单基准站式五种。

1. 跟踪站式

1）布网形式

若干台接收机长期固定安放在测站上，进行常年、不间断的观测，即一年观测 365 天，一天观测 24 小时，这种观测方式很像跟踪站，因此，这种布网形式被称为跟踪站式。

2）特点

接收机在各个测站上进行不间断的连续观测，观测时间长、数据量大，而且在处理这种方式所采集的数据时，一般采用精密星历，因此，采用此种形式布设的 GPS 控制网具有很高的精度和框架基准特性。

每个跟踪站为保证连续观测，一般需要建立专门的、永久性建筑，即跟踪站，用以安置仪器设备，这使得这种布网形式的观测成本很高。

此种布网形式一般用于建立 GPS 跟踪站（AA 级网），对于普通用途的 GPS 控制网，由于此种布网形式观测时间长、成本高，故一般不被采用。

2. 会战式

1）布网形式

在布设 GPS 控制网时，一次组织多台 GPS 接收机，集中在一段不太长的时间内共同作业。在作业时，所有接收机在若干时间内分别在同一批点上进行多天、长时段的同步观测，在完成一批点的测量后，所有接收机又都迁移到另外一批点上进行相同方式的观测，直至所有的点观测完毕，这就是所谓的会战式的布网。

2）特点

会战式布设的 GPS 控制网，因为各基线均进行过较长时间、多时段的观测，因而具有极高的尺度精度。此种布网方式一般用于布设 A、B 级网。

3. 多基准站式

1）布网形式

若干台接收机在一段时间里长期固定在某几个点上进行长时间的观测，这些测站称为基准站。在基准站进行观测的同时，另外一些接收机则在这些基准站周围相互之间进行同步观测（见图 5-63）。

2）特点

多基准站式布设的 GPS 控制网，由于在各个基准站之间进行了长时间的观测，因此，可以获得较高精度的定位结果。这些高精度的基线向量可以作为整个 GPS 控制网的骨架，具较强的图形结构。

4. 同步图形扩展式

1）布网形式

多台接收机在不同测站上进行同步观测，在完成一个时段的同步观测后，又迁移到其他测站上进行同步观测，每次同步观测都可以形成一个同步图形，在测量过程中，不同的同步图形间一般有若干个公共点相连，整个 GPS 控制网由这些同步图形构成。

2）特点

同步图形扩展式布设的 GPS 网具有扩展速度快、图形强度较高，且作业方法简单的优点。同步图形扩展式是布设 GPS 网最常用的一种布网形式。

5. 单基准站式

1）布网形式

单基准站式又称作星形网方式，它是以一台接收机作为基准站，在某个测站上连续开机观测，其余的接收机在此基准站观测期间在其周围流动，每到一点就进行观测，流动的接收机之间一般不要求同步。这样，流动的接收机每观测一个时段就与基准站间测得一条同步观测基线，所有这样测得的同步基线就形成了一个以基准站为中心的星形网，如图 5-64 所示。流动的接收机有时也称为流动站。

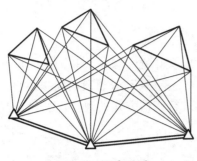

图 5-63　同步观测

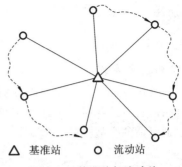

△ 基准站　　○ 流动站

图 5-64　基准站与流动站

2）特点

单基准站式的布网方式效率很高，但是由于各流动站一般只与基准站之间有同步观测基线，故图形强度很弱。为提高图形强度，一般需要每个测站至少进行两次观测。

三、GPS 控制网的设计、选点与埋石

GPS 控制网的设计的出发点是在保证质量的前提下，尽可能地提高效率，努力降低成本。因此，在进行 GPS 控制网的设计和测量时，既不能脱离实际的应用需求，盲目地追求不必要的高精度和高可靠性，也不能为追求高效率和低成本，而放弃对质量的要求。

GPS 控制网的布设应符合下列要求：①应根据测区的实际情况、精度要求、卫星状况、接收机的类型和数量以及测区已有的测量资料进行综合设计；②首级网布设时，宜联测 2 个以上的高等级国家控制点或地方坐标系的高等级控制点；③对控制网内的长边，宜构成大地四边形或中点多边形；④控制网应由独立观测边构成一个或若干个闭合环或附合路线；⑤各等级控制网中构成闭合环或附合路线的边数不宜多于 6 条；⑥各等级控制网中独立基线的观测总数不宜少于必要观测基线数的 1.5 倍；⑦加密网应根据工程需要，在满足《工程测量规范》（GB 50026—2007）精度要求的前提下可采用比较灵活的布网方式；⑧对于采用 GPS-RTK 测图的测区，在控制网的布设中应顾及参考站点的分布及位置。

GPS 控制点位的选定应符合下列要求：①点位应选在土质坚实、稳固可靠的地方，同时要有利于加密和扩展，每个控制点至少应有一个通视方向；②点位应选在视野开阔，高度角在 15°的范围内，且无障碍物；③点位附近不应有强烈干扰接收卫星信号的干扰源或强烈反射卫星信号的物体；④充分利用符合要求的旧有控制点。

四、GPS 控制网的观测

GPS 控制网观测主要包括制定观测计划、接收机的检验以及外业观测等。

1. 制定观测计划

外业观测，又称数据采集。由于外业观测时涉及多台接收机同步观测，所以在观测工作实施前，依据 GPS 网的布设方案、投入观测的接收机数量、可见性预报情况、观测时段长度、交通运

输和通信条件,选择最佳的观测时段,进行科学的调度,对顺利完成观测任务,进而提高效率是十分必要的。

GPS卫星的可见性预报,GPS卫星的空间几何分布对定位精度具有重要的影响,所以在选择最佳观测时段、制定观测计划时,一般需根据测区的概略坐标、观测日期,查看当日的GPS卫星数以及相应的PDOP值的变化情况。尽管当前的GPS工作卫星星座已经部署完毕,且可确保任何地区全天任何时间均能至少观测到5颗卫星,但最佳观测时段还是选择在PDOP小于6的时间范围内。

根据最优化的原则,作业调度表应综合考虑GPS网的布设方案、卫星的可见性预报、网的连接方式、各时段观测时间和交通情况,合理调配各接收机,进行科学的调度。作业调度表包括观测时段号、测站名称和接收机号等内容。

2.接收机检验

用于数据采集的GPS接收机一定要按照《全球定位系统(GPS)测量型接收机检定规程》CH 8016的规定进行检定,合格后方可使用。但在控制测量作业前,还需对GPS接收机和天线等设备进行全面检验。接收机在一般检视和通电检验后,还应进行GPS接收机内部噪声水平的测试、接收机天线平均相位中心稳定性检验和GPS接收机不同测程精度指标的测试,详见《全球定位系统(GPS)测量规范》GB/T 18314—2001及《全球定位系统(GPS)测量型接收机检定规程》(CH 8016—1995)的规定。

由于埋设的标石大都没有强制对中装置,因此,为了提高对中精度,还需检验基座圆水准器和光学对中器是否准确。同步观测的接收机,相应的参数设置要保持一致。其参数主要包括数据采样率和卫星高度角。通常在观测前,将各接收机统一进行参数设置,即数据采样率为10 s,卫星高度角15°。

3.外业观测

1)架设天线

在GPS点位或墩标上架设天线,保证天线严格对中与整平,并把天线定向标志指向北方。每时段观测前、后量取天线高各一次,当两次互差小于3 mm时,取两次平均值作为最后结果,同时详细记录天线高的量取方式。

2)开机观测

天线架设完成后,经检查接收机与电源、接收机与天线间的连接情况无误后,按作业调度表规定的时间开机作业,并逐项填写GPS外业测量手簿。

开机观测的具体操作步骤和方法依接收机的类型而异,但观测期间,操作员应注意以下几个方面:

(1)必须在接收机有关指示灯与仪表正常时,进行测站、时段信息输入;

(2)注意查看接收卫星数、卫星号、相位测量残差、实时定位结果及其变化、存储介质以及电源情况等;

(3)不得随意关机并重新启动,不准改动卫星高度角的限值,不准改变数据采样间隔和仪器高等信息。

3)GPS 外业测量手簿

GPS 外业测量手簿应全面记录测站的相关信息,应现场填写,并有可追溯性,以便内业计算时使用。手簿中应记录测站名称(测站号)、观测时段号、观测日期、观测者、测站类别(新选点、原等级控制点或水准点)、观测起止时间、接收机编号、对应天线号以及天线高的三次量取值和量取方式等。

4)数据存储

每日观测结束后,应及时将存储介质上的数据进行传输、拷贝,并及时将外业观测记录结果录入计算机,利用随机软件进行基线解算。

4. GPS 控制网的主要技术要求

根据中华人民共和国国家标准《工程测量规范》(GB 50026—2007),GPS 控制网的等级依次为二、三、四等和一、二级。其主要技术指标,应符合表 5-4 所示的规定。各等级控制网的基线精度,按下式计算:

$$\sigma = \sqrt{A^2 + (B \cdot d)^2}$$

式中:σ——基线长度中误差(mm);

A——固定误差(mm);

B——比例误差系数(mm/km);

d——平均边长(km)。

表 5-4　GPS 控制网的主要技术要求

等级	平均边长 /km	固定误差 A/mm	比例误差系数 B/(mm/km)	约束点间边长相对中误差	约束平差后最弱边相对中误差
二等	9	≤10	≤2	≤1/250 000	≤1/120 000
三等	4.5	≤10	≤5	≤1/150 000	≤1/70 000
四等	2	≤10	≤10	≤1/100 000	≤1/40 000
一级	1	≤10	≤20	≤1/40 000	≤1/20 000
二级	0.5	≤10	≤40	≤1/20 000	≤1/10 000

控制网的测量中误差,按下式计算:

$$m = \sqrt{\frac{1}{3N}\left[\frac{WW}{n}\right]}$$

式中:m——控制网的测量中误差(mm);

N——控制网中的异步环的个数;

n——异步环的边数;

W——异步环环线全长闭合差(mm)。

控制网的测量中误差,应满足相应等级控制网的基线精度要求,并符合下式的规定:

$$m \leqslant \sigma$$

五、GPS 观测及数据处理

GPS 控制测量作业的基本技术要求,应符合表 5-5 所示的规定。对于规模较大的测区,应编制作业计划。GPS 控制测量测站作业,在观测前,应对接收机进行预热和静置,同时应检查电池的容量、接收机的内存和可储存空间是否充足。

表 5-5　GPS 控制测量作业的基本技术要求

等级		二等	三等	四等	一级	二级
接收机类型		双频	双频或单频	双频或单频	双频或单频	双频或单频
仪器标称精度		10 mm+2 ppm	10 mm+5 ppm	10 mm+5 ppm	10 mm+5 ppm	10 mm+5 ppm
观测量		载波相位	载波相位	载波相位	载波相位	载波相位
卫星高度/°	静态	≥15	≥15	≥15	≥15	≥15
	快速静态	—	—	—	≥5	≥5
有效观测卫星数	静态	≥5	≥5	≥4	≥4	≥4
	快速静态	—	—	—	≥5	≥5
观测时段长度/min	静态	30～90	20～60	15～45	10～30	10～30
	快速静态	—	—	—	10～15	10～15
数据采样间隔/s	静态	10～30	10～30	10～30	10～30	10～30
	快速静态	—	—	—	5～15	5～15
点位几何图形强度因子 PDOP		≤6	≤6	≤6	≤8	≤8

天线安置的对中误差,不应大于 2 mm;天线高的量取应精确至 1 mm。观测中,应避免在接收机旁使用无线电通信工具。作业的同时,应做好测站记录,包括控制点点名、接收机序列号、仪器高、开关机时间等相关的测站信息。

对于测设基线的解算,应满足下列要求:起算点的单点定位观测时间,不宜少于 30 min;解算模式可采用单基线解算模式,也可采用多基线解算模式;解算成果,应采用双差固定解。

外业观测数据检验合格后,应按卫星定位测量控制网观测精度的评定对 GPS 控制网的观测精度进行评定。GPS 控制网的无约束平差,应符合下列规定:①应在 WGS-84 坐标系中进行三维无约束平差,并提供各观测点在 WGS-84 坐标系中的三维坐标、各基线向量三个坐标差观测值的改正数、基线长度、基线方位及相关的精度信息等;②无约束平差的基线向量改正数的绝对值,不应超过相应等级的基线长度中误差的 3 倍。

GPS 测量控制网的约束平差,应符合下列规定:①应在国家坐标系或地方坐标系中进行二维或三维约束平差;②对于已知坐标、距离或方位,可以强制约束,也可加权约束,约束点间的边长相对中误差,应满足表 5-4 中相应等级的规定;③平差结果,应输出观测点在相应坐标系中的二维或三维坐标、基线向量的改正数、基线长度、基线方位角,以及相关的精度信息,需要时,还应输出坐标转换参数及其精度信息;④控制网约束平差的最弱边边长相对中误差,应满足表 5-4 中相应等级的规定。

思考题

1. 简述后方交会法测量的步骤。

2. 简述全站仪三维坐标测量的观测步骤。

3. 全站仪综合检定的项目有哪些?

4. 如下图 A、B 为控制点。$X_A=321.11$ m,$Y_A=279.23$ m,$X_B=251.34$ m,$Y_B=351.89$ m。待测点 P 的设计坐标为 $X_P=358.09$ m,$Y_P=307.57$ m。试计算仪器架设在 A 点时用极坐标法测设 P 点放样数据 D_{AP} 和 β。

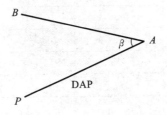

学习情境 6 平面控制测量

任务 1 控制测量概述

测量工作必须遵循"从整体到局部,先控制后碎部"的原则。在测区内选择若干有控制作用的点(控制点),按一定的规律和要求组成的网状几何图形,称为控制网。

控制网分为平面控制网和高程控制网:测量并确定控制点平面位置(x,y)的工作,称为平面控制测量;测量并确定控制点高程(H)的工作,称为高程控制测量。平面控制测量和高程控制测量统称为控制测量。

一、平面控制网

平面控制网可划分为国家控制网、城市控制网和小地区控制网等。

1. 国家控制网

国家控制网是在全国范围内建立的控制网,它是全国各种比例尺测图的基本控制并为确定地球的形状和大小提供研究资料。国家控制网按精度从高到低分为一、二、三、四等:一等控制网精度最高,是国家控制网的骨干,二等是在一等控制下建立的国家控制网的全面基础,三、四等是二等控制网的进一步加密。

国家控制网可分为国家平面控制网和国家高程控制网。国家平面控制网主要布设成三角网(锁),如图 6-1 所示。在困难地区可兼用精密导线测量方法,也可布设成三边网、边角网或导线网。国家高程控制网布设成水准网,如图 6-2 所示,包括闭合环线和附合水准路线。建立国家控制网是用精密的测量仪器及方法进行的。

2. 城市控制网

城市控制网为城市建设工程测量建立统一坐标系统而布设的控制网,它是城市规划、市政

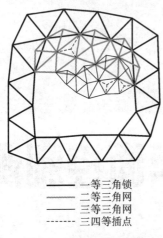

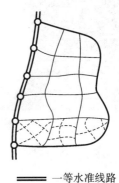

一等三角锁
二等三角网
三等三角网
------ 三四等插点

一等水准线路
二等水准线路
三等水准线路
------ 四等水准线路

图 6-1　国家平面控制网　　　　图 6-2　国家高程控制网

工程、城市建设(包括地下工程建设)以及施工放样的依据。城市建设控制网一般以国家控制网为基础,布设成不同等级的控制网。

特别值得说明的是,国家控制网和城市控制网的控制测量是由专业的测绘部门来完成的,其控制成果可从有关的测绘部门索取。

3. 小地区控制网

一般将面积在 15 平方千米以内,为大比例尺测图和工程建设而建立的控制网称为小地区控制网。国家控制网其控制点的密度对于测绘地形图或进行工程建设来讲是远远不够的,必须在国家控制网的基础上建立精度较低而又有足够密度的控制点来满足测图或工程建设的需要。

建立控制网可采用卫星定位测量、导线测量、三角形网测量等方法。

根据中华人民共和国国家标准《工程测量规范》(GB 50026—2007),对于平面控制网等级的划分如下:卫星定位测量控制网依次为二、三、四等和一、二级,导线及导线网依次为三、四等和一、二、三级,三角形网依次为二、三、四等和一、二级。

平面控制网的布设应遵循下列原则:

(1)首级控制网的布设应因地制宜,且适当考虑发展;当与国家坐标系统联测时,应同时考虑联测方案。

(2)首级控制网的等级应根据工程规模、控制网的用途和精度要求合理确定。

(3)加密控制网可越级布设或同等级扩展。

平面控制网的坐标系统,应在满足测区内投影长度变形不大于 2.5 cm/km 的要求下,做下列选择:

(1)采用统一的高斯投影 3°平面直角坐标系统。

(2)采用高斯投影 3°,投影面为测区抵偿高程面或测区平均高程面的平面直角坐标系统;或任意带,投影面为 1985 国家高程基准面的平面直角坐标系统。

(3)小测区或有特殊精度要求的控制网,可采用独立坐标系统。

(4)在已有平面控制网的地区,可沿用原有的坐标系统。

(5)厂区内可采用建筑坐标系统。

二、高程控制测量

高程控制测量的方法有水准测量和三角高程测量。高程控制测量精度等级的划分依次为二、三、四、五等。各等级高程控制测量宜采用水准测量,四等及以下等级可采用电磁波测距三角高程测量,五等也可采用GPS拟合高程测量。首级高程控制网的等级,应根据工程规模、控制网的用途和精度要求合理选择。首级网应布设成环形网,加密网宜布设成附合路线或结点网。测区的高程系统,宜采用1985国家高程基准。在已有高程控制网的地区测量时,可沿用原有的高程系统;当小测区联测有困难时,也可采用假定高程系统。高程控制点间的距离,一半地区应为1~3 km,工业厂区、城镇道路区宜小于1 km,但一个测区及周围至少应有3个高程控制点。

三、小区域平面控制测量

在小区域(面积不超过15 km^2)内建立的平面控制网,称为小区域平面控制网。小区域平面控制网应尽可能与当地已经建成的国家或城市控制网联测,并以国家或城市控制网的数据作为起算和校核标准。如果测范围附近没有合适的高等级控制点,或附近有合适的高级控制点但不方便联测,也可以建立测区独立控制网。

小区域平面控制网亦应由高级到低级分级建立。测区范围内建立的最高一级的控制网,称为首级控制网;最低一级的,即直接为测图而建立的控制网,称为图根控制网。首级控制与图根控制的关系如表6-1所示。

表6-1 首级控制与图根控制

测区面积/km^2	首级控制	图根控制
1~10	一级小三角或一级导线	两级控制
0.5~2	一级小三角或一级导线	两级控制
0.5以下	图根控制	—

直接用于地形测图的控制点称为图根控制点,简称图根点。图根点位置的测定工作,称为图根控制测量。图根点的密度取决于测图比例尺和地形的复杂程度,具体应符合表6-2所示的规定。

表6-2 图根点密度

测图比例尺	图根点密度/(点/km^2)
1:5 000	5
1:2 000	15
1:1 000	50
1:500	150

任务 2 导线测量

一、导线的布设形式

相邻控制点用直线连接,总体所构成的折线形式,称为导线。构成导线的控制点统称为导线点。导线测量是对建立的导线而言,依次测定各导线的边长和各转折角,根据起算数据(高级控制点的平面坐标和高程),推算各边的坐标方位角,从而求出各导线点的坐标。

由于导线在布设上具有较强的机动性和灵活性,因此,导线测量是建立小地区平面控制网常用的方法之一。

根据测区内的高级控制点分布情况和测区自身平面形状等情况,导线可布设成如下几种形式。

1. 附合导线

导线从某一已知点 B 出发,经 1、2、3 等点(新布设的未知的控制点)后,最终附合到另一已知点 C 上。这种布设在两个已知点间的导线形式,称为附合导线,如图 6-3 所示。由于 B、C 两高级控制点的坐标已知,故该布设形式对观测成果有严密的检核作用。

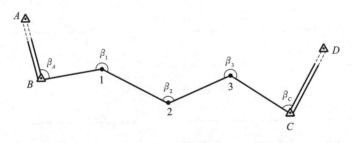

图 6-3 附合导线

2. 闭合导线

导线从一已知控制点 B 出发,经 1、2、3、4 等点后,最终仍回到该已知点 B,构成了一闭合多边形。这种起讫于同一已知点的导线形式,称为闭合导线,如图 6-4 所示。该导线形成的闭合多边形,在客观上对于观测成果具有严密的检核作用。

3. 支导线

从一已知控制点出发,既不附合到另一个已知控制点,也不回到原来的起始点,这种导线形式称为支导线,图 6-5 所示。支导线没有检核条件,不易发现测量工作中的错误,一般不宜采用。

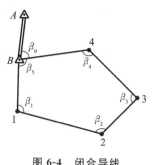

图 6-4　闭合导线

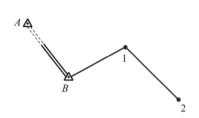

图 6-5　支导线

二、导线测量的等级

导线及导线网依次可分为三、四等和一、二、三级,其主要技术要求见表6-3,可作为实际工作的参考。工作中应依据测量的性质、用途来选择相应的测量规范。

表 6-3　导线测量的主要技术要求

等级	导线长度/km	平均边长/km	测量中误差/m	测距中误差	测距相对中误差	测回数			方位角闭合差/"	导线全长相对闭合差
						1"级仪器	2"级仪器	6"级仪器		
三等	14	3	1.8	20	1/150 000	6	10	—	$3.6\sqrt{n}$	≤1/55 000
四等	9	1.5	2.5	18	1/80 000	4	6	—	$5\sqrt{n}$	≤1/35 000
一级	4	0.5	5	15	1/30 000	—	2	4	$10\sqrt{n}$	≤1/15 000
二级	2.4	0.25	8	15	1/14 000	—	1	3	$16\sqrt{n}$	≤1/10 000
三级	1.2	0.1	12	15	1/7 000	—	1	2	$24\sqrt{n}$	≤1/15 000

注:表中 n 为测站数;当测区测图的最大比例尺为 1∶1 000 时,一、二、三级导线的导线长度、平均边长可适当放长,但最大长度不应大于表中规定的相应长度的2倍。

三、外业作业

外业作业前,应首先在地形图上做出导线的整体布置设计,然后到野外踏勘。设计方案经踏勘证实符合实地情况,或做了必要的修改后,即可实地选定各导线点的位置,并桩定之或埋设标石。在对测量仪器进行检校后便可根据这些标点进行测角和量边工作。

1. 导线的布设

不同的测量目的,对导线的形式、平均边长、导线总长以及导线点的位置都有一定的要求。所以,根据测区现有地形图进行整体设计、到现场实地踏勘并做出相应修改等十分必要。

导线网的布设应符合下列规定:

(1)导线网用作测区的首级控制时,应布设成环形网,且宜联测 2 个已知方向。

(2)加密网可采用单一附合导线或结点导线网形式。

(3)结点间或结点与已知点间的导线段宜布设成直伸形状,相邻边长不宜相差过大,网内不同环节上的点也不宜相距过近。

导线点位的选定应符合下列规定:

(1)点位应选在土质坚实、稳固可靠、便于保存的地方,视野应相对开阔,便于加密、扩展和寻找。

(2)相邻点之间应通视良好,其视线距障碍物的距离,三、四等不宜小于 1.5 m,四等以下宜保证便于观测,以不受旁折光的影响为原则。

(3)当采用电磁波测距时,相邻点之间的视线应避开烟囱、散热塔、散热池等发热体及强电磁场。

(4)相邻两点之间的视线倾角不宜过大。

(5)充分利用旧有控制点。

导线点位置选好后,要在地面上标定下来。导线点的埋石应符合下列规定:

(1)三、四等平面控制点标志可采用磁质或金属等材料制作,其规格如图 6-6 和图 6-7 所示。

(2)一、二级平面控制点及三级导线点、埋石图根点等平面控制点标志可采用 $\phi14\sim\phi20$ mm、长度为 $30\sim40$ cm 的普通钢筋制作,钢筋顶端应锯"+"字标记,距底端约 5 cm 处应弯成钩状。

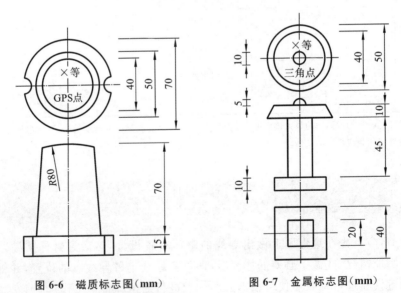

图 6-6　磁质标志图(mm)　　　　图 6-7　金属标志图(mm)

(3)三等平面控制点标石规格及埋设结构图如图 6-8 所示,柱石与盘石间应放 1~2 cm 厚粗砂,两层标石中心的最大偏差不应超过 3 mm。

(4)四等平面控制点可不埋盘石,但柱石高度应适当加大。一、二级平面控制点标石规格及埋设结构图如图 6-9 所示。三级导线点、埋石图根点的标石规格及埋设结构,可参照图 6-9 略缩小或自行设计。

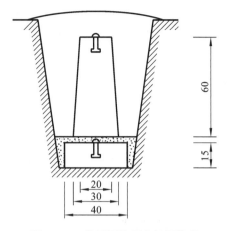

图 6-8 三等平面控制点标石规格
及埋设结构图(cm)

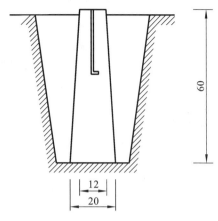

图 6-9 一、二级平面控制点标石规格
及埋设结构图(cm)

2. 水平角观测及其精度评定

水平角观测所使用的全站仪、电子经纬仪和光学经纬仪等测量仪器,应符合下列相关规定:

(1)照准部旋转轴正确性指标:管水准器气泡或电子水准器长气泡在各位置的读数较差,1″级仪器不应超过 2 格,2″级仪器不应超过 1 格,6″级仪器不应超过 1.5 格。

(2)光学经纬仪的测微器行差及隙动差指标:1″级仪器不应大于 1″,2″级仪器不应大于 2″。

(3)水平轴不垂直于垂直轴之差指标:1″级仪器不应超过 10″,2″级仪器不应超过 15″,6″级仪器不应超过 20″。

(4)补偿器的补偿要求,在仪器补偿器的补偿区间,对观测成果应能进行有效补偿。

(5)垂直微动旋转使用时,视准轴在水平方向上不产生偏移。

(6)仪器的基座在照准部旋转时的位移指标:1″级仪器不应超过 0.3″,2″级仪器不应超过 1″,6″级仪器不应超过 1.5″。

(7)光学(或激光)对中器的视轴(或射线)与竖轴的重合度不应大于 1 mm。

水平角观测适宜采用方向观测法,并符合下列技术指标(见图 6-4)。①方向观测法的技术要求,不应超过表 6-4 的规定。②当观测方向不多于 3 个时,可不归零。③当观测方向多于 6 个时,可进行分组观测。分组观测应包括 2 个共同方向(其中一个为共同零方向)。其两组观测角之差,不应大于同等级测角中误差的 2 倍。分组观测的最后结果,应按等权分组观测进行测站平差;各测回间应配置度盘。水平角的观测值应取各测回的平均数作为测站成果。

表 6-4 水平角采用方向观测法的技术要求

等级	仪器精度等级	光学测微器两次重合读数只差/″	半测回归零差/″	一测回内2C互差/″	同一方向值各测回较差/″
四等及以上	1″级仪器	1	6	9	6
	2″级仪器	3	8	13	9
一级及以下	2″级仪器	—	12	18	12
	6″级仪器		18	—	24

三、四等导线的水平角观测,当测站只有两个方向时,应在观测总测回中以奇数测回的度盘位置观测导线前进方向的左角,以偶数测回的度盘位置观测导线前进方向的右角。左右角的测回数为总测回数的一半。但在观测右角时,应以左角起始方向为准变换度盘位置,也可用起始方向的度盘位置加上左角的概值在前进方向配置度盘。左角平均值与右角平均值之和与 $360°$ 之差,不应大于表 6-3 中相应等级导线测角中误差的 2 倍。

水平角观测的测站作业,应符合下列规定。①仪器或反光镜的对中误差不应大于 2 mm。②在水平角观测过程中,气泡中心位置偏离中心不宜超过 1 格。四等及以上等级的水平角观测,当观测方向的垂直角超过 $±3°$ 的范围时,应在测回间重新整置气泡位置。有垂直轴补偿器的仪器,可不受此限制。③如受外界因素(如震动)的影响,仪器的补偿器无法正常工作或超出补偿器的补偿范围时,应停止观测。④当测站或照准目标偏心时,应在水平角观测前或观测后测定归心元素。测定时,投影示误三角形的最长边,对于标石、仪器中心的投影不应大于 5 mm,对于照准标志中心的投影不应大于 10 mm。投影完毕后,除标石中心外,其他各投影中心均应描绘两个观测方向。角度元素应量至 $15'$,长度元素应量至 1 mm。

水平角观测误差超限时,应在原来度盘位置上重测,并应符合下列规定。①一测回内 $2C$ 互差或同一方向值各测回较差超限时,应重测超限方向,并联测零方向。②下半测回归零差或零方向的 $2C$ 互差超限时,应重测该测回。③若一测回中重测方向数超过总方向数的 1/3 时,应重测该测回。当重测的测回数超过总测回数的 1/3 时,应重测该站。

首级控制网所联测的已知方向的水平角观测,应按首级网相应等级的规定执行。

每日观测结束,应对外业记录手簿进行检查,当使用电子记录时,应保存原始观测数据,打印输出相关数据和预先设置的各项限差。

3. 量距工作及其精度评定

量距工作对于一级及以上等级控制网的边长,应采用中、短程全站仪或电磁波测距仪测距,一级以下可采用普通钢尺量距。其中,中、短程测距仪器的划分方法,短程为 3 km 以下,中程为 $3\sim15$ km。

测距仪器的标称精度,按 $M_D=a+b×D$ 表示。式中:M_D——测距中误差(mm);a——标称精度中的固定误差(mm);b——标称精度中的比例误差系数(mm/km);D——测距长度(km)。

测距仪器及相关的气象仪表应及时校验。当在高海拔地区使用空盒气压表时,宜送当地气象台(站)校准。

各等级控制网边长测距采用的不同仪器或工具应满足表 6-5、表 6-6 规定的主要技术要求。

表 6-5　测距的主要技术要求

平面控制网等级	仪器精确度等级	每边测回数		一测回读数校差/mm	单程各测回校差/mm	往返测距校差/mm
		往	返			
三等	5 mm 级仪器	3	3	≤5	≤7	≤2$(a+b×D)$
	10 mm 级仪器	4	4	≤10	≤15	
四等	5 mm 级仪器	2	2	≤5	≤7	
	10 mm 级仪器	3	3	≤10	≤15	

续表

平面控制网等级	仪器精确度等级	每边测回数		一测回读数校差/mm	单程各测回校差/mm	往返测距校差/mm
		往	返			
一级	10 mm 级仪器	2	—	≤10	≤15	—
二、三级	10 mm 级仪器	1	—	≤10	≤15	

注:测回是指照准目标一次,读数2~4次的过程;困难情况下,边长测距可采取不同时间段测量代替往返观测。

表 6-6　普通钢尺量距的主要技术要求

等级	边长量距校差相对误差	作业尺数	量距总次数	定线最大偏差/mm	尺段高差校差/mm	读定次数	估读值至/mm	温度读数值至/℃	同尺各次或同段各尺的校差/mm
二级	1/20 000	1~2	2	50	≤10	3	0.5	0.5	≤2
三级	1/10 000	1~2	2	70	≤10	2	0.5	0.5	≤3

注:量距边长应进行温度、坡度和尺长改正;当检定钢尺时,其相对误差不应大于1/100 000。

测距作业应符合下列规定:

(1)测站对中误差和反光镜对中误差不应大于2 mm。

(2)当观测数据超限时,应重测整个测回,如观测数据出现分群时,应分析原因,采取相应措施重新观测。

(3)四等及以上等级控制网的边长测量,应分别量取两端点观测始末的气象数据,计算时取平均值。

(4)测量气象元素的温度计宜采用通风干湿温度计,气压表宜选用高原型空盒气压表;读数前应将温度计悬挂在离开地面和人体1.5 m以外阳光不能直射的地方,且读数精确至0.2 ℃;气压表应置平,指针不应滞阻,且读数精确至50 Pa。

(5)当测距边用电磁波测距三角高程测量方法测定的高差进行修正时,垂直角的观测和对向观测高差校差要求,可按中华人民共和国国家标准《工程测量规范》(GB 50026—2007)电磁波测距三角高程测量中五等电磁波测距三角高程测量的有关规定放宽1倍执行。

每日观测结束,应对外业记录进行检查。当使用电子记录时,应保存原始观测数据,打印输出相关数据和预先设置的各项限差。

四、内业作业

根据两点的坐标求算两点构成的直线的距离及坐标方位角称为坐标反算。当导线与高级控制点连接时,一般应利用高级控制点的坐标,反算出高级控制点构成直线的距离及坐标方位角,作为导线计算的起算数据与检核的依据。此外,在施工放样前,也要利用坐标反算出放样数据。其计算公式如下:

$$\Delta X_{AB} = D_{AB}\cos\alpha_{AB}$$
$$\Delta Y_{AB} = D_{AB}\sin\alpha_{AB}$$

由上两式得：
$$\tan\alpha_{AB} = \frac{\Delta Y_{AB}}{\Delta X_{AB}} = \frac{y_B - y_A}{x_B - x_A}$$

即
$$\alpha_{AB} = \arctan\frac{y_B - y_A}{x_B - x_A}$$

用计算器计算时，α_{AB} 有正有负，此时应根据 ΔX_{AB}、ΔY_{AB} 的正负号先确定 AB 直线所在的象限，之后按 $\alpha_{AB} = \arctan\frac{y_B - y_A}{x_B - x_A}$ 计算方位角。

AB 两点之间的距离可用下式进行计算：
$$D_{AB} = \sqrt{(x_B - x_A)^2 + (y_B - y_A)^2}$$

坐标反算换算表见表 6-7。

表 6-7　坐标反算换算表

AB 直线所在象限	方位角
第一象限（ΔX、ΔY 同正）	$\alpha_{AB} = \arctan\frac{y_B - y_A}{x_B - x_A}$
第二象限（ΔX 为负、ΔY 为正）	$\alpha_{AB} = 180° + \arctan\frac{y_B - y_A}{x_B - x_A}$
第三象限（ΔX、ΔY 同负）	$\alpha_{AB} = 180° + \arctan\frac{y_B - y_A}{x_B - x_A}$
第四象限（ΔX 为正、ΔY 为负）	$\alpha_{AB} = 360° + \arctan\frac{y_B - y_A}{x_B - x_A}$

计算前应全面检查导线测量外业记录，检查数据是否齐全，有无记错、算错，结果是否符合该导线等级的精度要求，起算数据是否翔实可靠等。

导线测量的内业作业是根据起始点（高级控制点）的坐标和起始方位角，以及外业所测得的导线边长和转折角，来计算各导线点的坐标。

任务 3　三角网测量

三角形网测量是按规范要求在地面上选择一系列具有控制作用的控制点，组成互相连接的三角形网，用精密仪器观测所有三角形的内角，并精确测定起始边的边长和方位角，按三角形的边角关系逐一推算其余边长和方位角，最后计算出各点的坐标。

一、三角形网测量简介

与导线测量相比，三角形网测量的主要特点是控制面积大而量距工作少，它广泛应用于丘陵、山区、桥梁及隧道等工程的建设中。

1.三角形网测量的主要技术要求

(1)各等级三角形网测量的主要技术要求应符合表6-8所示的规定。

表6-8　三角形网测量的主要技术要求

等级	平均边长/km	测角中误差/″	侧边相对中误差	最弱边边长相对中误差	测回数			三角形最大闭合差/″
					1″级仪器	2″级仪器	6″级仪器	
二等	9	1	≤1/250 000	≤1/120 000	12			3.5
三等	4.5	1.8	≤1/150 000	≤1/70 000	6	9		7
四等	2	2.5	≤1/100 000	≤1/40 000	4	6		9
一级	1	5	≤1/40 000	≤1/20 000		2	4	15
二级	0.5	10	≤1/20 000	≤1/10 000		1	2	30

注:当测区两图的最大比例尺为1∶1 000时,一、二级网的平均边长可适当放长,但不应大于表中规定长度的2倍。

(2)三角形网中的角度宜全部观测,边长可根据需要选择观测或全部观测;观测的角度和边长均应作为三角形网中的观测量参与平差计算。

(3)首级控制网定向时,方位角传递宜联测2个已知方向。

2.三角形网的设计、选点与埋石

三角形网测量作业前,应进行资料收集和现场踏勘,对收集到的相关控制资料和地形图(以1∶100 000~1∶10 000为宜)应进行综合分析,并在图上进行网形设计和精度估算,在满足精度要求的前提下,合理确定网的精度等级和观测方案。

三角形网的布设应符合下列要求:

(1)首级控制网中的三角形,宜布设为近似等边三角形。其三角形的内角不应小于30°;当受地形条件限制时,个别角可放宽,但不应小于25°。

(2)加密的控制网,可采用插网、线形网或插点等形式。

(3)三角形网点位的选定应符合规定,二等网视线与障碍物的距离不宜小于2 m。

三角形网点位的埋石应符合《工程测量规范》(GB 50026—2007)附录B的规定,二、三、四等点应绘制点之记,其他按制点可视需要而定。

二、三角形网观测

(1)三角形网的水平角观测,宜采用方向观测法。二等三角形网也可采用全组合观测法。

(2)三角形网的水平角观测,除满足表6-8的规定外,其他要求按上述导线测量的有关规定执行。

（3）二等三角形网测距边的边长测量除满足表 6-8 和表 6-9 的规定外，其他技术要求按上述导线测量的有关规定执行。

表 6-9　二等三角形网边长测量主要技术要求

平面控制网等级	仪器精度等级	每边测回数		一测回读书高差/mm	单程各测回高差/mm	往返测距高差/mm
		往	返			
二等	5 mm 级仪器	3	3	≤5	≤7	$\leqslant 2(a+b \cdot D)$

注：测回是指照准目标一次，读数 2～4 次的过程；根据具体情况，测边可采用不同时间段测量代替往返观测。

（4）三等及以下等级的三角形网测距边的边长测量，除满足表 6-8 外，其他要求按上述导线测量的有关规定执行。

三、三角形网测量数据处理

（1）当观测数据中含有偏心测量成果时，应首先进行归心改正计算。

（2）三角形网的测角中误差，应按 $m_\beta = \sqrt{\dfrac{[WW]}{3n}}$ 计算。式中：m_β——测角中误差（″）；W——三角形闭合差（″）；n——三角形的个数。

（3）水平距离计算和测边精度评定按前述导线测量中水平距离计算和测边精度评定的相关内容执行。

（4）当测区需要进行高斯投影时，四等及以上等级的方向观测值，应进行方向改化计算。四等网也可采用简化公式。

方向改化计算公式为：

$$\delta_{1,2} = \frac{\rho}{6R_m^2}(x_1 - x_2)(2y_1 + y_2)$$

$$\delta_{2,1} = \frac{\rho}{6R_m^2}(x_2 - x_1)(y_1 + 2y_2)$$

方向改化简化计算公式为：

$$\delta_{1,2} = -\delta_{2,1} = \frac{\rho}{2R_m^2}(x_1 - x_2)y_m$$

式中：$\delta_{1,2}$——测站点 1 向照准点 2 观测方向的方向改化值（″）；$\delta_{2,1}$——测站点 2 向照准点 1 观测方向的方向改化值（″）；x_1、y_1、x_2、y_2——1、2 两点的坐标值（m）；R_m——测距边中点处在参考椭球面上的平均曲率半径（m）；y_m——1、2 两点的横坐标平均值（m）。

（5）高山地区二、三等三角形网的水平角观测，如果垂线偏差和垂直角较大，其水平方向观测值应进行垂线偏差的修正。

任务 4 GPS 控制网

一、GPS 定位测量原理

利用 GPS 进行定位的基本原理,是以 GPS 卫星和用户接收机天线之间距离(或距离差)的观测量为基础,并根据已知的卫星瞬时坐标来确定用户接收机所对应的点位,即待定点的三维坐标 (x,y,z)。由此可见,GPS 定位的关键是测定用户接收机天线至 GPS 卫星之间的距离。根据测距原理的不同,GPS 定位方式可分为伪距定位、绝对定位和相对定位。

1. 伪距定位

GPS 卫星能够按照星载时钟发射某一结构为"伪随机噪声码"的信号,称为测距码信号(即粗码 C/A 码或精码 P 码)。该信号从卫星发射经时间 Δt 后,到达接收机天线。用信号传播时间 Δt 乘以电磁波在真空中的速度 c,就是卫星至接收机的空间几何距离 p,即

$$p = \Delta t \cdot c$$

2. 绝对定位

绝对定位(见图 6-10)一般称为单点定位。利用 GPS 进行绝对定位的基本原理是以 GPS 卫星和用户接收机之间的距离观测量为基础,把 GPS 卫星看成是飞行的已知点,根据已知的卫星瞬时坐标(根据卫星的轨道参数可确定其瞬时位置)来确定观测站的位置,这种方法的实质是空间距离的后方交会。在一个观测站上,原则上须有 3 个独立的观测距离才可以算出测站的坐标,这时观测站应位于以 3 颗卫星为球心,相应距离为半径的球面与地面交线的交点上。因此,接收机对这 3 颗卫星的点位坐标分量再加上钟差参数,共有 4 个未知数,所以至少需要 4 个同步伪距观测值,也就是说至少必须同时观测 4 颗卫星。

绝对定位方法的优点是只需一台收机,数据处理比较简单,定位速度快,但其缺点是精度较低。

3. 相对定位

相对定位(见图 6-11)是目前 GPS 定位中精度最高的一种定位方法。相对定位的基本情况是,用 2 台 GPS 接收机分别安置在同步观测边(基线)的两端,并同步观测相同的 GPS 卫星(至少为 3 颗),以确定基线端点在地心坐标系中的相对位置或基线向量。

当然,也可以使用多台接收机分别安置在若干条基线的端点,通过同步观测以确定各条基线的向量数据。相对定位也可按用户接收机在测量过程中所处的状态分为静态相对定位和动态相对定位两种。静态相对定位的最基本情况是用 2 台 GPS 接收机分别安置在基线的两端,

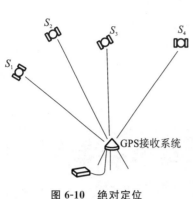

图 6-10　绝对定位

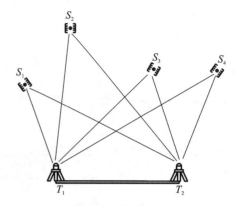

图 6-11　相对定位

固定不动,同步观测相同的 GPS 卫星,以确定基线端点在坐标系中的相对位置或基线向量。由于在测量过程中,通过重复观测取得了充分的观测数据,因而提高了 GPS 定位的精度。

定位的数据处理有两种方式:一种是实时处理,另一种是测后处理。前者的观测数据无需存储,精度较低;后者在基线长度为数千米的情况下,精度为 1~2 cm,精度相对较高。

二、GPS 控制网的技术要求

(1)各等级 GPS 控制网的主要技术要求,应符合表 6-10 的规定。

表 6-10　GPS 控制网的主要技术要求

等级	平均边长 /km	固定误差 /mm	比例误差系数 /(mm/km)	约束点间的边长 相对中误差	约束平差后最弱边相对中误差
二等	9	≤10	≤2	≤1/250 000	≤1/200 000
三等	4.5	≤10	≤5	≤1/150 000	≤1/70 000
四等	2	≤10	≤10	≤1/100 000	≤1/40 000
一级	1	≤10	≤20	≤1/40 000	≤1/20 000
二级	0.5	≤10	≤40	≤1/20 000	≤1/10 000

(2)各等级控制网的基线精度,按式 $\sigma = \sqrt{A^2 + (B \cdot d)^2}$ 计算。式中:σ——基线长度中误差(mm);A——固定误差(mm);B——比例误差系数(mm/km);d——平均边长(km)。

(3)卫星定位测量控制网的布设,应符合下列要求:

①应根据测区的实际情况、精度要求、卫星状况、接收机的类型和数量以及测区已有的测量资料进行综合设计。

②首级网布设时,宜联测 2 个以上高等级国家控制点或地方坐标系的高等级控制点;对控制网内的长边,宜构成大地四边形或中点多边形。

③控制网应由独立观测边构成一个或若干个闭合环或阳合路线;各等级控制网中构成闭合环或附合路线的边数不宜多于 6 条。

④各等级控制网中独立基线的观测总数,不宜少于必要观测基线数的1.5倍。

⑤加密网应根据工程需要,在满足精度要求的前提下可采用比较灵活的布网方式。

⑥对于采用GPS-RTK测图的测区,在控制网的布设中应顾及参考站点的分布及位置。

三、GPS控制网的技术设计

GPS控制网的技术设计是一项基础性的工作。这项工作应根据GPS控制网的用途和用户的要求进行,其主要内容包括精度指标的确定GPS控制网的图形设计和选点与建立标志。

1. 精度指标的确定

GPS控制网的精度指标是以网中基线观测的距离误差 m_D 来定义的:

$$m_D = a + b \times 10^{-6} D$$

式中:a——距离固定误差;b——距离比例误差;D——基线距离。

城市及工程GPS控制网的精度指标见表6-11。

表6-11　城市及工程GPS控制网的精度指标

等级	平均距离/km	a/m	b/0.000 001	最弱边相对中误差
二等	9	≤10	≤2	1/120 000
三等	5	≤10	≤5	1/80 000
四等	2	≤10	≤10	1/45 000
一级	1	≤10	≤10	1/20 000
二级	<1	≤15	≤20	1/10 000

2. GPS控制网的图形设计

GPS控制网的图形设计就是根据用户要求,确定具体的布网观测方案,其核心是如何高质量、低成本地完成既定的测量任务。通常在进行GPS控制网设计时,必须顾及测站选址、卫星选择、仪器设备装置与后勤交通保障等因素;当网点位置、接收机数量确定以后,控制网的图形设计就主要体现在观测时间的确定、网形构造及各点设站观测的次数等方面。

3. 选点与建立标志

由于GPS测量观测站之间不要求通视,而且GPS控制网的图形结构比较灵活,故选点工作较常规测量简便。但GPS测量又有其自身的特点,因此选点时应满足以下几点要求。

(1)点位应选在交通方便易于安置接收设备的地方,且视场要开阔。

(2)GPS点应避开对电磁波接收有强烈吸收、反射等干扰影响的金属和其他障碍物体,如高压线、电台、电视台、高层道路、大范围水面等。

(3)点位选定后,按要求埋置标石,并绘制点。

(4)外业观测数据检验合格后,应按规定对GPS控制网的观测精度进行评定。

(5)GPS控制网的无约束平差,应符合下列规定:

①应在 WGS-84 坐标系中进行三维无约束平差,并提供各观测点在 WGS-84 坐标系中的三维坐标、各基线向量 3 个坐标差观测值的改正数、基线长度、基线方位及相关的精度信息等。

②无约束平差的基线向量改正数的绝对值,不应超过相应等级的基线长度中误差的 3 倍。

(6)GPS 测量控制网的约束平差,应符合下列规定:

①应在国家坐标系或地方坐标系中进行二维或三维约束平差。

②对于已知坐标、距离或方位,可以强制约束,也可加权约束。约束点间的边长相对中误差,应满足相应等级的规定。

③平差结果,应输出观测点在相应坐标系中的二维或三维坐标、基线向量的改正数、基线长度、基线方位角等,以及相关的精度信息。需要时,还应输出坐标转换参数及其精度信息。

④控制网约束平差的最弱边边长相对中误差,应满足相应等级的规定。

四、GPS 测量工作实施

(1)GPS 控制测量作业的基本技术要求,应符合表 6-12 所示的规定。

表 6-12　GPS 控制测量作业的基本技术要求

等级		二等	三等	四等	一级	二级
接收机类型		双频	双频或单频	双频或单频	双频或单频	双频或单频
仪器标称精度		10 mm+2 ppm	10 mm+5 ppm	10 mm+5 ppm	10 mm+5 ppm	10 mm+5 ppm
观测量		载波相位	载波相位	载波相位	载波相位	载波相位
卫星高度 /°	静态	$\geqslant 15$	$\geqslant 15$	$\geqslant 15$	$\geqslant 15$	$\geqslant 15$
	快速静态	—	—	—	$\geqslant 15$	$\geqslant 15$
有效观测卫星数	静态	$\geqslant 5$	$\geqslant 5$	$\geqslant 4$	$\geqslant 4$	$\geqslant 4$
	快速静态	—	—	—	$\geqslant 5$	$\geqslant 5$
观测时段长度 /min	静态	30～90	20～60	15～45	10～30	10～30
	快速静态	—	—	—	10～15	10～15
数据采集间隔 /s	静态	10～30	10～30	10～30	10～30	10～30
	快速静态	—	—	—	10～15	10～15
点位几何图形强度因子 PDDP		$\leqslant 6$	$\leqslant 6$	$\leqslant 6$	$\leqslant 8$	$\leqslant 8$

(2)对于规模较大的测区,应编制作业计划。

(3)GPS 控制测量测站作业,应满足下列要求:

①观测前,应对接收机进行预热和静置,同时应检查电池的容量、接收机的内存和可储存空间是否充足。

②天线安置的对中误差不应超过 2 mm,天线高的量取应精确至 1 mm。

③观测中,应避免在接收机近旁使用无线电通信工具。

④作业的同时,应做好测站记录,包括控制点点名,接收机序列号、仪器高、开关机时间等相关的测站信息。

任务 5 高程测量控制

高程控制测量的任务是按规定的精度施测隧道洞口(包括隧道的进出口、竖井口、斜井口和平响口)附近水准点的高程,作为高程引测进洞的依据。高程控制通常采用三、四等水准测量的方法施测。

一、三、四等水准测量的技术要求

三、四等水准测量,能够应用于建立小区域首级高程控制网。三、四等水准测量的起算点高程应尽量从附近的一、二等水准点引测,如果测区附近没有国家一、二等水准点,则在小区域范围内采用闭合水准路线建立独立的首级高程控网,假定起算点的高程。三、四等水准测量一般采用双面尺法观测。

(1)三、四等水准测量及精度要求见表6-13。

表 6-13　水准测量及精度要求

等级	路线长度/km	水准仪	水准尺	观测次数		往返较差、闭合差	
				与已知点联测	符合或环线	平地/mm	山地/mm
三等	≤45	DS1	铟瓦	往返各一次	往一次	$\pm 12\sqrt{L}$	$\pm 4\sqrt{L}$
		DS2	双面		往返各一次		
四等	≤16	DS3	双面	往返各一次	往一次	$\pm 20\sqrt{L}$	$\pm 6\sqrt{n}$
等外	≤5	DS4	单面	往返各一次	往一次	$\pm 40\sqrt{L}$	$\pm 12\sqrt{n}$

注:L为路线长度(km),n为测站数。

(2)三、四等水准测量一般采用双面尺法观测,其在一个测站上的主要技术要求如表6-14所示。

表 6-14　水准测量的主要技术要求

等级	水准仪的型号	视线长度/m	前后视较差/m	前后视累计差/m	视线离地面最低高度/m	红黑面读数较差/mm	红黑面高差较差/mm
三等	DS1	100	3	6	0.3	1.0	1.5
	DS2	75				2.0	3.0
四等	DS3	100	5	10	0.2	3.0	5.0
等外	DS4	100	大致相等	—	—	—	—

二、GPS 拟合高程测量

GPS 拟合高程测量仅适用于平原或丘陵地区的五等及五等以下等级的高程测量。GPS 拟合高程测量宜与 GPS 平面控制测量一起进行。

1. GPS 拟合高程测量的主要技术要求

GPS 拟合高程测量的主要技术要求应符合下列规定：

(1) GPS 控制网应与四等或四等以上的水准点联测。联测的 GPS 点，宜分布在测区的四周和中央。若测区为带状地形，则联测的 GPS 点应分布于测区两端及中部。

(2) 联测点数宜大于选用计算模型中未知参数个数的 1.5 倍，点间距宜小于 10 km。

(3) 地形高差变化较大的地区，应适当增加联测的点数。

(4) 地形趋势变化明显的大面积测区，宜采取分区拟合的方法。

(5) GPS 观测的技术要求，应按有关规定执行。其天线高应在观测前后各量测一次，取其平均值作为最终高度。

2. GPS 拟合高程计算

GPS 拟合高程计算应充分利用当地的重力似大地水准面模型或资料，应对联测的已知高程点进行可靠性检验，并剔除不合格点。对于地形平坦的小测区，可采用平面拟合模型；对于地形起伏较大的大面积测区，宜采用曲面拟合模型。对拟合高程模型应进行优化。GPS 点的高程计算，不宜超出拟合高程模型所覆盖的范围。

3. GPS 点的拟合高程成果检验

检测点数不少于全部高程点的 10% 且不少于 3 个点；高差检验可采用相应等级的水准测量方法或电磁波测距三角高程测量方法进行，其高差较差不应大于 $30\sqrt{D}$ mm（D 为检查路线的长度，单位为 km）。

三、三、四等水准测量方法

1. 测站观测程序

三等水准测量每测站照准标尺分划顺序如下：

(1) 后视标尺黑面，精平，读取上、下、中丝读数，记为 (A)、(B)、(C)。

(2) 前视标尺黑面，精平，读取上、下、中丝读数，记为 (D)、(E)、(F)。

(3) 前视标尺红面，精平，读取中丝读数，记为 (G)。

(4) 后视标尺红面，精平，读取中丝读数，记为 (H)。

三等水准测量测站观测顺序简称为"后—前—前—后"（或"黑—黑—红—红"），其优点是可消除或减弱仪器和尺垫下沉误差的影响。

四等水准测量每测站照准标尺分划顺序如下：

(1)后视标尺黑面，精平，读取上、下、中丝读数，记为(A)、(B)、(C)。

(2)后视标尺红面，精平，读取中丝读数，记为(D)。

(3)前视标尺黑面，精平，读取上、下、中丝读数，记为(E)、(F)、(G)。

(4)前视标尺红面，精平，读取中丝读数，记为(H)。

四等水准测量测站观测顺序简称为："后—后—前—前"(或"黑—红—黑—红")。

2. 测站计算与校核

视距计算的公式如下。后视距离：$(I)=[(A)-(B)]\times 100$。前视距离：$(J)=[(D)-(E)]\times 100$。前、后视距差：$(K)=(I)-(J)$。前、后视距累积差：本站$(L)=$本站$(K)+$上站(L)。

同一水准尺黑、红面中丝读数校核的公式如下。前尺：$(M)=(F)+K1-(G)$。后尺：$(N)=(C)+K2-(H)$。

高差计算及校核的公式如下。黑面高差：$(O)=(C)-(F)$。红面高差：$(P)=(H)-(G)$。校核计算：红、黑面高差之差$(Q)=(O)-[(P)\pm 0.100]$或$(Q)=(N)-(M)$。高差中数：$(R)=[(O)+(P)\pm 0.100]/2$。

在测站上，当后尺红面起点为 4.687 m、前尺红面起点为 4.787 m 时，取$+0.100\ 0$；反之，取$-0.100\ 0$。

每页计算校核如下：(1)高差部分。每页的后视红、黑面读数总和与前视红、黑面读数总和之差，应等于红、黑面高差之和，还应等于该页平均高差总和的 2 倍，即对于测站数为偶数的页为 $\sum[(C)+(H)]-\sum[(F)+(G)]=\sum[(O)+(P)]=2\sum(R)\pm 0.100$，对于测站数为奇数的页为 $\sum[(C)+(H)]-\sum[(F)+(G)]=\sum[(O)+(P)]=2\sum(R)\pm 0.100$；(2)视距部分，末站视距累积差值为末站$(L)=\sum(I)-\sum(J)$，总视距$=\sum(I)+\sum(J)$。

1.控制网一般分为：_____两大类。

2.平面控制网按其布网形式分为三角网、_____、_____及_____四种形式。

3.四等工测三角网中，规范规定测角中误差不大于_____，最弱边相对中误差不大于_____。

4.水准测量前、后视距相等可以消除_____的影响。

5.控制测量概算的目的和意义分别是什么？概算的内容有哪些？

6.平面控制点造标、埋石有什么要求？

7.某设计控制网精度估算后，得到最弱边的对数中误差 $m=10.34$。试计算该网是否达到四等平面控制网的要求(1/40 000)。

8.假定在我国有三个控制点的平面坐标中的 Y 坐标分别为 26 432 571.78 m、38 525 619.76 m、20 376 854.48 m。

求解:(1)它们是 3°带还是 6°带的坐标值?

(2)它们各自所在的带分别是哪一带?

(3)它们各自的中央子午线的经度是多少?

(4)它们的坐标自然值各是多少?

学习情境 7

地形图的测绘与应用

任务 1 地形图的基本知识

一、地物、地貌符号

1. 地物符号

地形是地物和地貌的总称。为研究地物、地貌状况及地面点之间的相互位置关系,测量中用地形图来表示。根据中华人民共和国国家测绘局颁发的《1:500 1:1 000 1:2 000 地形图图式》(以下简称《图式》),统一规定了我国地形图使用的符号,测绘时必须遵照执行。

地物符号是表示各种地物(包括天然的和人工建造的地物)的形状、大小和它们在图上的位置的一种特定符号,可分为以下四类:

(1)非比例符号,适用于实物较小,如按比例尺绘图将无法画出的地物符号,如测量控制点、烟囱、电杆、独立树等。

(2)比例符号,适用于实物尺寸较大,可按比例尺绘出它的轮廓线。

(3)半比例符号(线形符号),指电力或电信线路、公路、铁路和管道等,呈延伸的带状地物的符号。绘图时,长度应按比例尺绘制,宽度则无法按比例划出。

(4)注记符号,如:用文字注明地名、山脉、河流名称、路名及路面材料、地面植被种类等;用数字表明高程、河湖深度、建筑层数等;用箭头表示河流的流向等。

地形图使用的地物符号很多,《图式》规定了各种比例尺图的地物符号供选用。测绘时如遇某些特殊地物,《图式》中又无此种地物符号时,可由测绘人员自行假定一种表示符号,但必须另加图例说明。

2.地貌符号

1)等高线

地形图多采用等高线来表示地貌。等高线是将地面高程相等的相邻点连成的闭合曲线。如图 7-1 所示的一座小山头,若按比例尺绘出这一组等高线,就可以准确而形象地表示这个山头的地貌变化情况。所以,等高线可以形象而准确地描绘地貌的形态,这也是用等高线描绘地貌的理由。

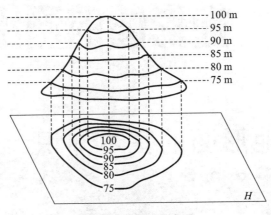

图 7-1 等高线示意图

2)等高距

相邻两等高线间的高差叫等高线的等高距,常用 h 表示。测图时,根据测图比例尺的不同,按表 7-1 选用不同的等高距。在同一张测图中,一般不应选用两种等高距。

表 7-1 等高距表

测图比例尺	地貌情况及其坡度		
	平地(0°～2°)	丘陵地(2°～6°)	山地(6°以上)
1:500	0.5	0.5	1.0
1:1 000	0.5	1.0	1.0
1:2 000	1.0	1.0	2.0
1:5 000	2.0	2.0	5.0

等高线可分为如下几类:①首曲线,按规定等高距画出的等高线称为基本等高线,也叫首曲线,用 0.15 mm 粗的细实线绘制;②计曲线,为了阅读方便,每隔四根基本等高线应加粗一根,并用 0.25 mm 粗的实线绘制,称为加粗等高线,也叫计曲线,因此,两根加粗等高线的等高距为基本等高距的五倍;③间曲线,如部分地貌复杂,为了能较好地反映这部分地貌变化情况,可加绘基本等高距一半的半距等高线,也叫间曲线;④助曲线,如使用半距等高线后,尚有部分地貌未能表达清楚时,可再加用基本等高距四分之一的辅助等高线,又称助曲线。

在平坦地区,地貌起伏变化不大时,只用绘制基本等高线,图上仅能画出两三根。这时,也可使用半距或辅助等高线,以便能较完整地反映地貌的真实变化情况。

3)等高线平距

相邻两等高线间的水平距离称为等高线平距,常用 d 表示。地面坡度越小,则等高线平距越大,等高线也越稀;反之,等高线则越密。若地面坡度均匀,则绘出的等高线其等高线平距必相等。

4)几种典型地貌的等高线

自然地貌变化多样,但可归结为如下几种典型的地貌形态。

(1)山头和洼地。

山头和洼地画出的等高线都是一组封闭的曲线,其不同点在于各等高线的高程注记。山头等高线的高程,由外向内,数字逐渐增大,如图 7-2(a)所示;而洼地的等高线其高程由外向内,数字逐渐缩小,如图 7-2(b)所示。

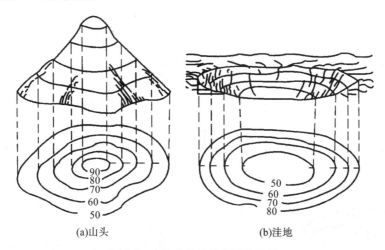

(a)山头   (b)洼地

图 7-2 山头和洼地等高线示意图

(2)山脊和山谷。

高地向一个方向凸出延伸的部位叫山脊。其最高点的连线叫山脊线,亦称分水线。因落在山脊上的雨水将沿分水线向山脊的两侧流走,故名分水线,如图 7-3(a)中的点画线所示。

洼地向一个方向延伸的部位叫山谷。其最低点连线叫山谷线,亦称集水线。因由山脊流下的雨水,均往山谷集中,沿山谷线下泄,故名集水线,如图 7-3(b)中的点画线所示。

山脊线和山谷线是反映地貌特征的线,故合称为地性线。它们必与山脊或山谷部分的等高线相垂直。在测图时,应力求其与实地情况相符。

(3)鞍部。

相邻两山头之间的低凹部位俗称山垭口(见图 7-4 中 S 点部分),因形似马鞍,故名鞍部。鞍部是道路翻越山岭必通过的部位,其等高线的特征是一条低于鞍部高程的封闭曲线,内套有一组高于鞍部高程的闭合曲线,如图 7-4 所示。

(4)悬崖和陡崖。

山头上部凸出,山腰又凹进,山头遮住凹进去的山腰部位,这种地貌称为悬崖。山头部分的等高线将与下部山腰部分的等高线相交,凹进而被山头遮挡的山腰部分的等高线,应画成虚线,如图 7-5 所示。

陡崖是坡度陡峭的山坡部分,其坡度在 70 度以上,故等高线十分密集。若坡度达 90 度,则等高线将重合在一起,图 7-6(a)所示为石质陡崖,土质陡崖如图 7-6(b)所示。

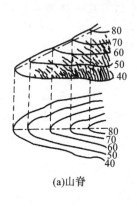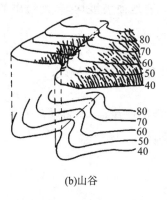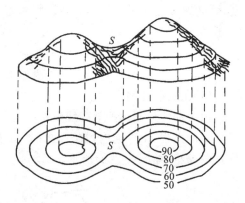

(a)山脊　　　　(b)山谷

图 7-3　山脊和山谷等高线示意图　　　　图 7-4　鞍部等高线示意图

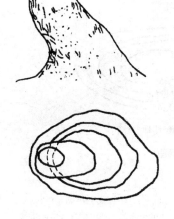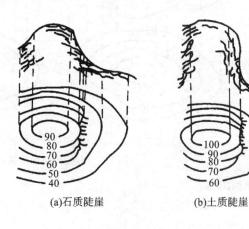

(a)石质陡崖　　(b)土质陡崖

图 7-5　悬崖等高线示意图　　　　图 7-6　陡崖等高线示意图

5)等高线的特征

综合以上所述,等高线有如下一些特征:

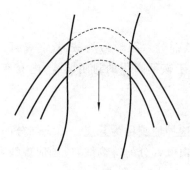

图 7-7　跨越河流等高线示意图

(1)同一条等高线上的各点高程必相等。

(2)等高线是一条封闭曲线,不能在图内突然中断。若某条等高线不能在本图内闭合,必然在相邻图幅内闭合,故应将它画到图边线处。

(3)除断崖、绝壁外,不同高程的等高线不能相交,也不能重合。

(4)等高线不能任意跨过河流,应沿河岸上高程相同的点向上游延伸,直到上游河底高程相同处,然后跨过河床,再沿对岸高程相同的点向下游延伸,如图 7-7 所示。

二、地形图和比例尺

1. 地形图

地形图是通过实地测量,将地面上各种地物、地貌的平面位置,按一定的比例尺,用《图式》统一规定的符号和注记,缩绘在图纸上的平面图形。它既表示地物的平面位置,又表示地貌形态。如果图上只反映地物的平面位置,而不反映地貌形态,则称为平面图;将地球上的自然、社会、经济等若干现象,按一定的数学法则,并采用制图综合原则绘成的图,称为地图。

地形图是地球表面实际情况的客观反映,各项经济建设和国防工程建设都需要首先在地形图上进行规划、设计,特别是大比例尺(常用的有1:500、1:1 000、1:2 000、1:5 000等)地形图,是城乡建设和各项建筑工程进行规划、设计、施工的重要基础资料之一。

2. 比例尺的种类

地形图上任一线段的长度 d 与地面上相应线段的实际水平距离 D 之比,称为地形图比例尺。地形图比例尺通常用分子为1的分数式 $1/M$(或 $1:M$)来表示,其中 M 称为比尺分母。则有:

$$\frac{d}{D}=\frac{1}{\frac{D}{d}}=\frac{1}{M}\text{或写成}1:M$$

式中:M 愈小,比例尺愈大,图上所表示的地物、地貌愈详尽;相反,M 愈大,比例尺愈小,图上所表示的地物、地貌愈粗略。比例尺按表示方法的不同,可分为数字比例尺、图式比例尺两种形式。

1)数字比例尺

数字比例尺即在地形图上直接用数字表示的比例尺,如上所述,用 $1/M$(或 $1:M$)表示比例尺。数字比例尺一般注记在地形图下方中间部位,如图7-8所示。

2)图式比例尺

图式比例尺常绘制在地形图的下方,用以直接量度图内直线的水平距离。根据量测精度图式比例尺可分为直线比例尺和复式比例尺。直线比例尺如图7-9所示,在一段直尺上,一般以2 cm长为基本单位分划,在最左边一段的右节点上注记,并将此段细分为20等分的小分划,最后在所有的基本分划处注记其所代表的实际水平距离。

为了提高量测精度,图式比例尺可绘制复式比例尺。其最小分划值为直线比例尺的十分之一,用法与直线比例尺大致相同,不再详述。

图式比例尺的优点是:①量距直接方便而不必再进行换算;②比例尺随图纸按同一比例伸缩,从而明显减小因图纸伸缩而引起的量距误差。地形图绘制时所采用的三棱比例尺也属于图式比例尺。

例7-1 在比例尺为1:1 000的图上,量得两点间的长度为2.8 cm,求其相应的水平距离。

解 $D=Md=(1\ 000\times0.028)\text{ m}=28\text{ m}$

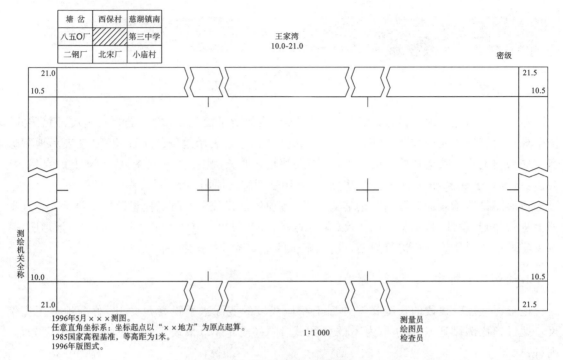

图 7-8　地形图廓与接合图表

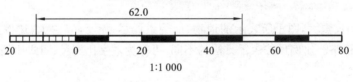

1:1 000

图 7-9　直线比例尺

例 7-2　实地水平距离为 88.6 m,试求其在比例尺为 1∶2 000 的图上相应长度。

解　$d=\dfrac{D}{M}=\left(\dfrac{88.6}{2\,000}\right)$ m$=0.044$ m

3. 比例尺精度

通常认为,人们用肉眼能分辨的图上最小距离是 0.1 mm。所以,地形图上 0.1 mm 所代表的实地水平距离,称为比例尺精度。显然,比例尺精度=0.1 mm×M(M——比例尺分母)。

几种常用的大比例尺地形图的比例尺精度如表 7-2 所列。从表中可以看出,比例尺越大,其比例尺精度越小,地形图的精度就越高。

比例尺精度的概念有两个作用。一是根据比例尺精度,确定实测距离应准确到什么程度。例如:选用 1∶2 000 比例尺测地形图时,比例尺精度为(0.1×2 000) m=0.2 m,测量实地距离最小为 0.2 m,小于 0.2 m 的长度图上就无法表示出来。二是按照测图需要表示的最小长度来确定采用多大的比例尺地形图。例如:要在图上表示出 0.5 m 的实际长度,则选用的比例尺应不小于 0.1/(0.5×1 000)=1/5 000。

表7-2 常用的大比例尺精度

比例尺	1:500	1:1 000	1:2 000	1:5 000	1:10 000
比例尺精度/m	0.05	0.1	0.2	0.5	1

三、大比例尺地形图的分幅与编号

为了方便测绘、管理和使用地形图,需要将各种比例尺的地形图进行统一的分幅与编号,并注在地形图上方的中间部位。其中,大比例尺地形图常采用矩形或正方形分幅与编号的方法。

大面积测图时,矩形或正方形图幅的编号一般采用坐标编号法,即由图幅西南角的纵、横坐标(用阿拉伯数字表示,以千米为单位)作为它的图号,表示为"x-y"。1:5 000、1:2 000 的地形图,坐标取至 1 km;1:1 000 的地形图,坐标取至 0.1 km;1:500 的地形图,坐标取至 0.01 km。例如,西南角坐标为 $x = 82\ 600$ m、$y = 48\ 600$ m 的不同比例尺图幅号为:1:2 000,82-48;1:1 000,82.6-48.6;1:500,82.60-48.60。对于较大测区,测区内有多种测图比例尺时,应进行统一编号。

小面积测图,可采用自然序数法或行列编号法。自然序数法是将测区各图幅按某种规律,如从左到右、自上而下用阿拉伯数字顺序编号。行列编号法是从左到右、从上到下给横列和纵列编号,用"行-列"表示图幅编号,例如 A-2、B-3、C-4、D-1 等。

另外,如图 7-8 所示,在地形图的正上方标上图名,图名一般以本幅图内最著名、最重要的地名来命名,如图中的王家湾。在地形图的左上方标明接合图表,用以标明本幅图周围图幅的图名或编号。在地形图的左下方还应标明地形图所采用坐标系统、高程系统、测绘方法和时间等。

任务 2 地形图的阅读

从前述内容可以了解到,地形图上所提供的信息非常丰富。特别是大比例尺地形图,它更是建筑工程规划设计和施工中不可缺少的重要资料。尤其是在规划设计阶段,不仅要以地形图为底图,进行总平面的布设,而且还要根据需要,在地形图上进行一定的量算工作,以便因地制宜地进行合理的规划和设计。因此,正确地阅读和使用地形图,是工程技术人员必须具备的基本技能。

为了正确地应用地形图,首先要能看懂地形图。地形图是用各种规定的符号和注记,按一定的比例尺,表示地面上各种地物、地貌及其他有关信息的平面图形。通过对这些符号和注记的识读,可使地形图成为展现在人们面前的实地立体模型,使我们从图上便可掌握所需地面上的各种信息,这就是地形图阅读的主要目的和任务。

地形图阅读,可按先图外后图内、先地物后地貌、先主要后次要、先注记后符号的基本顺序,并依照相应的《图式》逐一阅读。现以"贵儒村"地形图(见图 7-10)为例,说明地形图阅读的一般方法和步骤。

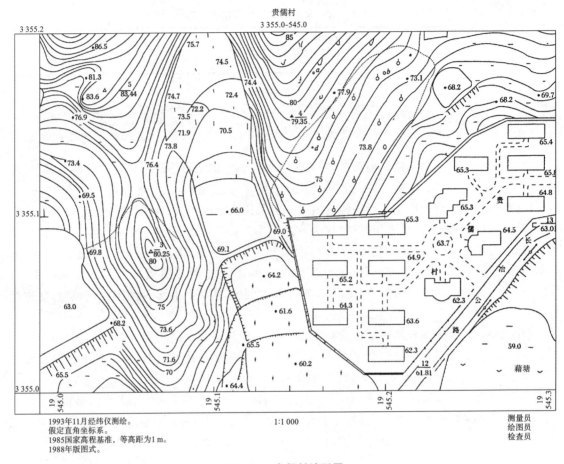

图 7-10　贵儒村地形图

1. 图廓外的有关注记

首先检查图名、图号，确认所阅读的地形图；其次，了解地形图的时间和测绘单位，以判定地形图的新旧，进而确定地形图应用的范围和程度；然后，了解地形图的比例尺、坐标系统、高程系统和基本等高距以及图幅范围和接合图表。图 7-10 所示的贵儒村地形图的比例尺为 1:1 000。

2. 地貌阅读

根据等高线读出山头、洼地、山脊、山谷、山坡、鞍部等基本地貌，并根据特定的符号读出雨裂、冲沟、峭壁、悬崖、陡坎等特殊地貌。同时根据等高线的密集程度来分析地面坡度的变化情况。从图 7-10 中可以看出，这幅图的基本等高距为 1 m，山村正北方向延伸着高差约 15 m 的山脊，西部小山顶的高程为 80.25 m，西北方向有个鞍部。地面坡度在 6°～25°，另有多处陡坎和斜坡。山谷比较明显，经过加工已种植水稻。整个图幅内的地貌形态是北部高，南部低。

3. 地物阅读

根据图上地物符号和有关注记，了解各种地物的形状、大小、相对位置关系以及植被的状况。东南部有较大的居民点贵儒村,该山村北面邻山,西面及西南面接山谷,沿着居民点的东南侧有一条公路——长治公路,山村除沿公路一侧外,均有围墙相隔,山村沿公路有栏杆围护。另外,公路边有两个埋石图根导线点12、13,并有低压电线。西部山头和北部山脊上有3、4、5三个图根三角点。山村正北方向的山坡上有以 a、b、c、d 4 个钻孔。

4. 植被分布

图幅大部分面积被山坡所覆盖,山坡上多为旱地,山村正北方向的山坡有一片竹林,紧靠竹林是一片经济林,西南方向的小山头是一片坟地。山村西部相邻山谷,山谷里开垦有梯田种植水稻,公路东南侧是一片藕塘。经过以上识图可以看出,该山村虽然是小山村,但山村依山傍水,规划整齐有序,所有主要建筑坐北朝南,交通便利。

在识读地形图时,还应注意地面上的地物和地貌不是一成不变的。由于城乡建设事业的迅速发展,地面上的地物、地貌也随之发生变化,因此,在应用地形图进行规划以及解决工程设计和施工中的各种问题时,除了细致地识读地形图外,还需进行实地勘察,以便对建设用地做全面、正确地了解。

任务 3 地形图的基本应用

1. 在图上确定某点的坐标

如图 7-11(a)所示,大比例尺地形图上画有 10 cm×10 cm 的坐标方格网,并在图廓的西、南边上注有方格的纵、横坐标值。欲确定图上 A 点的坐标,首先根据图廓坐标注记和点 A 的图上位置,绘出坐标方格 $abcd$,过 A 点做坐标方格网的平行线 pq、fg 与坐标方格相交于 p、q、f、g 四点,再按地形图比例尺(1:1 000)量取 ap 和 af 的长度:

$$ap = 80.2 \text{ m}$$
$$af = 50.3 \text{ m}$$

则:

$$x_A = x_a + ap = (20\ 100 + 80.2) \text{ m} = 20\ 180.2 \text{ m}$$
$$y_A = y_a + af = (10\ 200 + 50.3) \text{ m} = 10\ 250.3 \text{ m}$$

为了校核量测的结果,并考虑图纸伸缩的影响,还需量出 pb 和 fd 的长度,以便进行换算。设图上坐标方格边长的理论长度为 l(本例 $l = 100$ m),可采用下式进行换算:

$$X_A = X_a + \frac{1}{ab}ap$$

$$X_A = X_a + \frac{1}{ad}af$$

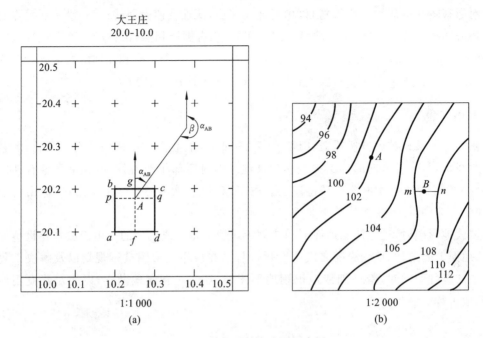

图 7-11　地形图基本应用示意图

2. 在图上确定某点的高程

地形图上任一点的高程,可以根据等高线及高程标记来确定。如图 7-11(b)所示,若某点 A 正好在等高线上,则其高程与所在的等高线高程相同,即 $H_A = 102.0$ m。如果所求点不在等高线上,如图中的 B 点,而是位于 106 m 和 108 m 两条等高线之间,则可过 B 点做一条大致垂直于相邻等高线的线段 mn,量取 mn 的长度,再量取 mB 的长度,若分别为 9.0 mm 和 2.8 mm,已知等高距 $h = 2$ m,则 B 点的高程 H_B 可按比例内插求得:

$$H_B = H_m + \frac{mB}{mn}h = \left(106 + \frac{2.8}{9.0} \times 2\right) \text{ m} = 106.6 \text{ m}$$

在图上求某点的高程时,通常可以根据相邻两等高线的高程目估确定。例如图 7-11(b)中 mB 约为 mn 的 3/10,故 B 点高程可估计为 106.6 m,因为,规范中规定:在平坦地区,等高线高程中误差不应超过 1/3 等高距;在丘陵地区,不应超过 1/2 等高距;在山区,不应超过 1 个等高距。也就是说,如果等高距为 1 m,则平坦地区等高线本身的高程误差允许到 0.3 m,丘陵地区为 0.5 m,山区可达 1 m。显然,所求高程精度低于等高线本身的精度,而目估误差与此相比是微不足道的。所以,用目估确定点的高程是可行的。

3. 在图上确定两点间的距离

确定图上某直线的水平距离有如下两种方法。

1)直接量测

用卡规在图上直接卡出线段长度,再与图示比例尺比量,即可得其水平距离。也可以用毫米尺量取图上长度并按比例尺换算为水平距离。后者会受图纸伸缩的影响,误差相应较大,但图纸上绘有图示比例尺时,用此方法较为理想。

2)根据直线两端点的坐标计算水平距离

为了消除图纸变形和量测误差的影响,尤其当距离较长时,可用两点的坐标计算距离,以提高精度。如图 7-11(a)所示,欲求直线 AB 的水平距离,首先按式求出两点的坐标值 x_A、y_A 和 x_B、y_B 然后按下式计算水平距离:

$$D_{AB} = \sqrt{(x_B - x_A)^2 + (y_B - y_A)^2}$$

4. 在图上确定某直线的坐标方位角

如图 7-11(a)所示,欲求图上直线 AB 的坐标方位角,有下列两种方法:

1)图解法

当精度要求不高时,可用图解法用量角器在图上直接量取坐标方位角。如图 7-11(a)所示,先过 A、B 两点分别精确地做坐标方格网纵线的平行线,然后用量角器的中心分别对中 A、B 两点,量测直线 AB 的坐标方位角 α_A 和 BA 的坐标方位角 α'_B。同一直线的正、反坐标方位角之差为 $180°$,所以可按下式计算:

$$\alpha_{AB} = \frac{1}{2}(\alpha'_{AB} + \alpha'_{BA} \pm 180°)$$

在上述方法中,通过量测其正、反坐标方位角取平均值是为了减小量测误差,提高量测精度。

2)解析法

先求出 A、B 两点的坐标,然后再按下式计算直线 AB 的坐标方位角为:

$$\alpha_{AB} = \tan^{-1}\frac{y_B - y_A}{x_B - x_A} = \tan^{-1}\frac{\Delta y_{AB}}{\Delta x_{AB}}$$

当直线较长时,解析法可取得较好的结果。当使用电子计算器或三角函数表计算 α 的角值时,需根据 Δx_{AB} 和 Δy_{AB} 的正负号确定 α_{AB} 所在的象限。

5. 确定某直线的坡度

设地面两点间的水平距离为 D,高差为 h,而高差与水平距离之比称为地面坡度,通常以 i 表示,则 i 可用下式计算:

$$i = \frac{h}{D} = \frac{h}{d \cdot M}$$

式中:d 为两点在图上的长度,以 m 为单位;M 为地形图比例尺分母。

如图 7-11(a)中的 A、B 两点,设其高差 h 为 1 m,若量得 AB 图上的长度为 2 cm,并设地形图比例尺为 1∶5 000,则 AB 线的地面坡度为:

$$i = \frac{h}{d \times M} = \frac{1}{0.02 \times 5\ 000} = \frac{1}{100} = 1\%$$

坡度 i 常以百分率或千分率表示。应注意的是:如果两点间的距离较长,中间通过疏密不等的等高线,则上式所求地面坡度实际为两点间的平均坡度,而非地面两点间的实际地面坡度。

任务 **4** 地形图在工程建设中的应用

一、地形图在工程建设勘测设计阶段的应用

1. 设计用地形图的特点

工程建设一般分为规划设计（勘测）、施工、运营管理阶段。在规划设计时，必须要有地形、地质等基础资料，其中地形资料主要是地形图。没有确实可靠的地形资料是无法进行设计的，地形资料的质量将直接影响到设计的质量和工程的使用效果。设计对地形图的要求主要体现在以下三方面：①地形图的精度必须满足设计要求；②地形图的比例尺应选择恰当；③测图范围合适，出图时间要快，具有较好的实时性。

2. 地形图在水利工程勘测设计阶段的应用

我国具有极其丰富的水资源、港湾。为了开发和利用这些资源，必须兴建水工建筑物，如河坝、船闸、运河、港口、码头等。为了合理地选择水利枢纽的位置和分布，以便使其在发电、航运、防洪及灌溉等方面都能发挥最大的效益，需在全流域测绘比例尺为 1:500 或 1:100 000 的地图，以及水面与河底的纵断面图，以便研究河谷地貌的特点，探讨各个梯级中水利枢纽水头的高低、发电量的大小、回水的分布情况以及流域与水库的面积等，并确定各主要水利枢纽的形式和建造的先后顺序。

拦河坝是水利枢纽工程中的主要工程，地形和地质条件决定了坝址的位置。最有可能建坝的地方是在河谷最窄而岩层最好的河段。

为了确定建坝以后在河流上形成的水库淹没范围及面积，计算总库容与有效库容，设计库岸的防护工程，确定哪些城镇、工程以及重要耕地被临时淹没或永久浸没，并拟定相应的防护工程措施，设计航道及码头的位置，指定库底清理、居民迁移以及交通线改建等的规划，需要各种不同精度的地形图。

3. 地形图在城市勘测设计阶段的应用

城市的建设也离不开地形图，在确定城市的整体布局时需用各种大、中、小比例尺的地形图，如道路规划、各种管线的规划、工程的规划以及各种建筑物的规划等。

在设计中如果没有地形图，设计人员就没办法确定各种工程及相应建筑物的具体位置。利用 1:2 000 或 1:500 比例尺地形图作为选址的依据和进行总图设计的地图，在图上设计、寻找合适的位置，放样各种设施，量取距离和高程，并进行工程的定位和定向及坡度的确定，从而计算工程量和工程费用等。设计人员只有掌握了可靠的自然地理、资源及经济情况后才能进行正确

合理的设计。

4.地形图在工程建设中的其他作用

地形图除了在设计阶段的作用外,在工程施工和工程竣工验收过程中也少不了。总之,地形图是工程建设中必不可少的重要资料,没有确实可靠的资料是无法进行设计的。地形资料的质量也将直接影响到设计的质量和工程的使用效果。所以,在有关规程中明确规定:没有确实可靠的设计基础资料,是不能进行设计的。

二、工程设计对地形图的进度要求

工程设计对地形图的要求主要体现在 3 个方面:一是地形图的精度必须满足设计要求,二是要选择恰当的比例尺和测图范围,三是出图时间要比较快。对于工程设计来说,地形图主要用于总图运输设计,结合工程的特点和地形图提供的原始资料,合理布局生产设备和生产车间相互之间的位置。

1.工程设计对地形图的平面位置精度要求

在进行总平面的设计时,先按照城市规划、卫生、消防等部门的要求,结合具体的生产工艺流程,将主要建筑物的轮廓位置按设计所需比例尺绘在透明纸上,再将透明纸覆盖在相同的比例尺地形图纸上,或者做成相同比例的模型摆在地形图上,调整建筑物的安放位置。同时要考虑现场地形条件、原有建筑物的限制、生产工艺要求等条件。综上所述,一般要求地形图上场地边界的地物点位置误差不得大于图上±1 mm。

建筑物位置确定后,将其标定在地形图上,然后在主要建筑轴线方向上确定 A、B 两点,如图 7-12 所示。图解出它们的坐标并反算出方位角 α',将 AB 方向作为施工坐标系的 X(或 Y)方向,再在适当位置取一点作为施工坐标系的原点,通常取 A 点为坐标原点,然后根据 AB 的设计距离,计算 B 点的施工坐标。另外,由总平面设计的解析数据可以计算出其他各点的施工坐标。再按此施工坐标系将一些重要的设计内容绘在地形图上,量测其与现行地形、地物的相对位置,进行检核。在地形图上确定施工坐标系的原点位置的允许误差一般为图上的 1~2 mm。所以我们可以认为,这项检核的允许误差亦为 1~2 mm。考虑量测的误差,可以得出设计对地形图上地物的平面位置允许误差不应大于图上 1 mm。

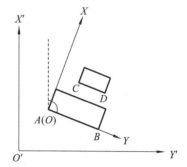

图 7-12　建筑物位置确定

2.工程设计对地形图高程精度的要求

工业场地的地面竖向布置,就是将厂区的自然地形加以整平改造,以保证生产、运输有良好的联系,合理地组织排水,并要使土方量最小且填挖方量平衡。根据设计过程,我们可以从地面连接方式设计、建筑物高程设计以及土方量计算等方面分析设计中对于地形图高程的精度要求。

工业场地的地面连接方式一般分为平坡式和阶梯式两种，在实际应用中应根据企业的性质、总平面布置、地址的地质结构及自然地形因素综合考虑决定，其中地形因素有决定性的影响。地形图可供量取自然地面的坡度，确定地面起伏，即在图上用分规（或直尺）量取 2 根等高线之间的平距 L，根据这两等高线的高程 H_1、H_2，则可以求得相应的地面坡度：

$$i=(H_1-H_2)/L$$

在进行地面连接方式的设计时，若场地采用平坡式连接，因关系到场地中的排水问题，所以规定场地的最小排水坡度为 0.5%。一般要求图解坡度的误差不大于场地最小排水坡度的一半，当采用平坡式连接时，对地形图高程的精度要求更高。设允许图解坡度误差的限差为 Δ，则图解的坡度中误差 m_i 为：

$$m_i=\Delta/2$$

设计规范上规定，设计地面平整的宽度不应小于 100 m，否则应采用阶梯式设计。以上是设计竖向布置系统和地面连接方法对于等高线高程的精度要求。

建（构）筑物的地坪高程、铁路轨顶高程、道路中心线高程以及工程管网的设计原则是，要使其尽量与自然地形相适应，考虑到排水条件，室内地坪一般要高出室外地面 0.15～0.50 m。地下管道埋设深度最浅为 0.6 m。因此，平坦地区地形图的高程中误差可为 ±0.15 m，最大误差应在 ±0.3 m 以内。

土方量是进行投资预算、施工准备以及论证设计方案可行性的资料，是在竖向布置的高程设计完毕后进行计算的。其计算的允许误差为 10%～20%，受到确定整平坡度的大小、土方量计算的方法、施工验收的方法、土的松散系数、等高线的高程误差等因素的影响。一般认为等高线高程误差对于土方量计算的影响应小于 5%。土方量计算对地形图的高程精度要求见表 7-3。

表 7-3　土方量计算对地形图的高程精度要求

坡面坡度	0.05 以下	0.05～0.10	0.10～0.15	0.15～0.20
每 10 000m² 用地土方量/m³	2 000～4 000	4 000～6 000	6 000～8 000	8 000～10 000
$h_均/m$	0.3	0.5	0.7	0.9
50 000 m² 用地土方量 mh/m	0.17	0.28	0.39	0.50

从表 7-3 中可以看出，设计中对于地形图的精度要求常取决于设计的方法。随着科学技术的进步，设计方法在不断地更新，这也将提高地形图的精度。

三、大比例尺数字测图的地形图精度

在工程规划和方案设计中需要各种比例尺的地形图，其中，小比例尺地形图大多利用现有资料汇编而来，而大比例尺地形图则是由实地实测。本小节主要讨论大比例尺地形图的测绘精度问题，通过分析地形图精度影响的因素，从而确定适合的测图方法，更好地为设计服务。

由于影响地形图精度的因素很多，而且其中有些因素的影响很难用具体的数字来描述。所以，这里仅介绍精度分析的一般原则和方法，并给出一定的经验数据。

目前，我国测绘地形图的方法主要有地面测图和摄影测量法（航测、地面近景摄影）成图。

地面测图方法又分为模拟法测图和数字测图,所测的地形图绝大多数是为了满足工程建设所需的大比例尺地形图。

野外采样大比例尺数字测图的全过程几乎都是遵循解析分析方式进行的。虽然其最后成果仍可表现为图解的线画图,但与传统的平板仪测图相比有本质的区别。前者不但在效率上有很大的提高,而且减轻了野外作业的劳动强度,更为突出的是其地形图数学精度的提高。

数字测图是利用电子速测仪(全站仪或半站仪)配合棱镜在野外测量测站至地物点的方向、距离和高差,并将野外测量的数据自动传输(或人工键入)到电子手簿、磁卡或便携式微机内记录。现场绘制地形(草)图,到室内将数据自动传输到计算机,借助计算机及配套的数字测图软件,人机交互编辑后,按一定的比例尺及图示符号自动生成数字地形图,并控制绘图仪自动输出地形图。这种方法是从野外实地采集数据的,所以又称野外地面数字测图(以区别其他的数字测图,如航测数字测图),其实它只是一种全数字机助测图的方法。测绘出的地形图是以计算机磁盘(或光盘)为载体的数字地图,它以数字的形式表达地形信息(几何信息和描述信息)。

1. 数字测图时地物点平面位置的误差来源

数字测图时地物点平面位置的精度可用地物点相对于临近的图根点的点位中误差来衡量。数字测量时地物点的平面位置的误差主要受下列误差的影响:①定向误差对地物点平面位置的影响——$m_{定}$;②对中误差对地物点平面位置的影响——$m_{中}$;③观测误差对地物点平面位置的影响——$m_{测}$;④棱镜中心与待测地物点不重合对地物点平面位置的影响——$m_{重}$。

因此,数字测图时地物点相对邻近的图根点平面位置的点位中误差可用下式表示:

$$m_{物} = \sqrt{m_{定}^2 + m_{中}^2 + m_{测}^2 + m_{重}^2}$$

2. 数字测图时地物点平面位置的精度分析

1)定向误差对地物点平面位置的影响 $m_{定}$

定向误差对地物点平面位置的影响可用下式计算:

$$m_{定}^2 = D^2 \cdot \frac{m_{a0}^2}{\rho^2}$$

式中:D——测站点到地物点的距离;m_{a0}——定向方位角中误差;ρ——206 265″。

设测站点坐标(X_0, Y_0)、定向点坐标(X_1, Y_1),则定向方位角 α_0 为:

$$\alpha_0 = \arctan \frac{\Delta y_0}{\Delta x_0}$$

式中:$\Delta x_0 = X_1 - X_0$,$\Delta y_0 = Y_1 - X_0$。

微分得:

$$d\alpha_0 = -\frac{\sin\alpha_0}{D_0^2} \cdot d\Delta x_0 + \frac{\cos\alpha_0}{D_0^2} \cdot d\Delta y_0$$

式中:D_0——测站点到定向点的平距。将其转化为中误差形式为:

$$m_{a_0} = \frac{\rho^2}{D_0^2}(\cos^2\alpha_0 m_{\Delta y_0}^2 + \sin^2\alpha_0 m_{\Delta x_0}^2)$$

式中:设两个图根点之间的相对误差为 m_{xy},且 $m_{\Delta x_0} = m_{\Delta y_0} = \frac{\sqrt{2}}{2} \cdot m_{xy}^2$,则:

$$m_{\dot{\Xi}}^2 = \frac{D^2}{2 \cdot D_0^2} \cdot m_{xy}^2$$

2）对中误差对地物点平面位置的影响 $m_{\dot{\Psi}}$

对中误差包括测站对中误差和定向对中误差，它通过对测角的影响而影响地物点平面位置。根据对中误差对测角的影响可推求得：

$$m_{\dot{\Psi}}^2 = \frac{5D^2}{2 \cdot D_0^2} \cdot m_1^2$$

式中：m_1——仪器上光学对点器的对中误差，一般不超过 3 mm；D、D_0 含义同前。

3）观测误差对地物点平面位置的影响 $m_{\text{测}}$

数字测图是根据测量的距离和角度直接解算点坐标，观测误差主要包括测距误差和测角误差两部分。根据误差传播理论，推出观测误差对地物点平面位置的影响 $m_{\text{测}}$（不考虑测站点的起始误差）为：

$$m_{\text{测}}^2 = A^2 + B^2 \cdot D^2 + D^2 \cdot \frac{m_\beta^2}{\rho^2}$$

式中：A——测距仪固定误差；B——测距仪比例误差；m_β——测角中误差。

4）棱镜中心与待测地物点不重合对地物点平面位置的影响 $m_{\text{重}}$

棱镜中心与待测地物点不重合对地物点平面位置的影响可控制在 2.0 cm 之内，取 $m_{\text{重}}$＝2 cm。

一般情况下，$D/D_0 \leqslant 1.5$，两个图根点之间的相对中误差 m_{xy} 取 2.0 cm，分别代入得：$m_{\dot{\Xi}}$＝2.1 cm，$m_{\dot{\Psi}}$＝0.5 cm。

根据不同的测距测角和观测平距，由公式计算出 $m_{\text{测}}$，并与上述的 $m_{\dot{\Xi}}$＝2.1 cm、$m_{\dot{\Psi}}$＝0.5 cm、$m_{\text{重}}$＝0.5 cm 一起代入公式，计算所得的地物点平面位置中误差列于表 7-4 中。

表 7-4　数字测图地物点（实地）平面位置中误差　　　　　　　（单位：cm）

仪器标称 精度	半测回水平 角中误差/″	平距/m						
		50	100	150	200	300	400	1 000
3 mm＋2×10⁻⁶·D　2″级	4	3.0	3.0	3.1	3.1	3.1	3.1	3.6
5 mm＋5×10⁻⁶·D　6″级	12	3.0	3.1	3.2	3.2	3.5	3.8	6.5
5 mm＋10×10⁻⁶·D　10″级	20	3.1	3.2	3.4	3.6	4.2	5.0	10.2

由表 7-4 中可以看出，即使用最低精度的仪器（测距精度 5 mm＋10×10⁻⁶·D，测角精度 10″），在观测平距不超过 400 m 时，所测地物点相对于邻近图根点的平面位置中误差可保证在 5 cm 以内，这大大高于模拟法测图的精度，充分体现了数字法测图在精度方面的优势。另外，这也是精度要求较高的城镇地籍测量、房产测量、地下管网测量等目前均要使用数字法测图的原因之一。

3. 数字测图时地物点高程的误差来源

数字测图时，地物点高程的误差来源主要有测距误差、测角误差、量测仪器高误差和目标高误差以及球气差影响。根据分析，测距误差和球气差对所测地物点影响可忽略不计。因此，相对于邻近图根点地物点高程中误差可用下式计算：

$$m_H^2 = D^2 \cdot \frac{m_z^2}{\rho^2} + m_i^2 + m_v^2$$

式中：m_H——地物点高程中误差；D——测站至地物点间水平距离；m_i——仪器高测量中误差；m_v——目标高测量中误差。

用钢尺量取仪器高和目标高时，中误差一般不超过 0.5 cm，取 $m_i = m_v = 0.5$ cm，计算地物点高程中误差列于表 7-5 中。

表 7-5　数字测图地物点（实地）高程中误差　（单位:cm）

仪器标称 精度	半测回天顶 距中误差/"	平距/m						
		50	100	150	200	300	400	1 000
3 mm+2×10⁻⁶·D　2″级	6	0.7	0.8	0.9	0.9	1.1	1.4	3.0
5 mm+5×10⁻⁶·D　6″级	18	0.8	1.1	1.5	1.9	2.7	3.6	8.8
5 mm+10×10⁻⁶·D　10″级	30	1.0	1.6	2.3	3.0	4.4	5.9	14.6

四、工程设计专用地形图测绘

对各种工程设计所测制的大比例尺地形图，一般称为工程设计专用地形图，简称为工程专用图。它具有一次性使用、针对性强的特点。因而，工程专用图在比例尺选择、图幅规格、图根控制及施测内容的取舍和精度要求等方面与普通地形图有很大的区别。另外，对于各种工程专用图来说，由于其服务的对象不同，其在测绘内容、范围及精度方面也各不相同。

（1）独立的矩形分幅、顺序编号。根据测区的形状和大小，按坐标线划分图幅，图幅大小可为 50 cm×50 cm 或 40 cm×40 cm，图号按数字顺序自左至右、由上向下编排，如图 7-13 所示，图中细实线为所测区域，虚线为扩大区补测范围。此方法适用于较大区域的地形图测绘。

（2）矩形独立块图。这种方法适合于中小型场地用图，它可以以明显地物和地类为界，分开测绘，但成图时应合为一幅，且只需图名，无需分幅编号。

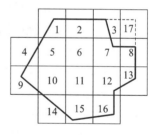

图 7-13　测区分幅、编号

对于线路工程来说，由于其施测的宽度较窄，按其线路的走向延伸而成带状，如果按矩形分幅，则图幅较多，且每幅图中只测一小部分，有的甚至只测一个角。这造成了极大的浪费，对于设计和应用更是不方便。因此，为了方便起见，线路工程多采用带状分幅。具体分幅方法如下：

首先将全线的图根点（或线路中线）展绘在小比例尺地形图上，并标出测绘范围，然后在图上进行带状图的分幅。各幅图应以左方为线路起点，右方为终点，按顺序编号。每幅图的编号采用分式表示，分母为图幅总数，分子为本图幅序号，如图 7-14 所示。一般在左右接图，上下没有接图。若局部地区有比较方案或迂回线路，图幅太宽时，可征求设计人员的意见，变更测图比例尺，分幅时注意不要在曲线、路口、桥中及交叉跨越处接图。当多条线路工程彼此交叉时，应按各项工程的需要进行分幅设计，交叉部分应重合描绘。在内业描图中发现原图分幅不合理时，可重新进行拼接描绘，并要注意每幅图的图纸除够描绘图幅的施测范围以外，还应留有适当空白,以便让测绘人员和设计、施工人员注记有关的说明。

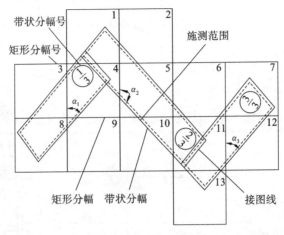

图 7-14　地形图分幅编号

五、测图控制网

1. 平面控制网

　　在传统测量工作中,平面控制网通常采用三角网测量、导线测量和交会测量等常规方法建立,必要时,还要进行天文测量。目前,全球定位测量系统 GPS 已经成为建立平面控制网的主要方法。

　　在我国现行的城市测量规范和各种工程测量规范中,将平面控制网的等级依次划分为二、三、四等三角,一、二级小三角或一、二、三级导线。其中,三角测量的等级是沿用国家三角测量规范所规定的测角指标(二、三、四等网测角中误差分别规定为 $\pm1.0''$、$\pm1.8''$ 和 $\pm2.5''$)。此外,工程测量控制网与同级的国家控制网相比,平均边长大为缩短,具体见表 7-6。

　　测图控制网的作用在于使测量误差的累计得到控制,以保证图纸上所测绘的内容(如地形、地物等)精度均匀,使相邻图幅之间正确拼接。不同工程的不同设计阶段,对于测图比例尺要求不同,一般工程建设所采用的最大比例尺为 1:500。个别地方虽然要求测绘更大比例尺图,但范围很小,而其目的不在于图的精度,而是为了使局部表现得更详细以给设计提供方便。所以,只需考虑 1:500 比例尺的情况。为使平面控制网满足 1:500 比例尺测图精度要求,应使四等以下(包括四等)的各级平面控制的最弱边的边长中误差(或导线的最弱点的点位中误差)不大于图上 0.1 mm,由此即可算得实地的中误差应不大于 5 cm。这一数值可以作为测图控制网精度设计的依据。

表 7-6　三角网的主要技术要求

等级	平均边长/km	测角中误差	起始边边长相对中误差	最弱边边长相对中误差
二级	9	$\pm1''$	1/300 000	1/200 000
三级	5	$\pm1.8''$	1/200 000(首级) 1/120 000(加密)	1/80 000

等级	平均边长/km	测角中误差	起始边边长相对中误差	最弱边边长相对中误差
四级	2	±2.5″	1/120 000(首级) 1/80 000(加密)	1/45 000
一级小三角	1	±5″	1/40 000	1/20 000
二级小三角	0.5	±10″	1/20 000	1/10 000

用附合导线做控制网加密,是测量人员常采用的一种灵活方便的方式。附合导线的精度可以用近似方法做初步估算,即按等边直伸导线加以分析。

在实际测量作业中,等边直伸导线很少碰到,但可将曲折程度不大的导线近似地看成直伸导线。设导线全长 L,导线的闭合边长(即导线两端点之间的直线距离)为 l,则它们的比值 K 可以反映导线的曲折程度。

$$K = \frac{L}{l}$$

由此可以看出:直伸导线 $K = 1$,闭合导线 $K \to \infty$。计算表示:当 $K < 1.2$ 时,将曲折导线看成是直伸导线计算,没有显著的差异;而将边长相等的导线看成等边导线来进行估算,也只有很小的差异。因此,在附合导线设计时,可以用等边直伸导线的有关公式做精度估算,如表7-7所示。

表 7-7　电磁波测距单线的主要技术要求

等级	附合导线长度/km	平均边长/m	每边测距中误差/mm	测角中误差/″	导线全长相对闭合差
一级	3.6	300	±15	±5	1/14 000
二级	2.4	200	±15	±8	1/10 000
三级	1.5	120	±15	±12	1/6 000

等边直伸支导线端点的纵、横向误差的计算公式如下。

纵向误差:

$$m_t = \pm \sqrt{n m_s^2 + \lambda^2 L^2}$$

横向误差:

$$m_u = \pm \frac{m_\beta L}{\rho} \sqrt{\frac{(n+1)(2n+1)}{6n}}$$

支导线端点的点位误差:

$$M = \pm \sqrt{m_t^2 + m_u^2}$$

式中:n——导线的边数;m_s——测距偶然误差;λ——测距系统误差。

全球定位系统(GPS)是一种新的测量技术,与常规控制测量技术相比,它有许多优点:不要求测站间通视,网的几何图形及点之间的距离长短可不受限制,外业时间短且基本上不受天气条件的约束,内外业结合,自动化程度高。但美中不足的是,GPS技术易受干扰,对地形、地物的遮挡高度有要求,以及需要进行外部检核。即便如此,GPS技术在测量控制网的布设中仍发挥着越来越重要的作用。

2.高程控制网

大比例尺测图所需的高程控制网,通常采用水准测量的方法建立。水准测量的等级分为二、三、四等,各等级的精度指标基本上与国家规范要求一致。大多数测区可以用三等水准测量来建立首级高程控制网,只有在很大测区或大中城市才使用二等水准网。用图根水准测量或三角高程测量测定图根点的高程,其主要技术指标如表 7-8 所示。

表 7-8　城市各等级水准测量主要技术要求

等级	每公里高差中数中误差		附合路线长度 /km	测段往返测高差不符值/mm	附合路线或环线闭合差/mm
	偶然中误差/mm	全中误差/mm			
二	±1	±2	400	$±4\sqrt{R}$	$±4\sqrt{L}$
三	±3	±6	45	$±12\sqrt{R}$	$±12\sqrt{L}$
四	±5	±10	15	$±20\sqrt{R}$	$±20\sqrt{L}$
图根	±10	±20	8		$±40\sqrt{L}$

任务 5　全站仪数字化测图技术

常规的白纸测图的实质是图解法测图,在测图过程中,将测得的观测值——数字值按图解法转化为静态的线画地形图。全站仪数字化测图的实质是解析法测图,将地形图形信息通过全站仪转化为数字输入计算机,以数字形式存储在存储器(数据库)中,形成数字地形图。

一、全站仪数字化测图中点的表示方法

地形图可以分解为点、线、面三种图形元素,而点是最基本的图形元素。测量工作的实质是测定点位。在全站仪数字化测图中,必须赋予测点以下三类信息:

(1)点的三维坐标(x、y、H)。全站仪是一种高效、快速的三维测量仪器,因此很容易做到这一点。

(2)点的属性。此点是地貌点还是地物点?是何种地物点?……属性用地形编码来表示,编码应按照规范进行,由大类码、小类码、一级代码、二级代码 4 部分组成,分别用 1 位十进制数字顺序排列。

(3)点的连接信息。测量得到的是点的点位,但此点是独立的地物,还要与其他测点相连形成一个地物,且需知道是以直线相连还是用曲线或弧线相连。也就是说,还必须给出应连接的连接点和连接线型的信息。连接点以其点号表示,线型规定为:1 为直线,2 为曲线,3 为弧线,空为独立点。

二、全站仪数字化测图的作业过程

全站仪数字化测图系统的基本硬件有全站仪、电子手簿、微型计算机、便携式计算机、打印机、绘图仪,软件系统的功能为:数据的图形处理、交互方式下的图形编辑、等高线自动生成、地形图绘制等。例如南方数码科技股份有限公司的 CASS、清华三维公司的 EPSW 等软件已用于测绘生产中。

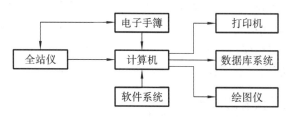

图 7-15　全站仪数字化测图

全站仪数字化测图分野外数据采集(包括数据编码)、计算机处理、成果输出 3 个阶段。数据采集是计算机绘图的基础,这一工作主要在外业期间完成。内业进行数据的图形处理,在人机交互方式下进行图形编辑的基础,生成绘图文件,由绘图仪绘制大比例尺地形图等,如图 7-14 所示。

1. 野外数据采集和编码

测量工作包括图根控制测量、测站点的增设和地形碎部点的测定,采用全站仪观测,用电子手簿记录数据(x、y、H)。每一个碎部点的记录,通常有点号、坐标以及编码、连接点和连接线型等信息码。信息码极为重要,因为数字测图在计算机制图中自动绘制地形符号就是通过识别测量点的信息码而执行相应的程序来完成的。信息码的输入可在地形碎部测量的同时进行,即观测每一碎部点后随即输入该点的信息码,或者是在碎步测量时绘制草图,随后按草图输入碎部点的信息码。地图上的地理名称及其他各种助记,一部分根据信息码由计算机自动处理外,不能自动助记的需要在草图上注明,在内业时通过人机交互编辑进行助记。

常规的地形测图工作要求对照实地绘制,而数字测图纪录的数字,很难在实地进行巡视检查。为克服数字测图记录的不直观性,可将便携式计算机与全站仪相连,用便携式计算机记录并显示图形,对照实地检查。更好的办法是用打印机绘制工作图,用以外业巡视检查。特别是在外业地点远离内业地点的情况下,必须有一定的措施对记录的数据和编码进行检查,以保证内业工作的顺利进行。

2. 数据处理和图形文件的生成

数据处理是大比例尺数字测图的一个重要环节,它直接影响最后输出的图解图的图面质量和数字图在数据库中的管理。外业记录的原始数据经计算机数据处理,生成图块文件后,在计算机屏幕上显示图形。然后在人机交互方式下进行地形图的编辑,生成数字地形图的图形文件。

数据处理分数据预处理、地物点的图形处理和地貌点的等高线处理。数据预处理是对原始记录数据做检查,删除已作废除标记的纪录和删去与图形生成无关的记录,补充碎部点的坐标计算和修改有错误的信息码。数据预处理后生成点文件,点文件以点为记录单元,记录内容是点号、编码、点之间的连接关系码和点的坐标。地物点的图形处理是根据点文件,将与地物有关的点记录生成地物图块文件,将与等高线有关的点记录生成等高线图块文件。地物图块文件的每一条记录以绘制地物符号为单元,其记录内容是地物编码、按连接顺序排列的地物点点号或点的 x、y 坐标值,以及点之间的连接线型码。地貌点的等高线处理是将表示地貌的离散点在考虑地性线、断裂线的条件下自动连接成三角形网络(TIN),建立起数字高程模型(DEM)。在三角形边上用内插法计算等高线通过点的平面位置 x、y,然后搜索同一条等高线上的点,依次连接排列起来,形成每一条等高线的图块记录。

图块文件经过人机交互编辑形成数字图的图形文件。图形文件根据数字图用途的不同有不同的要求。这种图形文件按一幅图为单元存储,用于绘制某一规定比例尺的地形图。而满足大比例尺数字图数据库的图形文件还需在上述图形文件的基础上做进一步的处理。

3. 地形图和测量成果报表的输出

计算机数据处理成果可分三路输出:一路到打印机,按需要打印出各种数据(原始数据、清样数据、控制点成果等);一路到绘图仪,绘制地形图;第三路可接数据库系统,将数据存储到数据库,并能根据需要随时取出数据绘制任何比例尺的地形图。

三、全站仪数字化测图的特点

(1)自动化程度高。数据成果易于存取,便于管理。

(2)精度高。地形测图和图根加密可同时进行,地形点到测站点的距离较常规测图可以放长。

(3)无缝接图。全站仪数字化测图不受图幅的限制,作业小组的任务可按河流、道路的自然分界来划分,以便于地形图的施测,也减少了很多常规测图的接边问题。

(4)便于使用。数字地形图不是依某一固定比例和固定的图幅大小来存储一幅图,它是以数字形式存储的 1∶1 的数字地图。根据用户的需要,在一定比例尺范围内可以输出不同比例尺图幅大小的地形图。

(5)全站仪数字化测图的立尺位置选择更为重要。全站仪数字化测图按点的坐标绘制地形图符号,要绘制地物就必须有轮廓特征点的全部坐标。在常规测图中,作业员可以对照实地用简单的几何作图绘制一些规则的地物轮廓,用目测绘制细小的地物和地貌形状。而全站仪数字化测图对需要表示的细部也必须立尺测量。全站仪数字化测图直接测量地形点的数目仍然比常规测图有所增加。

思考题

1. 如下图所示比例尺为十万分之一的地形图,回答下列问题:

(1)字母 C 表示的地形是_____。

(2)山脊线 E 的走向大致为 _____。

(3)图中有一陡崖,其相对高度 H 的范围是

A. 100 m≤H<300 m   B. 100 m≤H<200 m

C. 200 m≤H<300 m   D. 100 m<H≤300 m

(4)若站在山顶 A 和山顶 B 上,能看到河流上 D 处小船的是 _____山顶。

(5)图中所绘乙、丙两支流中,事实上不存在的是 _____支流。

(6)若将小河甲的水引向疗养院,图中两条规划路线①、②中哪条比较合理? 简述其原因。

(7)该区域的最高点海拔约在 _____米以上。

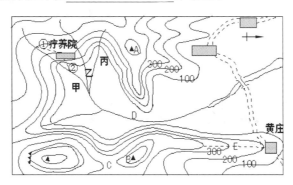

2. 如下图所示,回答如下问题:

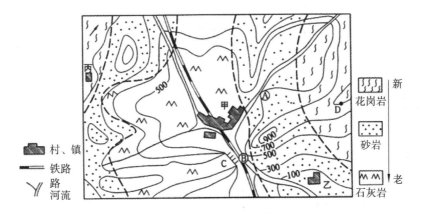

(1)D 点海拔是 _____米,C 陡崖的相对高度最多为 _____米。

(2)甲地地形是 _____,形成的主要地质作用是 _____。

(3)如果要在 A、B 两处选一处建水库,以解决甲镇的缺水问题,应该建在何处比较合理以及其原因。

(4)乙、丙分别发现了矿产,是否会一样以及其原因。

学习情境 8

建筑施工测量

任务 1 建筑施工测量的概述

一、建筑施工测量的目的和内容

建筑施工测量的目的是把设计的建筑物、构筑物的平面位置和高程,按设计要求以一定的精度测设在地面上,作为施工的依据,并在施工过程中进行一系列的测量工作,以衔接和指导各工序间的施工。

建筑施工测量贯穿于整个施工过程中。从场地平整、建筑物定位、基础施工,到建筑物构件的安装等,都需要进行建筑施工测量,这样才能使建筑物、构筑物各部分的尺寸、位置符合设计要求。有些工程竣工后,为了便于维修和扩建,还必须测出竣工图。有些高大或特殊的建筑物建成后,还要定期进行变形观测,以便积累资料,掌握变形的规律,为今后建筑物的设计、维护和使用提供资料。

二、建筑施工测量的特点

测绘地形图是将地面上的地物、地貌测绘在图纸上,而施工放样则和它相反,是将设计图纸上的建筑物、构筑物按其设计位置测设到相应的地面上。

测设精度的要求取决于建筑物或构筑物的大小、材料、用途和施工方法等因素。一般高层建筑物的测设精度应高于低层建筑物,钢结构厂房的测设精度应高于钢筋混凝土结构厂房,装配式建筑物的测设精度应高于非装配式建筑物。

建筑施工测量工作与工程质量及施工进度有着密切的联系。测量人员必须了解设计的内容、性质及其对测量工作的精度要求,熟悉图纸上的尺寸和高程数据,了解施工的全过程,并掌握施工现场的变动情况,使施工测量工作能够与施工密切配合。

另外,施工现场工种多,交叉作业频繁,并有大量土、石方填挖,地面变动很大,又有动力机械的震动,因此各种测量标志必须埋设稳固且在不易破坏的位置,还应做到妥善保护,经常检查,如有破坏,应及时恢复。

三、建筑施工测量的原则

施工现场上有各种建筑物、构筑物,且分布较广,往往又不是同时开工兴建。为了保证各个建筑物、构筑物的平面和高程位置都符合设计要求,互相连成统一的整体,建筑施工测量和测绘地形图一样,也要遵循"从整体到局部,先控制后碎部"的原则,即先在施工现场建立统一的平面控制网和高程控制网,然后以此为基础,测设出各个建筑物和构筑物的位置。

建筑施工测量的检核工作也很重要,必须采用各种不同的方法加强外业和内业的检核工作。

四、准备工作

在建筑施工测量之前,应建立健全的测量组织和检查制度,并核对设计图纸,检查总尺寸和分尺寸是否一致,总平面图和大样详图尺寸是否一致,不符之处要向设计单位提出,进行修正。然后对施工现场进行实地勘察,根据实际情况编制测设详图,计算测设数据。对建筑施工测量中所使用的仪器、工具应进行检验、校正,否则不能使用。工作中必须注意人身和仪器的安全,特别是在高空和危险地区进行测量时,必须采取防护措施。

任务 2 定位与放线

一、建筑物的定位

建筑物外廓轴线的交点(简称角点)控制着建筑物的位置,地面上表示这些点的桩位称为角桩。建筑物定位就是把角桩测设到地面上,然后根据角桩进行基础放线和细部放线。据施工现场情况及设计条件的不同,建筑物的定位方法主要有以下几种:

1. 根据与原有建筑物的关系定位

在建筑区内新建或扩建建筑物时,设计图上往往给出拟建建筑物与原有建筑物或道路中心线的位置关系,此时建筑物角桩即可根据图上给出的有关数据测设。如图 8-1 所示,实验楼为已有建筑物,图书馆为待建建筑物,它们相距 15.00 m,且要求北墙平齐。首先用钢尺沿实验楼东、西墙延长出一小段距离 d,分别定出 a、b 两点,然后将经纬仪置于 a 点照准 b 点,从 b 点沿视线方向量取 15.240 m(外墙轴线至外墙外侧为 0.24 m)定点为 m 点,继续向前量 30.00 m 定点 n 点。然后将经纬仪分别置于 m、n 点,瞄准 a 点,测设 90°角,用正倒镜法沿视线方向量取 $d+0.24$ m,得 A、B 两点,从 A、B 两点继续量取 12.00 m,得 C、D 两点。所定 A、B、C、D 4 个点即为图书馆楼主轴线的交点桩,亦为角桩。最后,用经纬仪检测 4 个角是否等于 90°,AB、CD 的距离是否为 30.00 m,其角度误差应小于 $±40''$,距离误差(与设计长度的相对误差)应小于 1/2 000。

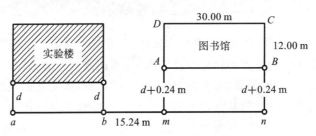

图 8-1　根据与原有建筑物的关系定位

2. 根据建筑方格网定位

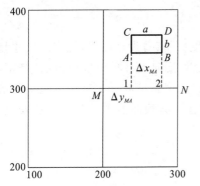

图 8-2　根据建筑方格网定位

建筑施工场地若有建筑方格网,则可用直角坐标法测设角桩。如图 8-2 所示,A、B、C、D 为建筑物主轴线的交点,其坐标(见表 8-1)已知,由 A、B 点的坐标值计算建筑物的长度。

长度 $a=(260.74-216.50)$ m$=44.24$ m

宽度 $b=(360.74-346.50)$ m$=14.24$ m

由 M、A 坐标值计算坐标增量:

$\Delta x_{MA}=(346.50-300.00)$ m$=46.50$ m

$\Delta y_{MA}=(216.50-200.00)$ m$=16.50$ m

测设时,先把经纬仪置于格网点 M 上,瞄准 N 点,沿视线方向量取 Δy_{MA},定点 1。再由 1 点沿视线方向量取建筑物长度 a,定点 2。然后,将经纬仪置于 1 点,瞄准 N 点,逆时针测设 90°角,在视线方向量取 Δx_{MA},定点 A,再由 A 点继续向前量取建筑物的宽度 b,定点 C。之后,将经纬仪置于 2 点,同法定出 B 点及 D 点。最后进行校核,量取 AB、CD、AC、BD 的长度,看其是否等于建筑物的设计长度。

表 8-1　建筑交点坐标

点号	x/m	y/m
A	346.50	216.50
B	346.50	260.74
C	360.74	216.50
D	360.74	260.74

3. 根据已有控制点定位

如图 8-3 所示,1、2、3、4 点为导线控制点,A、B、C、D 点为建筑物的主轴线交点,其坐标均已知,通过坐标反算可得到距离 D_{2A}、D_{3B} 以及夹角 β_1、β_2。分别将经纬仪置于 2、3 点,用极坐标法

即可定出 A、B 点。根据地形情况,也可以用角度交会法测设。

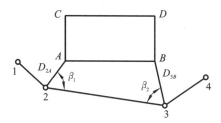

图 8-3　根据已有控制点定位

二、建筑物的放线

建筑物的放线是根据已定位的外墙轴线交点桩详细测设出建筑物其他各轴线交点的位置,并用木桩(桩上钉小钉)标定出来,称为中心桩,并据此按基础宽和放坡宽度用白灰线撒出基槽开挖边界线。

由于基槽开挖后角桩和中心桩将被挖掉,为了便于在施工中恢复轴线的位置,应把各轴线延长到槽外安全地点,并做好标志,其方法有设置轴线的控制桩和龙门板两种形式。

1.设置轴线的控制桩

轴线控制桩设置在基础轴线的延长线上,作为开槽后各施工阶段恢复各轴线的依据。轴线控制桩离基槽外边线的距离应根据施工场地的条件而定,一般设于离基槽外边 2～4 m 不受施工干扰并便于引测的地方。如果场地附近有建筑物或围墙,也可将轴线投设在建筑的墙体上做出标志,作为恢复轴线的依据。测设步骤如下:

(1)将经纬仪安置在轴线交点处,对中整平,将望远镜十字丝纵丝照准地面上的轴线,再抬高望远镜把轴线延长到离基槽外边规定的数值上,钉设轴线控制桩,并在桩上的望远镜十字丝交点处钉一小钉作为轴线钉。一般在同一侧离开基槽外边的数值相同(如同一侧离基槽外边的控制桩都为 3 m),并要求同一侧的控制桩要在同一竖直面上。

倒转望远镜将另一端的轴线控制桩也测设于地面。将照准部转动 $90°$ 可测设相互垂直轴线,轴线控制桩要钉的竖直、牢固,木桩侧面与基槽平行。

(2)用水准仪根据建筑场地的水准点,在控制桩上测设 $±0.000$ m 标高线,并沿 $±0.000$ m 标高线钉设控制板,以便竖立水准尺测设标高。

(3)用钢尺沿控制桩检查轴线钉间距,经检核合格以后以轴线为准,将基槽开挖边界线划在地面上,拉线,用石灰撒出开挖边线。

2.设置龙门板

在一般民用建筑中,为了施工方便,在基槽外一定距离钉设龙门板。钉设龙门板的步骤如下:

(1)在建筑物四角和隔墙两端基槽开挖边线以外的 1～1.5 m(根据土质情况和挖槽深度确定)处钉设龙门板,龙门桩要钉的竖直、牢固,木桩侧面与基槽平行。

（2）根据建筑物场地的水准点，在每个龙门桩上测设±0.000 m标高线，在现场条件不许可时，也可测设比±0.000 m高或低的一定数值的线。

（3）在龙门桩上测设同一高程线，钉设龙门板，这样，龙门板的顶面标高就在一水平面上了。龙门板标高测设的容许差一般为±5 mm。

（4）根据轴线桩，用经纬仪将墙、柱的轴线投到龙门板顶面上，并钉上小钉标明，称为轴线投点，投点的容许差为±5 mm。

（5）用钢尺沿龙门板顶面检查轴线钉的间距，经检查合格后，以轴线钉为准，将墙宽、槽宽画在龙门板上，最后根据基槽上口宽度拉线，沿石灰撒出开挖线。

注意：机械化施工时，一般只测设控制桩而不设龙门板和龙门桩。

任务 **3** 基础施工、墙体工程施工测量

一、基础施工的测量工作

基础开挖前，根据轴线控制桩（或龙门板）的轴线位置和基础宽度，并顾及基础挖深应放坡的尺寸，在地面上用白灰放出基槽边线（或称基础开挖线）。

开挖基槽时，不得超挖基底，要随时注意挖土的深度，当基槽挖到离槽底 0.300～0.500 m 时，用水准仪在槽壁上每隔 2～3 m 和拐角处钉一个水平桩，用以控制挖槽深度及作为清理槽底和铺设垫层的依据，如图 8-4 所示。

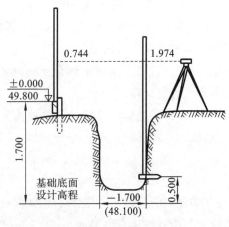

图 8-4　基槽水平桩测设

二、墙体工程施工测量

1. 墙身投测

在基础施工时,由于土方及材料的堆放、搬运等原因,有可能碰动龙门板或控制桩,使其产生位移,所以,基础施工结束后,应对其进行认真检查复核。无误后,可利用龙门板或控制桩将轴线投测到基础物或防潮层的侧面,如图8-5所示。轴线位置在上部砌体确定以后,就可以此进行墙体的砌筑,同时也代替了控制桩的作用,作为向上投测轴线的依据。

2. 皮数杆的设置

如图8-6所示,皮数杆是砌墙时掌握墙身各部位标高和砖行水平的主要依据。建筑物的剖面图画有每皮砖和灰缝的厚度,同时也注明了窗口、过梁、圈梁、楼板等位置和尺寸大小。

皮数杆一般立在建筑物拐角和隔墙处。立皮数杆时,先在地面上打一木桩,用水准仪测出±0标高位置,然后把皮数杆上的±0线与木桩上的±0对齐、钉牢。为方便施工,采用里脚手架时,皮数杆立在墙外边;采用外脚手架时,皮数杆应立在墙里边。皮数杆钉好后,要用水准仪进行检测,并用垂球来校正皮数杆的竖直。另外,在框架或钢筋混凝土柱间砌砖时,每层皮数杆可直接画在构件上,而不立皮数杆。

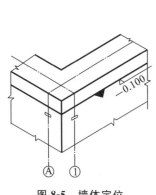

图8-5 墙体定位

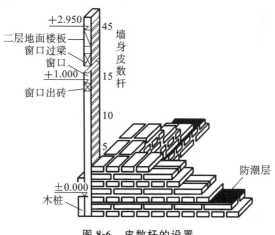

图8-6 皮数杆的设置

思考题

1. 施工测量的目的和内容分别是什么?
2. 施工测量的原则是什么?
3. 龙门板和控制桩的作用是什么?如何设置它们?
4. 简述建筑物放线的方法。

学习情境 9

道路桥隧施工测量

任务 1 线路工程测量

　　线路是指道路工程以及给水管、排水管、电力线、通信线及各种工业管道等的总称。在这些线路工程的勘测设计和施工阶段所进行的测量工作称为线路工程测量。随着经济的发展、城市的不断扩大，城市建设中的线路工程也要不断地进行发展建设。这些线路工程测量工作的主要内容有如下几点：

　　(1)收集规划设计区域内各种比例尺地形图、平面图和断面图资料，收集沿线水文、地质以及控制点等有关资料。

　　(2)根据工程要求，利用已有地形图，结合现场勘察，在中小比例尺图上确定规划路线走向、编制比较方案等初步设计。

　　(3)根据设计方案在实地标出线路的基本走向，沿着基本走向进行控制测量，包括平面控制测量和高程控制测量。

　　(4)结合线路工程的需要，沿着基本走向测绘带状地形图或平面图，在指定地点测绘地形图。

　　(5)根据定线设计把线路中心线上的各类点位测设到实地，称为中线测量。中线测量包括线路起止点、转折点、曲线主点和线路中心里程桩、加桩等的测量工作。

　　(6)根据工程需要测绘线路纵断面图和横断面图。

　　(7)根据线路工程的详细设计进行施工测量。工程竣工后，对照工程实体测绘竣工平面图和断面图。

　　线路平面控制测量的形式以 GPS 卫星测量为主，等级一般为 D、E 级；在布设网点时应充分考虑测图和施工测量的特点，重要地段每 1 km 左右、一般地段每 1～2 km 必须有一对 GPS 点相互通视；各控制网点应非常稳定，便于使用和加密；布网时应尽量采用边连接，若条件较好时可以采用点连接；有关其他要求详见 GPS 测量规范及规程等。

　　平原和丘陵地区的高程控制测量以水准测量为主，山区则以光电测距三角高程测量为主，等级一般为三、四等。在大沟谷和大河流的两侧，在穿越铁路和高等级公路附近，在越岭的坡脚和垭口附近等处均应设立等级水准点,水准点的间距为1～2 km。

若采用光电测距三角高程,必须进行精度预计,确定点间的平均边长,以保证布点按平均边长要求进行。确定距离、竖直角、仪器高、觇标高的测量精度及测回数,以保证在同等距离条件下三角高程的高差测量精度等同于水准测量的精度。

目前测绘带状地形图的主要方法有航空摄影测量方法和用全站仪、GPS(RTK)测量的方法等,成图均利用软件进行数字成图。在测绘带状地形图时应注意以下几点:

(1)地形图的走向与线路的纵向必须一致,测绘的宽度不得小于规定的距离。

(2)对线路区域内的各种地上、地下管线和公路、铁路、通信线、电力线等必须测绘。地下管线必须测量埋深,注明管径、管材等,悬空管线等必须测量净高。

(3)对线路经由的大沟谷、河流等地,必须测绘沟岸、河岸、河流的水崖线和最高洪水位、沟谷的谷底等。

(4)对线路经由田地、树林等地,必须测绘不同类别、不同性质的地类界,并要注明性质(如旱田、水田、沼泽地、经济林、苗莆等),若是林地则必须注明树林的平均高度。

(5)出图原则要求图边与线路的纵向一致,接边按对应的方格网进行接图等。

(6)线路的定测或详测就是要将图纸上设计(初步设计或终审设计)好的线路位置测设于实地,并沿线路中线方向进行纵、横断面测量等。若设计在个别地段存在严重缺陷,必须提交报告,进行变更设计。

一、线路中线的测设

无论何种线路,对于中线的测设原则上分为线路交点的测设和线路中线的测设这两个阶段。其中,对于公路、铁路线路中线的测设又分为直线段、曲线段中线的测设。

1.线路交点的测设与偏角测设

1)线路交点与偏角

线路交点:线路方向发生改变,两方向线的交点即为线路的交点,通常用JD表示。

线路偏角:线路现行进方向偏离原行进方向的水平夹角,偏离原行进方向右侧的称为右偏角,左侧的称为左偏角。

线路交点与偏角如图9-1所示。

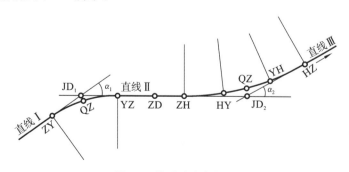

图9-1 线路交点与偏角

2)线路交点的测设

线路交点的测设是依据线路交点的设计坐标(图解或设计给定)或给定线路的分段长度及线路偏角,测设交点。测设方法目前多采用 RTK 实时定点或全站仪坐标法测设。测设完后,需要再精确测定交点的坐标。

3)偏角测量

若用 RTK 方法精确测定交点的坐标后,可利用测定的坐标进行解算偏角;若用全站仪测设交点,一般应在交点测设完立即进行水平角测量(一测回),然后解算偏角。

2. 线路中线的测设

直线段一般每 20~50 m 测设一点,测设后以木桩标示点位,并用里程代以点号,如点号为 DK10+350.00 表示其距离线路起点的里程为 10 350.00 m。距离为规定距离整倍数的为整桩。一般用 RTK 或全站仪坐标法测设。若线路经由田地、林地、各类管线、道路、河流、沟谷等地,必须在交汇处及其重要特征点(如河堤、河岸、谷底等)处设立加桩。

二、线路纵断面图测绘

线路纵断面测量就是要利用基平测量的高程点及成果,沿着线路的中线方向测定各中桩点的地面高程,并绘制纵断面图。纵断面测量的方法主要为工程水准测量方法(工程中又称为视线高法)和光电测距三角高程法。

1. 工程水准测量方法

工程水准测量方法实际上是水准测量方法与视线高法的结合,即对于水准点与转点、转点与转点间用水准测量方法,而在一站内用视线高法测定各中桩点的地面高程,如图 9-2 所示。

2. 光电测距三角高程法

光电测距三角高程法与工程水准测量方法基本相同,只是对于长距离测量时必须考虑球气差,要加此项改正。

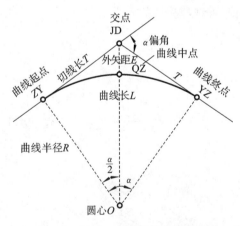

图 9-2 工程水准测量方法测量纵断面

另外,测站点若为非水准点时,必须进行直、反觇观测,其高差较差应符合限差要求。每日测量前必须检测竖盘指标差 i,对中桩点竖直角观测一般为单镜位观测等。

线路纵断面图实际上是线路沿中线方向的剖面图,即以线路中线为横轴、以高程为纵轴展绘各中桩点的地面高程,并将相邻点用直线或光滑的曲线进行连接,如图 9-3 所示。

横轴比例尺与地形图的比例尺一致,一般为 1/1 000 或 1/2 000,起点为线路的起点,中桩点

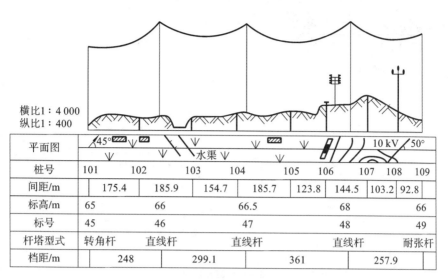

图 9-3　线路纵断面图

依据其里程展绘。纵轴比例尺视情况而定,通常为横轴比例尺的1~10倍,且每幅图的纵轴起点可以依据幅内中桩点的高程确定,但一般均为 5 m 或 10 m 的整倍数。每幅图内必须注明纵、横向比例尺及在纵轴上注明整百米或整十米的高程。除此之外,在纵断面图上还必须标注其他相关的主要信息。

三、线路横断面图测绘

线路横断面即指垂直于线路中线方向的断面。并非所有的中桩点都要测横断面,一般整桩点均要测,除此之外,重要地段的加桩点、横断面较复杂的加桩点也要测横断面。横断面的宽度视要求和断面情况而定,高等级公路和铁路单向宽度一般为 50~150 m,一般公路和管线、送变电线路等为 20~50 m。线路横断面测量的方法主要有水准仪法(适用于平坦地区)、经纬仪法、花杆皮尺法(适用于低精度断面测量)、全站仪测量法、RTK 测量方法等。在测量时主要应注意以下几点:

(1)横断面方向必须垂直于中线方向。

(2)以线路前进方向为准分左、右两侧,有关数据必须记录清楚是左侧的,还是右侧的,断面编号为中桩点号。

(3)对于不在横断面上且又近于横断面上的地物、重要地形点也必须测定,列入断面点。

(4)左侧和右侧距中桩最远断面点不得小于规定的要求,并应适当增加1~2点。

线路横断面图是以垂直线路中线方向为横轴、以高程为纵轴展绘断面点的地面高程,并将相邻点用直线或光滑的曲线进行连接。纵轴、横轴比例尺一致,一般为 1/100 或 1/200,编号为中桩点里程号。绘图时中桩点居中,分别依比例尺展绘左侧、右侧断面点,再用直线或光滑曲线连接,如图 9-4 所示。

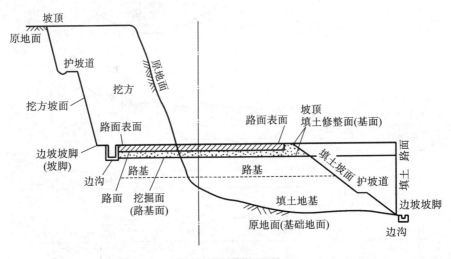

图 9-4　线路横断面图

四、土石方工程量计算

横断面图画好后,经路基设计,先在透明纸上按与横断面图相同的比例尺分别绘制出路堑、路堤和半填半挖的路基设计线(称为标准断面图),然后按纵断面图上该中桩的设计高程把标准断面图套到该实测的横断面图上,俗称"套帽子"。

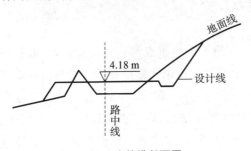

图 9-5　路基横断面图

也可将路基断面设计线直接画在横断图上,绘制成路基断面图。图 9-5 所示为半填半挖的路基断面图,通过计算断面图的填、挖断面面积及相邻中桩间的距离,便可以计算出施工的土石方量。

(一)横断面面积的计算

路基填、挖面积,就是横断面图上原地面线与路基设计线所包围的面积。横断面面积一般为不规则的几何图形,计算方法有积距法、几何图形法、求积仪法、坐标法和方格法等,常用的是积距法和几何图形法。

1. 积距法

积距法是单位横宽 b 把横断面划分为若干个梯形和三角形条块,见图 9-6,则每一个小条块的近似面积等于其平均高度 h_i 乘以横距 b_i,断面积总和等于各条面积的总和,即

$$A = \sum_{i=1}^{n} h_i b_i$$

通常横断面图都是测绘在方格纸上,一般可取粗线间距 1 cm 为单位,如测图比例尺为 1:500,则单位横距 b 为 5 m,按上式即可求得断面面积。

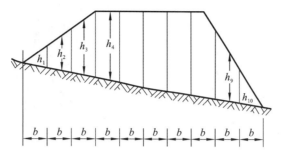

图 9-6　积距法计算横断面面积

平均高差总和 $\sum h_i$ 可用卡规求得,如填挖断面较大时,可改用纸条,即用厘米方格纸折成在条状作为量尺量得。该法计算迅速,简单方便,可直接得出填挖面积。

2. 几何图形法

几何图形法是当横断面地面较规则时,可分成几个规则的几何图形,如三角形、梯形或矩形等,然后分别计算面积,即可得出总面积值。另外,计算横断面面积时,应注意如下几点:①将填方面积 A_t 和挖方面积 A_w 分别计算;②计算挖方面积时,边沟在一定条件下是定值,故边沟面积可单独计算出直接加在挖方面积内,而不必连同挖方面积一并卡积距;③横断面面积计算取值到 0.1 mm^2,算出后可填写在横断面图上,以便计算土石方量。

(二)路基土石方量计算

对于填挖过渡地段,如图 9-7 所示,其中 L 为相邻两桩间距离。

为精确计算其土石方体积,应确定其中挖方或填方面积正好为零的断面位置。设 L 为从零填断面 A_t 到零挖断面 A_w 的距离,则此路段锥体的体积为:

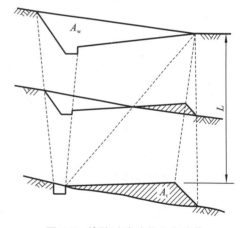

图 9-7　填挖过渡地段土方计算

$$\begin{cases} \sin\left(\dfrac{l^2}{2c}\right) = \dfrac{l^2}{2c} - \dfrac{l^6}{48c^3} + \dfrac{l^{10}}{3\,840c^3} - \cdots \\ \cos\left(\dfrac{l^2}{2c}\right) = 1 - \dfrac{l^4}{8c^2} + \dfrac{l^8}{384c^4} - \cdots \end{cases}$$

当道路的方向发生改变时,需要用曲线予以连接。曲线测设是道路工程测量最主要的内容之一。曲线按性质分类为平曲线、纵曲线。平曲线按形式又可分类为圆曲线、缓和曲线、复曲线、反向曲线、回头曲线、卵形曲线、凸型曲线等,见图9-8。纵曲线按形式又可分类为圆曲线、抛物线等。

平曲线测设的主要方法有偏角法、切线支距法(直角坐标法)、极坐标法、全站仪坐标法、GPS RTK 测设法等,目前应用较多的平曲线测设方法是偏角法、全站仪坐标法和 GPS RTK 测设法。纵曲线测设的主要方法有水准法、光电测距三角高程法,其中以水准法为主,若用光电测距三角高程法时对部分点位要用水准法予以检查。

单圆曲线简称圆曲线,若按常规方法测设,通常分两步进行,即圆曲线主点(起控制作用的点)的测设和曲线细部点的测设。

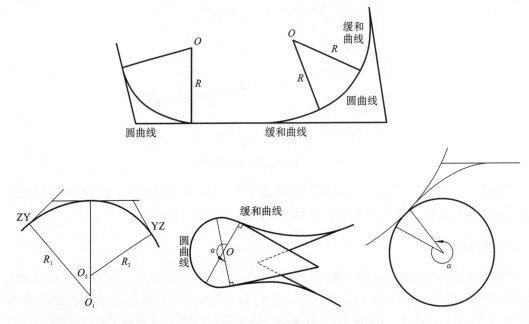

图 9-8 常见平曲线

1.圆曲线要素及计算

如图 9-9 所示,圆曲线的半径 R、偏角 α、切线长 T、曲线长 L、外矢距 E、切曲差 q,通称为圆曲线要素。R、α 是已知数据,R 是在线路设计中按线路等级及地形条件等因素选定的,α 是线路定测时测定的。其余元素按下列关系式计算,即 $DF \approx CD = E$

例如,$\alpha = 10°25'$、$R = 800$ m,则可计算出:

$T = 72.92$ m、$L = 145.45$ m、$E = 3.32$ m、$q = 0.39$ m。

图 9-9 圆曲线

2.圆曲线主点及主点里程的计算

如图 9-9 所示,圆曲线的主点为:直圆点 ZY、曲中点 QZ、圆直点 YZ。各主点里程依据交点(JD)的里程计算。设交点里程为 JDDK,则各主点的里程为:

$$\begin{cases} ZYDK = JDDK - T \\ QZDK = ZKDK + L/2 \\ YZDK = ZYDK + L = JDDK + T - q \end{cases}$$

例如,JD 里程为 DK11+295.78,其他数据同上例,则可计算出各主点的里程为:

$$ZYDK = JDDK11 + 295.78 - 72.92 = ZYDK11 + 222.86$$

$$QZDK = ZYDK11 + 222.86 + 72.72 = QZDK11 + 295.58$$

$$YZDK = ZYDK11 + 222.86 + 145.45 = YZDK11 + 368.31$$

检核: $YZDK = JDDK11 + 295.78 + 72.92 - 0.39 = YZDK11 + 368.31$

3.圆曲线主点的测设

如图 9-10 所示,测设圆曲线各主点的步骤如下:首先,在交点 JD 处安置仪器,以线路方向(转点桩或交点桩)定向,即确定切线方向;其次,从 JD 点起沿视线方向量分别取切线长 T,确定 ZY 点和 YZ 点;然后,后视 YZ 点,用正、倒分中法正拨(右偏)或反拨(左偏)90°~$\alpha/2$(图中的 β 角)定出分中点视线方向;最后,沿分中点视线方向量取外矢距 E,确定 QZ 点。

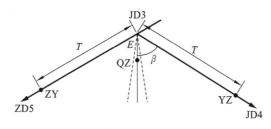

图 9-10　圆曲线主点测设

4.圆曲线细部点的测设

圆曲线细部点的测设方法较多,有偏角法、切线支距法、弦线偏距法、弦线支距法、割线法、全站仪坐标测设法、RTK 坐标测设法等。

1)偏角法

偏角法实质是角度与距离交会的一种方法。如图 9-11 所示,测设给定的点间距 l(以直代曲的长度)、曲线点的偏角 δ_i。

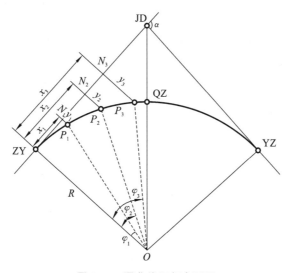

图 9-11　圆曲线细部点测设

由于曲线半径 R 较大,相邻两个测设点间的弧长所对的圆心角较小,这使得弦长(测设时为 10 m、20 m 或 50 m)和弧长之差很小(通常小于量距误差),所以,实际测设时均以弦长代替弧长。

圆曲线细部点测设步骤如下:①在 ZY 点整置仪器,照准交点 JD,度盘置 0;②拨角 δ_1(注意是正拨角还是反拨角),延视线方向量取长 l,确定 1 点,钉木桩并以小钉标志点位;③拨角 δ_2,从已测设的 1 点开始,量长 l,其端点恰与视线相交,确定 2 点,钉入木桩并以小钉标志点位;④按上述方法进行其他各点的测设,直至 QZ 点(QZ 点也要按此方法放出,用以检查测设质量及调整其他各点)。

圆曲线测设闭合差调整的方法如图 9-12 所示。由于测设时各种误差的累积,详细测设时的曲中点 QZ′ 与主点测设时的 QZ 点不重合,其距离称为曲线测设的闭合差 f。f 沿 QZ 点切线方向的分量称为纵向闭合差 f_x,其相对允许值为 1/2 000;f 沿 QZ 点向径方向的分量称为横向闭合差 f_y,其允许值为 ±10 cm。若测设满足上述精度要求,则对各点按与距离成正比例的关系进行点位调整;否则,应对测设点进行检查,修正粗差点和错误点。

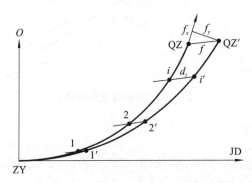

图 9-12　圆曲线测设闭合差调整

调整的步骤如下:①确定调整方向,与 QZ′(细部测设)至 QZ(主点测设)的方向一致;②确定调整量,调整量按与距离成正比例分配。

上面述及的方法为整桩法,各点测设完后一定要注意补齐百米桩。补设百米桩可直接依据测设的邻近点及里程内插。例如 ZYDK11+368.22,点间距为 20 m,若整桩法第 1 点为 DK11+388.22,第 2 点为 DK11+408.22,各点调整后需要补设百米桩 DK11+400。为防止丢失百米桩,也可采用凑整方法,即对测设的第 1 点进行里程凑整,但凑整距离不得大于规定的点间距,各点测设方法同整桩法。

如上例,若采用凑整方法测设,则第 1 点里程应凑整为 DK11+380.22,其偏角按对应弧长 $l_1 = 11.78$ m 计算,其他点以 $l = 20$ m 弧长为基准计算。

2)切线支距法

切线支距法是建立以 ZY 点(或 YZ 点)为原点,以切线方向(指向 JD 点)为 x 轴、径向方向为 y 轴的独立直角坐标系,并依据点间距 l 计算各测设点的独立直角坐标,再用支距法实际测设各点位的方法,如图 9-13 所示。这种方法为实现由全站仪、RTK 进行坐标放样提供了坐标转换模型基础。

由给定的点间距 l(以直代曲的长度),计算各测设点的坐标 x、y,即

$$\begin{cases} \theta_i = \dfrac{l_i}{R} \cdot \dfrac{180}{\pi} \\ x_i = R\sin\theta_i \\ y_i = R(1-\cos\theta_i) \end{cases}$$

测设步骤如图 9-14 所示。首先,在 ZY 点整置仪器,照准 JD 点确定切线方向,沿此方向依次量取 x_1、x_2……得点 1′、2′……并临时标定;其次,分别在垂足点 1′、2′……整置仪器,照准 JD

点拨直角,并沿对应视线方向量取 y_1、y_2……得测设点1、2……钉入木桩并以小钉标志点位;然后,曲线细部点测设结束,应对点间距予以检查,使其点位误差合乎要求,否则,对误差超限点位,应予重新测设、调整;最后,在确认各点位正确后,若有百米桩未测设,需要用其邻近的曲线细部点,用直线内插的方法测设,并分别钉入点位桩与标志桩。

3)坐标法

坐标法的测设数据主要是计算圆曲线主点和细部点的坐标,然后根据控制点和细部点的坐标利用全站仪或 GPS RTK 即可测设,不需要计算测设数据。

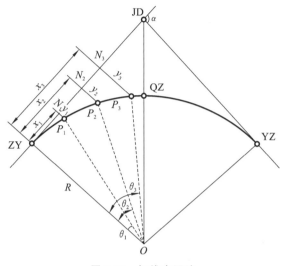

图 9-13　切线支距法

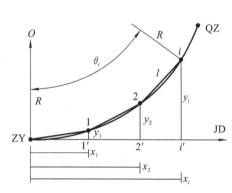

图 9-14　切线支距法测设示意图

五、缓和曲线测设

车辆由直线进入圆曲线行驶时会产生离心力,故在圆曲线上要用外侧超高的方法克服离心力。离心力的大小与行车速度、曲线半径等因素有关,半径愈小离心力愈大,外侧超高也应愈大。为了保证行车安全和延长车辆使用寿命等,外侧超高应有一个渐变的过程,在等级线路中,通常在直线和圆曲线之间插入一段半径由 ∞ 渐变到 R(或由 R 渐变到 ∞)的曲线——缓和曲线。缓和曲线可以是螺旋线、三次抛物线等空间曲线。目前,我国公路、铁路通常用螺旋线作为缓和曲线。

缓和曲线上任一点的曲率半径为 ρ,当 l 为缓和曲线全长 l_s 时,$\rho=R$,则:

$$C=Rl_s$$

那么缓和曲线长 l_s 为:

$$l_s=0.035\frac{V^2}{R}$$

切线角(或偏向角)的计算如图 9-15 所示,对于微分弧段 dl 有:

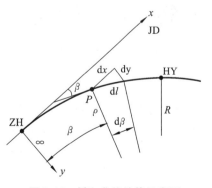

图 9-15　缓和曲线计算示意图

$$d\beta = \frac{dl}{\rho} = \frac{l}{c} \cdot dl$$

$$\begin{cases} \sin\left(\dfrac{l^2}{2c}\right) = \dfrac{l^2}{2c} - \dfrac{l^6}{48c^3} + \dfrac{l^{10}}{3\,840c^5} - \cdots \\ \cos\left(\dfrac{l^2}{2c}\right) = 1 - \dfrac{l^4}{8c^2} + \dfrac{l^8}{384c^4} - \cdots \end{cases}$$

当 $l = l_s$ 时,切线角为:

$$\beta_0 = \frac{l_s}{2R}$$

对于微分弧段 dl 的分量 dx、dy 有:

$$\begin{cases} dx = dl \cdot \cos\beta \\ dy = dl \cdot \sin\beta \end{cases}$$

$$\begin{cases} x = \displaystyle\int_0^l \cos\left(\dfrac{1}{2c}\right)^2 dl \\ y = \displaystyle\int_0^l \sin\left(\dfrac{1}{2c}\right)^2 dl \end{cases}$$

因 β 是小量,故对 $\sin\beta$、$\cos\beta$ 进行级数展开得:

$$\begin{cases} \sin\left(\dfrac{l^2}{2c}\right) = \dfrac{l^2}{2c} - \dfrac{l^6}{48c^3} + \dfrac{l^{10}}{3\,840c^5} - \cdots \\ \cos\left(\dfrac{l^2}{2c}\right) = 1 - \dfrac{l^4}{8c^2} + \dfrac{l^8}{384c^4} - \cdots \end{cases}$$

将上式代至 x、y 式中得:

$$\begin{cases} x = \displaystyle\int_0^l \cos\left(\dfrac{1}{2c}\right)^2 dl = l - \dfrac{l^5}{40R^2 l_s^3} + \dfrac{l^9}{3\,456R^2 4_s^4} - \cdots \approx l - \dfrac{l^5}{40R^2 l_s^3} \\ y = \displaystyle\int_0^l \sin\left(\dfrac{1}{2c}\right)^2 dl = \dfrac{l^3}{6Rl_s} - \dfrac{l^7}{336R^3 l_s^6} + \cdots \approx \dfrac{l^3}{6Rl_s} \end{cases}$$

任务 2 道路施工测量

道路施工测量的主要工作包括恢复道路中线,测设施工控制桩、路基边桩,竖曲线测设,路面和路拱测设,竣工测量。从道路勘测,经过工程设计到开始施工这段时间里,往往有一部分中线桩点被碰动或丢失。为了确保路线中线位置正确无误,施工前应进行一次复核测量,将已经丢失或碰动过的交点桩、里程桩等恢复和校正好,其方法与中线测量基本相同,只不过恢复中线测量是局部性的工作。

由于路线中线桩在施工中要被挖掉或堆埋,为了在施工中控制中线位置,需要在不易受施工破坏、便于引测、易于保存桩位的地方测设施工控制桩,其方法有延长线法。延长线法是在道路转折处的延长线上,以及曲线中点至交点的延长线上测设施工控制桩,如图9-16所示。每条延长线上应设置两个以上的控制桩,量出其间距及与交点的距离,做好记录,据此恢复中线交点。延长线法多用于地势起伏较大、直线段较短的道路。

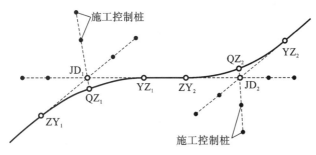

图 9-16 延长线法

路基的形式主要有三种,即填方路基(称为路堤,如图 9-17(a)所示)、挖方路基(称为路堑,如图 9-17(b)所示)。

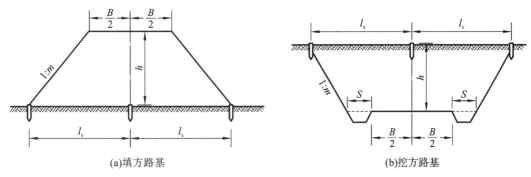

(a)填方路基　　　　　　　　　　　(b)挖方路基

图 9-17 平坦地面的填、挖路基

一、线路的复测工作

1. 收集资料

(1)进场后首先要与设计单位、建设单位或监理单位联系,索取本标段域内的控制网资料,包括对控制点的现场核对,资料与实地控制点是否一一对应。要了解控制网的坐标系、高程系、投影面。实地查验控制点是否完善与稳固,有否破坏、丢失、移动现象。如果有被破坏、丢失、移位的现象,应书面向资料来源单位报告,以求补救。

(2)仔细阅读图纸,特别是本标路段总平面布置图。根据图纸整理线路线性设计元数,查阅并收集相关数据资料,以能够满足线路中桩定线需要为原则,需要计算时当计算之(一般情况下线路中桩坐标设计会给出的)。

(3)实地踏勘,了解本标路段地理现状,根据图纸设计的线路工程结构、分布状况、控制网技术资料,制定本标段施测方案,方案中应包括人员配备、资质结构、人员数量、仪器选型、配套设备、材料计划。

（4）根据相关规范要求，编制施工测量技术措施，措施中应明确依照技术标准和有关规范以及使用仪器的型号、规格、质量保证措施，各项技术指标，计算机软件，仪器合格证件。

2. 对原有控制网的复核测量

测量工作人员在经过对控制网资料包括实地一一核对，确认无误后，要对本标段域内的控制网点包括高程控制网点进行复核测量。复核测量精度应不低于原控制网标准，复核测量采用什么方法，需要因地制宜，因时制宜，因力制宜。

（1）平面控制点复核测量。如果本标段域较短，且标段内仅有CPⅡ级控制点，而自己单位又无全球定位系统GPS，可用不低于2 s、2＋2 ppm的全站仪，按照四等导线技术标准要求进行复核测量，其边长投影改正应与原控制网的投影面一致。在地势开阔地区、通视良好的情况下，可直接复核测量CPⅡ控制网点。

由于CPⅡ网点间距较长，一般在800 m到1 000 m，大多数情况下难于通视，需要采用过度点来进行CPⅡ复核测量。过度点的选择应越少越好，最多3个点为宜。对CPⅡ的复核测量应建立于CPⅠ控制网点上。

复核测量结果与原资料比较限差时，导线方位角闭合差不大于$5\sqrt{n}''$（n为测站数），距离不大于2 mD（mD为仪器标称精度），导线长度闭合差不大于1/40 000。

按照此规定，复核测量纵横坐标值较差不大于14 mm，方能够保证导线在800 m时全长相对闭合差不大于1/40 000。当复核测量结果满足上述要求，即认为原点可靠，资料可用，在施工中应以原资料为准。

如果复核测量纵横坐标差大于15 mm，或更大，应查明原因，否则，应重新进行复核测量。如果两次复核测量结果吻合，则应书面向上级有关部门报告，要求变更原资料成果。

若标段域较长，且控制网点CPⅠ、CPⅡ都存在的话，需购置全球定位系统GPS，其数量不少于3个，标称精度不低于5＋1 ppm。按照同等级要求对原控制网点进行复核测量，如果距CP0不远，则应联测CP0网点。

复核测量的精度指标与技术要求应遵照相关规范规定。复核测量结果与原控制网点资料较差对于CPⅠ点位中误差不大于10 mm，纵横坐标差不大于20 mm，CPⅡ不大于15 mm。如果较差过大，需查明原因，否则重新进行复核测量。当确认无误后，应书面报告复核测量结果，未批复前应使用原数据资料。无论是导线，还是GPS的平差计算均须使用正规软件。

（2）高程复核测量。水准基点的布设间距一般在2 km左右，对于水准基点的复核测量，应严格按照二等水准观测技术要求，对本标段域内的所有水准基点进行往返测量。平差计算要用正规平差软件进行严密平差。平差后测量结果，测段高差之差应遵守$6L^{1/2}$（L为测段长度，以千米为单位）的规定。当复测结果不大于此限差，认为原资料可靠并可被认可，使用以原资料为准。当复核测量结果大于此$6L^{1/2}$的规定，应查明原因，否则需要重测。2次测量结果吻合均大于$6L^{1/2}$规定，需要与设计协商，并书面报告，要求变更原资料。

（3）无论是平面还是高程复核测量结果的变更报批，在未得到正式批复之前，所有资料均需要按照原资料数据进行，对于有疑的地方，可暂时放弃使用，但不得自行更改数据从事主体工程的施工测量工作。这是施工单位测量人员必须遵守的原则。

（4）平面与高程控制的复核测量工作，在有条件的情况下，应与控制网加密工作同步进行，以减小劳动强度，减少多次重复测量。但是，用全球定位系统GPS进行复核测量时，不可与加密网同步进行。这是由于加密网点间距较近,用GPS进行测量的,其加密点相对精度难以达到规范要求,这在实践中已经验证,是不可行的。

3.中线桩测定

中线桩的测定工作在线路工程开工初期尤其重要,若线路走向不能标定,征地红线、房屋拆迁范围等一切工作将无所适从。线路中线的测定为施工人员指定了线路方向及位置,便于他们布设场地、施工措施的决策,给征拆人员提供拆迁范围依据。

(1)在线路中线桩测定时,如果设计没有提供中桩坐标资料,应按照图纸上给出的线路平面线性元素计算出逐桩坐标,中桩里程桩号应是10 m的正倍数。逐桩坐标应有两人各自独立计算,对计算结果应进行百分之百的校核,确认无误后,方可进行实地放样。如果中线逐桩坐标设计已提供,即可依照开展工作。

　　注意:线路如果设计为双线,应以左线中标定,中线桩在一般路段间距20 m为宜,特平缓路段可放大至40 m,在地形变化比较大的路基路段应加密中线桩5～10 m。桥梁路段可按照提供的大桥墩台逐个里程桩号坐标进行中线桩测定,如果设计没有提供,需要按照图纸给出的线路控点数据,逐个计算出大桥墩台中线交点坐标,计算出的坐标需要认真校核无误后,逐个进行大桥墩台中线桩的测定。

(2)线路中线桩的测定方法,应根据自己承担施工的路段长度来选定。如果路段长度不大于5 km,地形开阔,通视条件较好,可置仪于原有控制网CPⅠ或CPⅡ点上,采用全站仪极坐标法直接进行中线桩测定。如果线路较长,通视条件受限,宜采用全球定位系统GPS RTK进行。但在线路穿过居民区域的路段,用GPS进行中线桩测定也是十分困难的,会因建筑物遮挡接收不到卫星信号或虚拟信号而无法判断,需要与住户协商登上建筑物顶部进行工作。中线桩测定限差应遵照相关规定进行。

(3)由于现代科技的进步,测量方法与手段已今非昔比,对中线控制桩,即百米桩、曲线交点桩、曲线起、终点桩,可不再进行测定与加固。在施工过程中,根据施工进度,在需要进行曲线路段超高设置时,再进行曲线路段的5大主点测定。

(4)在中线桩的测定过程中,应在本标段两端与相邻标段结合部做贯通测量,也就是说要将中线桩测定到相邻标段内2到3个点,与对方的相同点进行比较,其点位差值应不大于5 cm,同一桩双方坐标计算数据之差不大于1 cm。贯通测量应与对方相约共同进行,并请监理工程师到场。当贯通测量误差符合限差,对于贯通测量结果,要三方共同签认。当误差超限时,双方应检核各自资料或互检,查明原因,必要时重新进行贯通测量。

(5)在线路中线确定后,按照设计提供的征地、拆迁红线数据资料,现场根据线路中线(或左中线)标定征拆边线即可。这几项测量工作主要是配合地方政府与相关部门进行,测量人员需要不辞辛苦,反复进行,要具有忍耐力,方能完成此项工作。

二、路基施工放样的步骤和方法

施工测量采用极坐标法施测,放线时宜进行2个方向的后视,防止点位误用的情况发生,同时也可用以检查控制点位是否发生位移。施工测量过程中应严格遵守数据资料复核制度,测量数据在经过至少两人独立计算结果一致时方可使用,未经复核的测量数据严禁使用。现场放线过程中先按照设计坐标放出点位之后再实测其坐标,以来此保证施工放线的精度。

施工放样之前,测量人员首先要熟悉设计图纸,根据由整体到局部、由控制到细部的施测原则,先放出构筑物的主要轴线,再进行细部放样。放样时要以控制网作为放样的依据,认真核对图纸,找出主要轴线的正确位置及各细部点的几何关系。

极坐标法是指用方位角和水平距离放设点位,即已知两个导线点的坐标,选定其中一个距放样点位较近的点为置镜点,另一个为后视点,根据置镜点和后视点的坐标计算出后视方位角和水平距离。放样点的坐标根据内业计算资料查找,之后再根据置镜点和放样点的坐标计算求得前视方位角和水平距离。操作时首先将全站仪安置在置镜点上,瞄准后视点将水平度盘设置为计算所得的后视方位角(检查后视距离是否与计算值相符,有条件时可再增加一个后视方向,以便控制点之间的相互检核),然后旋转照准部使水平度盘读数为所要放样点的前视方位角,再根据计算所得的水平距离放出点位。

路基开工前应首先放设路基中心线,复测横断面与设计是否相符。根据实测断面绘制实测横断面图。

横断面复测完成后根据地形的起伏变化放设路基边桩,并测定边桩处原地面高程,之后根据边桩处高程计算中线至边桩的距离,采用渐近法移动边桩,当计算距离与实测距离小于10 cm时,钉桩以示开挖或填筑边线。

路堑地段应充分考虑侧沟及平台位置,有挡护工程的地段应充分考虑结构物的厚度;基底加固地段应沿路基横断面方向放出加固范围,并在范围内标定出每根桩的位置。

路堤填筑或路堑开挖过程中,应每填筑或开挖1~1.5 m高,准确放设该高程面上的边桩一次,如有施工误差及时调整。

当路堤或路堑填挖至路基顶面标高时精确放设该高程面上的边桩,并准确测定该点的高程,挂线进行路基面的找平。

三、路基沉降变形观测

高速铁路路基工程沉降变形观测以路基面沉降观测和地基沉降观测为主,应根据不同的结构部位、填方高度、地基条件、堆载预压等具体情况来设置沉降变形观测断面。同时应根据施工过程中掌握的地形、地质变化情况调整或增设观测断面。

1. 观测断面及观测点的设置原则

1)观测断面的设置原则

观测断面一般按以下原则设置,同时应满足设计文件要求:

(1)沿线路方向的间距一般不大于50 m;对地势平坦且地基条件均匀良好的路堑、填方高度小于5 m,且地基条件均匀良好的路堤可放宽到100 m。

(2)对地形、地质条件变化较大地段应加密断面,一般间距不大于25 m,在变化点附近应设观测断面,以确保能够反映真实差异沉降。

（3）1个沉降观测单元（连续路基沉降观测区段为1个单元）应不少于2个观测断面。

（4）对地形横向坡度大于1:5或地层横向厚度变化的地段应布设不少于1个横向观测断面。

2）观测点的设置原则

观测点一般按以下原则设置，同时应满足设计文件要求：

（1）为有利于测点看护、集中观测、统一观测频率、各观测项目数据的综合分析，各部位观测点须设在同一横断面上。

（2）一般路堤地段观测断面包括沉降观测桩和沉降板。沉降观测桩每断面设置3个，布置于双线路基中心及左右线中心两侧各2 m处；沉降板每断面设置1个，布置于双线路基中心。

（3）软土、松软土路堤地段观测断面一般包括剖面沉降管、沉降观测桩、沉降板和位移观测桩。沉降观测桩每断面设置3个，布置于双线路基中心及两侧各2 m处，沉降板位于双线路基中心，位移观测边桩分别位于两侧坡角外2 m、10 m处，并与沉降观测桩及沉降板位于同一断面上，剖面沉降管位于基底，如图9-18所示。

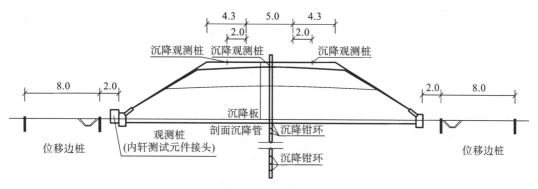

图9-18 松软土地段观测断面布置图

（4）沉降板设置应严格按设计文件要求执行，一般按以下原则设置：

①对路堤填高小于3 m且压缩层厚度小于5 m的地段，设置断面间距为200 m；

②对压缩层厚度大于20 m的地段，设置断面间距为50 m；

③其余情况根据具体情况，设置断面间距为50～100 m；

④地面横坡或压缩层底横坡大于1:5时，横断面布置两处沉降板，一处位于路基中心，另外一处根据具体地形地质情况布置。

（5）预压地段，预压期因基床表层尚未施工，路基顶面沉降观测应在预压土方底部（基床底层顶面）布置沉降元件进行，即在基床底层顶面临时布置沉降板，位移观测以及基底沉降观测布置与无预压段完全一致，预压土方卸除时临时沉降板随之拆除，基床表层施工后，于路基面上设置正式沉降观测桩。

（6）路堑地段观测断面分别于路基中心左右中心线以外2 m的路基面处各设1根沉降观测桩，观测路基面的沉降。

（7）路堤基底设置剖面沉降管进行全断面沉降观测时，严格按设计文件要求执行。

3）路基水准路线布置形式

路基水准路线观测按国家二等水准测量精度要求形成附合水准路线，沉降观测点位的布设及水准路线观测示意图如图9-19所示。

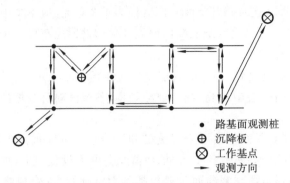

路基面观测桩
沉降板
工作基点
观测方向

图 9-19　沉降观测点位的布设及水准路线观测示意图

2. 观测元件与埋设技术要求

1) 沉降观测桩

沉降观测桩选择 $\phi 20$ mm 的钢筋,顶部磨圆,底部焊接弯钩,待基床表层级配碎石施工完成后,在观测断面通过测量埋置在设计位置,埋置深度不小于 0.3 m,桩周 0.15 m,用 C15 混凝土浇筑固定,完成埋设后测量桩顶标高作为初始读数。路基沉降观测桩埋设布置形式如图 9-20 所示。

2) 沉降板

沉降板应严格按设计要求进行埋设,一般由底板、金属测杆($\phi 20$ 镀锌铁管)及保护套管($\phi 49$ PVC 管)组成。底板可为尺寸为 50 cm×50 cm、厚 3 cm 的钢筋混凝土底板或尺寸为 30 cm× 30 cm、厚 0.8 cm 的钢底板。路基沉降板埋设布置形式如图 9-21 所示。

(1) 沉降板埋设位置处可垫 10 cm 砂垫层找平,埋设时确保底板的水平度与垂直度,确保测杆与地面垂直。

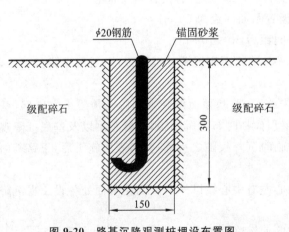

$\phi 20$钢筋　　锚固砂浆
级配碎石　　　　级配碎石
300
150

图 9-20　路基沉降观测桩埋设布置图

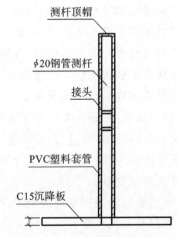

测杆顶帽
$\phi 20$钢管测杆
接头
PVC塑料套管
C15沉降板

图 9-21　路基沉降板埋设布置图

(2) 放好沉降板后,回填一定厚度的垫层,再套上保护套管,保护套管略低于沉降板测杆,上口加盖封住管口,并在其周围填筑相应填料稳定套管,完成沉降板的埋设工作。

(3) 测量埋设就位的沉降板测杆杆顶标高读数作为初始读数,随着路基填筑施工逐渐接高沉降板测杆和保护套管,每次接长高度以 0.5 m 为宜,接长前后测量杆顶标高变化量确定接高量。金属测杆用内接头连接,保护套管用 PVC 管外接头连接。

(4)接长套管时应确保垂直,避免机械施工等因素导致套管倾斜。

3)位移边桩

位移边桩采用 C15 钢筋混凝土预制,断面采用 15 cm×15 cm 正方形,长度不小于 1.5 m。并在桩顶预埋 φ20 mm 钢筋,顶部磨圆并刻画十字形线。

(1)边桩埋置深度在地表以下不小于 1.0 m,桩顶露出地面不应大于 10 cm。

(2)埋置方法采用洛阳铲或开挖埋设,桩周以 C15 混凝土浇筑固定,确保边桩埋置稳定。完成埋设后采用全站仪测量边桩标高及距基桩的距离作为初始读数。

4)剖面沉降管

剖面沉降管采用专用塑料硬管,其抗弯刚度应适应被测土体的竖向位移要求,导管内十字导槽应顺直,管端接口密合。剖面沉降测量是将剖面沉降仪探头预埋在剖面沉降管十字导槽内,从一端按一定间距依次读数。路基剖面沉降管埋设布置形式如图 9-22 所示。

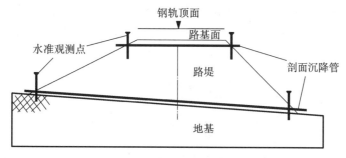

图 9-22　路基剖面沉降管埋设布置图

路基基底剖面沉降管在地基加固施工完毕后,填土至 0.6 m 高度碾压密实后开槽埋设,开槽宽度为 20～30 cm,开槽深度至地基加固表层顶面,槽底回填 0.2 m 厚的中粗砂,在槽内敷设沉降管(在沉降管内穿入用于拉动测头的镀锌钢丝绳),其上夯填中粗砂至与碾压面平齐。沉降管埋设位置挡土墙处应预留孔洞。沉降管敷设完成后,两头应砌筑观测坑,加设盖板,以方便观测及对孔口进行长期保护,并做好坑内及其周围的排水。然后于一侧管口处设置观测桩,观测桩采用 C15 素混凝土灌注,断面采用 0.5 m×0.5 m×1.0 m。待上部一层填料压实稳定后,连续观测数日,取稳定读数作为初始读数。

采用横剖仪和水准仪进行横剖面沉降观测。每次观测时,首先用水准仪测出横剖面管一侧的观测桩顶高程,然后把横剖仪放置于观测桩顶测量初值,再用横剖仪测量各测点。区间每 2.0 m 测量一点,车站内测点间距可为 3.0 m。

5)单点沉降计

单点沉降计是一种埋入式电感调频类智能型位移传感器,由电测位移传感器、测杆、锚头、锚板及金属软管和塑料波纹管等组成。采用钻孔引孔埋设,钻孔孔径为小 φ108 或小 φ127,钻孔垂直,孔深应达到硬质稳定层(最好为基岩),并与沉降仪总长一致。孔口应平整密实。安装前先在孔底灌浆,以便固定底端锚板,安装时锚杆朝下,法兰沉降板朝上,注意要用拉绳保护以防止元件自行掉落,采用合适的方法将底端锚板压至设计深度。每个测试断面埋设完成后,位移计引出导线用钢丝波纹管进行保护,并挖槽集中从一侧引出路基,引入坡脚观测箱内。一般埋设完成后 3~5 天待缩孔完成后测试零点。观测路堑换填基底沉降或隆起变形埋设在换填基底面,表面应平整密实;观测路基本体变形按设计断面图埋设。

3. 观测技术要求

(1)路堤地段从路基填土开始进行沉降观测,路堑地段从级配碎石顶面施工完成开始观测。路基填筑完成或施加预压荷载后应有不少于 6 个月的观测期。观测数据不足以评估或工后沉降评估不能满足设计要求时,应延长观测时间或采取必要的加速或控制沉降的措施。

(2)观测设备的埋设是在施工过程中进行的,施工单位的填筑施工要与设备的埋设做好协调,做到互不干扰、影响。观测设施的埋设及沉降观测工作应按要求进行,不能影响路基填筑质量,路基施工不能影响到观测设备。

(3)填筑过程中应及时整理路堤中心沉降观测点的沉降与边桩的位移量,当中心地基处沉降观测点沉降量大于 10 mm/天、边桩水平位移大于 5 mm/天或竖向位移大于 10 mm/天时,应及时通知项目部,并要求停止填筑施工,待沉降稳定后再恢复填土,必要时采用卸载措施。

(4)精度要求:路基沉降观测水准测量的精度为±1.0 mm,读数取位至 0.01 mm;剖面沉降观测的精度应不低于 4 mm/30 m;位移观测测距误差±3 mm;方向观测水平角误差为±2.5″。

(5)频次要求:路基沉降观测的频次不低于表 9-1 所示的规定。

表 9-1 沉降观测频次表

观 测 阶 段	观 测 频 测	
填筑或堆载	一般	1 次/天
	每天填筑量超过 3 层时	1 次/每填筑 3 层
	沉降量突变	2~3 次/天
	两次填筑交换时间较长	1 次/3 天
堆载预压或路基施工完毕	第 1 个月	1 次/1 周
	1 个月以后	1 次/2 周
无砟轨道铺设后	第 1 个月	1 次/2 周
	第 2~3 个月	1 次/月
	3 个月以后	1 次/3 月

注:架桥机(运梁车)通过时观测要求为 1 次/3 天,连续 3 次;以后 1 次/1 周,连续 3 次;最后 1 次/2 周。

实际工作进行时,观测时间的间隔还要看地基的沉降值和沉降速率。当两次连续观测的沉降差值大于 4 mm 时应加密观测频次;当出现沉降突变、地下水变化及降雨等外部环境变化时应增加观测频次。观测应持续到工程验收交由运营管理部门继续观测。

工程领域的任何工程技术人员和管理人员都要求具有一定的读图能力和绘图能力,CAD即计算机辅助设计,是指利用计算机及其图形设备帮助设计人员进行设计工作,以使工程技术人员从手工绘图中解放出来。

四、路基边桩测设

路基边桩测设就是把设计路基的边坡与原地面相交的点测设出来,在地面上钉设木桩(称为边桩),作为路基测设的依据。边桩的测设方法如下:

1. 图解法

在线路工程设计时,地形横断面及设计标准断面都已绘制在横断面图上,边桩的位置可用图解法求得,即在横断面图上量取中线桩至边桩的距离,然后到实地在横断面方向上用卷尺量出其位置。

2. 解析法

解析法是通过计算求得中线桩至边桩的距离。在平地和山区计算和测设的方法不同。

五、路面测设

在铺设公路路面时,应先测设路槽。测设增槽的方法如下:从最近的水准点出发,用水准仪测出各桩的路基设计标高,然后在路基的中线上按施工要求每隔一定的间距设立高程桩,使各桩桩顶高程为路面设计标高。

用钢尺或仪器由高程桩(M)沿横断面方向左、右各量路槽宽带的一半,定出路槽边桩 A、B,使其桩顶高程为铺设路面的设计标高。在 A、B、M 桩设立一小木桩,使其桩顶高程为路槽的设计标高,即可开挖路槽。

路拱测设,路拱是为了使行车稳定,有利于路面排水,使路中间按一定的曲线形式加高,多采用抛物线或圆曲线,并向两侧倾斜而形成的拱。

抛物线形式的路拱测设,先由路面宽度 B 和横坡 i 计算出路拱高度 f,然后计算中桩左右两侧 $0.1B$、$0.2B$、$0.3B$、$0.4B$、$0.5B$ 各点处的加高值,如图 9-23 所示。

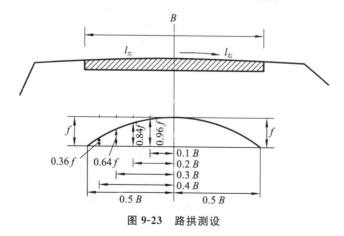

图 9-23 路拱测设

$$f = B \cdot i_0 / 2$$

$$y = \frac{x^2}{2p} = \frac{4f}{B^2}x^2$$

路拱的测设方法为:从中桩沿横断面左右两侧 $0.1B$、$0.2B$、$0.3B$、$0.4B$、$0.5B$ 处打木桩,使桩顶高程为计算值。

在路基土石方工程完工之后,铺设之前应当进行线路竣工测量。测量的任务是最后确定道路中线位置,作为铺设的依据,同时检查路基施工质量是否符合设计要求。测量的内容包括中线测量、高程测量和横断面测量。

(1)中线测量。首先根据护桩将主要控制点恢复到路基上,进行道路中线贯通测量,在有桥梁、隧道等的地方应从桥梁、隧道的线路中线向两端引测贯通。贯通测量后的中线位置应符合路基宽度和建筑物接近限界的要求,同时中线控制桩和交点桩应固桩。

对于曲线地段,应定出交点,重新测量转向角值。当新测角值与原来转向角之差在限值范围内时,仍采用原来的资料,测角精度与复测时相同。对曲线的控制点应进行检查,曲线的切线长、外矢距等检查误差在 1/2 000 以内时,仍用原桩点;曲线横向闭合差不应大于 5 cm。中线上,直线地段每 50 m、曲线地般每 $20m$ 测设一桩;道岔中心、变坡点、桥涵中心等处均需钉设加桩。

(2)高程测量。竣工测量时,应将水准点移设到稳固的建筑物上,或埋设永久性混凝土水准点。其间距不应大于 2 km,其精度与定测时要求相同,全线高程必须统一,消灭因采用不同高程基准而产生的"断高"。中桩高程按复测方法进行,路基高程与设计高程之差不应超过 5 cm。

(3)横断面测量。横断面测量主要检查路基宽度、侧沟的深度,宽度与设计值之差不得大于 5 cm,若不符合要求且误差超限者应进行整修。

在勘测设计阶段的测量包括线路控制测量、带状地形图测绘和线路定测。线路控制测量包括平面控制测量和高程控制测量;带状地形图多测绘为 1∶2 000 的地形图;线路定测包括中线测量、纵断面测绘、横断面测绘。土石方计算也是一项重要的内容。曲线测设包括曲线要素计算、曲线主点测设和细部点测设。目前常用的测设方法为偏角法和坐标法,一般采用全站仪和 GPS RTK 测设。

六、CAD 软件界面介绍

1. 界面介绍

启动 CAD 后可看到它的主界面如图 9-24 所示。最上面的是标题栏,标题栏左边是 CAD 的图标,后面显示的是现在启动的应用程序的名称,接着的连字符后面是当前打开的文件的名称;标题栏最右边的三个按钮分别是最小化按钮、最大化/恢复按钮和关闭按钮。标题栏下面是菜单栏,菜单栏下面是标准工具栏和对象特性工具栏,熟练使用工具栏中的按钮可以提高我们的工作效率。界面中心部分为绘图区,在此可显示和绘制图形。绘图区左右为常用工具栏,利用其可方便做图。绘图区下为命令行,在此可输入命令准确绘图。界面最下面是当前光标的坐标显示和状态条。

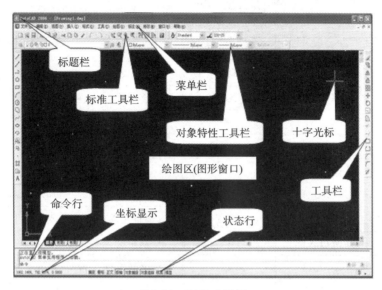

图 9-24　CAD主界面

2.CAD 常用命令汇总

(1)对象特性命令,具体如表9-2所示。

表 9-2　对象特性命令

对象特性	英文	英文简写	对象特性	英文	英文简写
设计中心	ADCENTER	ADC	修改特性	PROPERTIES	CH
属性匹配	MATCHPROP	MA	文字样式	STYLE	ST
设置颜色	COLOR	COL	图层操作	LAYER	LA
线形	LINETYPE	LT	线形比例	LTSCALE	LTS
线宽	LWEIGHT	LW	图形单位	UNITS	UN
属性定义	ATTDEF	ATT	编辑属性	ATTEDIT	ATE
边界创建	BOUNDARY	BO	对齐	ALIGN	AL
退出	QUIT	EXIT	输出其他格式文件	EXPORT	EXP
输入文件	IMPORT	IMP	自定义 CAD 设置	OPTIONS	OP,PR
打印	PLOT	PRINT	清除垃圾	PURGE	PU
重新生成	REDRAW	R	重命名	RENAME	REN
捕捉栅格	SNAP	SN	设置极轴追踪	DSETTINGS	DS
设置捕捉模式	OSNAP	OS	打印预览	PREVIEW	PRE
工具栏	TOOLBAR	TO	命名视图	VIEW	V
面积	AREA	AA	距离	DIST	DI
显示图形数据信息	LIST	LI			

(2)绘图命令,具体如表格9-3所示。

表 9-3　绘图命令

绘图命令	英文	英文简写	绘图命令	英文	英文简写
点	POINT	PO	直线	LINE	L
射线	XLINE	XL	多段线	PLINE	PL
多线	MLINE	ML	正多边形	POLYGON	POL
样条曲线	SPLINE	SPL	矩形	RECTANGLE	REC
圆	CIRCLE	C	圆弧	ARC	A
圆环	DONUT	DO	椭圆	ELLIPSE	EL
面域	REGION	REG	多行文本	MTEXT	MT
多行文本	MTEXT	T	块定义	BLOCK	B
插入块	INSERT	I	定义块文件	WBLOCK	W
等分	DIVIDE	DIV	填充	BHATCH	H

(3)修改命令,具体如表格 9-4 所示。

表 9-4　修改命令

修改命令	英文	英文简写	修改命令	英文	英文简写
复制	COPY	CO	镜像	MIRROR	MI
阵列	ARRAY	AR	偏移	OFFSET	O
旋转	ROTATE	RO	移动	MOVE	M
删除	ERASE	E	分解	EXPLODE	X
修剪	TRIM	TR	延伸	EXTEND	EX
拉伸	STRETCH	S	直线拉长	LENGTHEN	LEN
比例缩放	SCALE	SC	打断	BREAK	BR
倒角	CHAMFER	CHA	倒圆角	FILLET	F
多段线编辑	PEDIT	PE	修改文本	DDEDIT	ED

(4)尺寸标命令,具体如表格 9-5 所示。

表 9-5　尺寸标命令

绘图命令	英文	英文简写	绘图命令	英文	英文简写
直线标注	DIMLINEAR	DLI	对齐标注	DIMALIGNED	DAL
半径标注	DIMRADIUS	DRA	直径标注	DIMDIAMETER	DDI
角度标注	DIMANGULAR	DAN	中心标注	DIMCENTER	DCE
点标注	DIMORDINATE	DOR	基线标注	DIMBASELINE	DBA

续表

绘图命令	英文	英文简写	绘图命令	英文	英文简写
标注形位公差	TOLERANCE	TOL	快速引出标注	QLEADER	LE
连续标注	DIMCONTINUE	DCO	标注样式	DIMSTYLE	D
编辑标注	DIMEDIT	DED	替换标注系统变量	DIMOVERRIDE	DOV

3.绘制横断面图示例

现有一组横断面数据,如表9-6所示:

表9-6　横断面数据表

左　　侧			桩　　号	右　　侧		
$+\dfrac{2.1}{12.0}$	$-\dfrac{1.9}{8.7}$	$+\dfrac{2.6}{18.5}$	DK4+100	$-\dfrac{1.4}{14.5}$	$+\dfrac{1.8}{10.5}$	$-\dfrac{1.4}{16.0}$

现利用CAD软件绘制横断面图,参考步骤如下:

(1)新建一文件,取名为"横断面图"。

(2)在命令行中输入"LINE"命令,回车后输入DK4+100里程处中桩坐标(也可在绘图区合适的地方单击左键,确定中桩位置),在中桩处绘制中心线。

(3)首先绘制左侧地面坡度情况,在命令行中输入"LINE"命令,按回车键后用光标捕捉中桩点,继续输入第一点相对坐标"@−18.5,2.6"(注意相对坐标的符号),之后按回车键,在绘图区就会显示出已经绘的该段直线,如图9-25所示。

(4)依次输入左侧第二点、第三点相对坐标"@−8.7,−1.9""@−12.0,2.1",左侧地面坡度就完成了,如图9-26所示。

图9-25　左侧地面坡

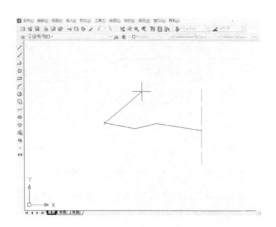

图9-26　左侧第二点、第三点相对坐标

(5)重新输入"LINE"命令,回车后用光标捕捉中桩点,同样方法输入右侧相对坐标(注意距离的正负),绘制右侧地面坡度情况;输入"TEXT"命令,将里程桩号标注在中心线处,完成整个横断面图绘制。右侧地面坡度情况如图9-27所示。

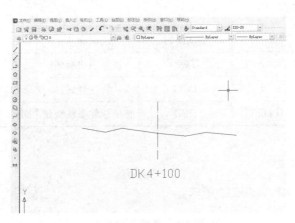

图 9-27　右侧地面坡度情况

任务 3　桥梁、隧道工程施工测量

一、桥梁工程施工测量

桥梁按其跨径长度一般分为特大型桥、大型桥、中型桥、小型桥和涵洞 5 类,见表 9-7。桥梁施工测量的方法及精度要求随桥梁轴线长度、桥梁结构而定,主要包括平面控制测量、高程控制测量、墩台定位、轴线测设等。

表 9-7　桥梁按跨径分类

桥涵分类	多孔跨径总长 L/m	单孔跨径长 L/m
特大型桥	$L \geqslant 500$	$L \geqslant 100$
大型桥	$100 \leqslant L < 500$	$L \geqslant 40$
中型桥	$30 \leqslant L < 100$	$20 \leqslant L < 40$
小型桥	$8 \leqslant L < 30$	$5 \leqslant L < 20$
涵洞	$L < 8$	$L < 5$

桥位平面控制测量的目的是测定桥轴线长度并据此进行墩、台的放样,也可用于施工过程中的变形监测。平面控制测量可根据现场及设备情况采用导线测量、三角测量和 GPS 测量。三角网的几种布设形式如图 9-28 所示,图中点画线为桥轴线,控制点尽可能使桥的轴线作为三角形的一个边,如不能,也应将桥轴线的两个端点纳入网内,以间接计算桥轴线长度,从而提高桥轴线的测量精度。

桥位三角网的布设,力求图形简单,除满足三角测量本身的要求外,还要求控制点选在不被水淹、不受施工干扰的地方,便于交会桥、墩,其交会角不宜太大或太小。基线应与桥梁中线近似垂直,其长度一般不小于桥轴线长度的0.7,困难地段也不应小于桥轴线长度的0.5。在控制点上要埋设标石及刻有"十"字的金属中心标志,如兼作高程控制点,则中心标志的顶部宜做成半球形。

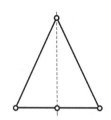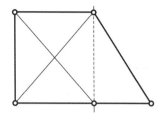

图9-28　桥位三角网形式

控制网可采用测角网、测边网或边角网。采用边角网时宜测定两条基线;采用测边网时宜测量所有的边长,不测角;采用边角网则要测量边长和角度。一般来说,在边、角精度互相匹配的条件下,边角网的精度较高。中型桥位三角网的主要技术要求如表9-8所示。

表9-8　中型桥位三角网的主要技术要求

桥轴线的控制桩间的距离/m	测角中误差/″	桥轴线相对中误差	基线相对中误差	丈量测回数		三角形最大闭合差/″	方向观测法测回数		
				桥轴线	基线		J_1	J_2	J_6
>5 000	±1.0	1/130 000	1/260 000	3	4	±3.5	12	—	—
2 000~5 000	±1.8	1/70 000	1/140 000	2	3	±7.0	9	12	—
1 000~2 000	±2.5	1/40 000	1/80 000	1(3)	2(4)	±9.0	6	9	12
500~1 000	±5.0	1/20 000	1/40 000	(2)	(3)	±15.0	4	6	9
200~500	±10.0	1/10 000	1/20 000	(1)	(2)	±30.0	2	4	6
<200	±20.0	1/5 000	1/10 000	(1)	(1)	±60.0	—	2	4

桥位的高程控制测量,一般在路线基平时就已经建立,施工阶段只需要复测和加密。2 000 m以上的特大型桥梁应该采用三等水准测量,2 000 m以下的桥梁采用四等水准测量。

当跨河视线较长或前后视距相差悬殊时,水准尺上读数精度将会降低,水准仪的i角误差、地球曲率和大气折光的影响将会增加,这时可采用跨河水准测量方法或光电测距三角高程测量方法。

1. 跨河水准测量方法

如用两台精度相同的水准仪同时做对向观测,两岸测站点和立尺点布置如图9-29所示的对称图形,图中A、B为立尺点,C、D为测站点,要求AD与BC距离基本相等,AC与BD距离基本相等,且AC和BD不小于10 m。

用两台水准仪同时做对向观测时,C站先测本岸A点尺上读数得a_1,后测对岸B点尺上读数2~4次,取其平均数得b_1,其高差为$h_1 = a_1 - b_1$,此时在D站上,同样先测本岸B点尺上读数得b_2,后测对岸A点尺上读数2~4次,取其平均数得a_2,其高差为$h_2 = a_2 - b_2$。取h_1和h_2的平均数,完成一个测回,一般进行4个测回。

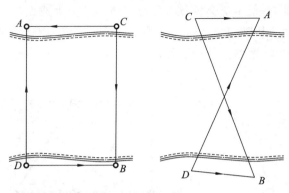

图 9-29　跨河水准测量

2. 光电测距三角高程测量方法

如有电子全站仪,则可以用光电测距三角高程测量方法,即在河的两岸布置 1、2 两个水准点,在 1 点安置全站仪,在 2 点安置棱镜,分别量取仪器和棱镜高,全站仪照准棱镜中心,测得 1、2 两点间的高差。由于视距较长且穿过水面,高差的测定会受到地球曲率和大气垂直折光的影响,但是大气状况在短时间内不会有很大的变化,故可以采用对向观测的方法,即在 1 点观测完毕将全站仪与棱镜位置对调,用同样的方法再进行一次测量,取对向观测高差的平均值作为 1、2 两点间的高差。

桥梁墩、台定位测量是桥梁施工测量中的关键性工作。水中桥墩基础施工定位采用方向交会法,这是由于水中桥墩基础一般采用浮运法施工,目标处于浮动中的不稳定状态,在其上无法使仪器稳定。在已稳固的墩台基础上定位时,可以采用直接丈量法、方向交会法和极坐标法。

1) 直接丈量法

在无水的河滩上或水面较窄钢尺可以跨越时,可用直接丈量法。根据图纸计算出各段距离,测设前要检定钢尺,按精密量距方法进行。一般从桥的轴线一端开始,测设出墩、台中心,并附合到轴线的另一端以便校核。在不得已时可以从两端向中间测设。若测量结果在限差之内,则按各段测设的距离在测设点位上打好木桩,同时在桩上钉一小钉进行标记。直接丈量定位必须丈量 2 次以上作为校核,当误差不超过 2 cm 时,认为满足要求。

2) 方向交会法

如果桥墩所在位置的河水较深,无法直接丈量时,可采用方向交会法测设。如图 9-30 所示,AB 为桥轴线,C、D 为桥梁平面控制网中的控制点,P_i 点为第 i 个桥墩设计的中心位置(待测设的点)。在 C、A、D 三点上各安置一台 DJ$_2$ 或 DJ$_1$ 经纬仪,A 点上的经纬仪照准 B 点,定出桥轴线方向,C、D 两点上的经纬仪均先照准 A 点,并分别根据 P_i 点的设计坐标和控制点坐标计算出控制点上的应测设角度,定出交会方向线。由于测量误差的存在,从 C、A、D 三点指来的三条方向线一般不会正好交会于一点,而是形成误差三角形 $P_1P_2P_3$。如果误差三角形在桥轴线上的边长 P_1P_3 对于墩底定位不超过 25 mm,对于墩顶定位不超过 15 mm,则从 P_2 向 AB 作垂线 P_2P_i,P_i 即为桥墩中心。在桥墩施工中,随着桥墩的逐渐筑高,桥墩中心的放样工作需要重复进行,而且要迅速和准确。为此,在第一次求得正确的桥墩中心位置 P_i 后,将 CP_i 和 DP_i 方向线延长到对岸,设立固定的瞄准标志 C'、D',如图 9-31 所示。以后每次做方向交会法放样时,

从 C、D 点直接瞄准 C'、D' 点,即可恢复对 P_i 点的交会方向。

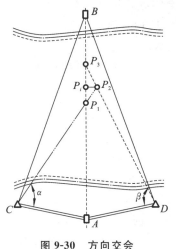

图 9-30　方向交会

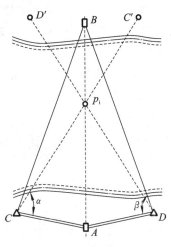

图 9-31　固定瞄准标志

实践表明,交会精度与交会角 CP_iD 有关,当交会角在 $60°\sim120°$ 时,测量精度较高。故在选择基线和布网时应考虑使交会角在 $60°\sim120°$,在实在达不到的情况下也应不小于 $30°$ 或不大于 $150°$,超出这个范围时可以用加设交会用的控制点或设置辅助点的办法解决。

3)极坐标法

如果有全站仪或测距仪,待放样的点位上可以安置棱镜,且测距仪或全站仪与棱镜或反光镜可以通视,则可用极坐标法放样桥墩中心位置。极坐标法是先算出欲放样墩台的中心坐标,求出放样角度和距离,即可将仪器安置于任意控制点上进行放样。这种方法比较简便、迅速。测设时应该根据当时的气象参数对距离进行气象改正。为保证测设点位准确,常用换站法校核。

为了进行墩、台施工的细部放样,需要放样其纵、横轴线。纵轴线是指通过墩、台中心平行于线路方向的轴线,横轴线是指过墩、台中心垂直于线路方向的轴线。直线桥墩、台的纵轴线与线路的中线方向重合,在墩、台中心架设仪器,自线路中线放样 $90°$ 角,即为横轴线方向。

曲线桥的墩、台轴线位于桥梁偏角的分角线上,在墩台中心架设仪器,照准相邻的墩台中心,测设 $\alpha/2$ 角,即为纵轴线方向。自纵轴线方向测设 $90°$ 角,即为横轴线方向。墩、台的中心的定位桩在基础施工中要被挖掉,因而需要在施工范围以外钉设护桩,以方便恢复墩、台的中心位置。所谓护桩就是在墩、台的纵、横线两侧,每侧至少要钉 2 个控制桩,用于恢复轴线的方向,为防止破坏也可以多设几个。

桥梁梁部结构比较复杂,要求对墩、台的方向、距离和高程用较高的精度测定,作为架梁的依据。墩、台施工时,对其中心点位、中线方向和垂直方向以及墩顶高程都做了精密测定,但当时是以各个墩、台为单元进行的。架梁时需要将相邻墩、台联系起来,考虑其相关精度,要求中心点间的方向、距离和高差符合设计要求。

相邻桥墩中心点之间的距离用光电测距仪观测,适当调整使中心里程与设计里程完全一致。在中心标板上刻画里程线,与已刻画的方向线正交形成十字交线,表示墩、台中心。墩、台顶面高程用精密水准测定,构成水准线路,附合到两岸基本水准点上。大跨度钢桁架或连续梁采用悬臂或半悬臂安装架设。安装前应在横梁顶部和底部的中点做标志,以便架梁时用来测量钢梁中心线与桥梁中心线的偏差值。

在梁的安装过程中,应不断地测量以保证钢梁始终在正确的平面位置上,高程(立面)位置应符合设计的大节点挠度和整跨拱度的要求。如果梁的拼装是两端悬臂在跨中合拢,则合拢前的测量重点放在两端悬臂的相对关系上,如中心线方向偏差、最近节点高程差和距离差符合设计和施工的要求。

全桥架通后,做一次方向、距离和高程的全面测量。其成果可作为钢梁整体纵、横移动和起落调整的施工依据,称为全桥贯通测量。

二、桥梁控制测量

通过平面控制网的测量,求出桥梁轴线的长度、方向和放样桥墩中心位置的数据,通过水准测量,建立桥梁墩、台施工放样的高程控制;其次,当桥梁构造物的主要轴线(如桥梁中线,墩、台纵、横轴线等)放样出来后,按主要轴线进行构造物轮廓特征点的细部放样和进行施工观测。可见,控制测量是桥梁测量工作的重要组成部分,其分为平面控制测量和高程控制测量两部分。

1. 平面控制测量

桥梁平面控制测量的任务是放样桥梁轴线长度和墩、台的中心位置。对于跨度较小的桥梁,可选在枯水季节直接丈量桥墩中心桩间的距离,即桥轴线长度,并建立轴线控制桩或墩台中心控制桩。对于中型以上的桥梁,要根据实际情况合理布设控制网,保证施工时放样桥轴线,墩、台位置和方向等有足够的精度。

桥梁施工平面控制网中跨河桥轴线边的必要精度应按下式估算:

$$\frac{m_s}{S} = \frac{m_L}{\sqrt{2}L}$$

式中:m_s——控制网中桥轴线边的中误差(mm);

S——控制网中桥轴线边的边长(mm)。

跨河正桥施工平面控制网中最弱点的坐标中误差和最弱边的边长相对中误差应满足按下式估算的精度要求:

$$m_x(m_y) \leqslant 0.4M \ \text{或} \ \frac{m_s}{S} \leqslant \frac{0.4\sqrt{2}M}{S}$$

式中:M——施工中放样精度要求最高的几何位置中心的容许误差(mm);

S——最弱边的边长(mm)。

桥梁施工平面控制网的测量等级应根据上两式估算出的必要精度,经过综合分析后按表9-9选定。

表 9-9　桥梁施工平面控制测量等级和精度

测量等级			桥轴线边相对中误差	最弱边相对中误差
GPS 测量	三角形网测量	导线测量		
一等	—	—	≤1/250 000	1/180 000
二等	—	—	≤1/200 000	1/150 000

续表

测量等级			桥轴线边相对中误差	最弱边相对中误差
GPS 测量	三角形网测量	导线测量		
三等	二等	—	≤1/150 000	1/100 000
四等	三等	三等	≤1/100 000	1/70 000
五等	四等	四等	≤1/70 000	1/40 000

注:表中根据《工程测量规范》估算出的必要精度不一致时,按精度高的要求确定控制网的精度等级。

正桥施工平面控制网可一次施测。引桥施工平面控制网宜在正桥控制网的基础上以附网的形式布测。桥梁施工平面控制网可结合桥梁长度、平面线型和地形环境等条件选用 GPS 测量、三角形网测量、导线测量方法及其组合法测量。

施工平面控制点应选择在土质坚实、通视条件良好、避开施工干扰、易于保护的地方,并宜设在高处。控制点标石形状及尺寸参见《铁路工程测量规范》附录 A,三等及三等以上控制点宜埋设强制归心观测墩。GPS 控制点点位应满足 GPS 观测的需要。桥轴线宜为平面控制网的一条边,每岸宜设立至少 1 个轴线控制点。

2. 高程控制测量

在桥梁的施工阶段,为了作为放样的高程依据,应建立高程控制网。高程控制网应采用水准测量方法测量,条件困难的山区可采用精密光电测距三角高程测量方法。这些水准基点除用于施工外,也可作为以后变形观测的高程基准点。

桥梁施工高程控制网中,跨河两水准点间高差的中误差应按下式估算:

$$m_H \leq 0.2 \Delta_H$$

式中:m_H——跨河两水准点间高差的中误差(mm);

Δ_H——施工中放样精度要求最高的几何位置中心的高程容许误差(mm)。

桥梁施工高程控制测量等级应根据上式估算出的必要精度进行设计,且不得低于表 9-10 的规定。

表 9-10　桥梁施工高程控制测量等级选用

跨河距离/m　项目	1 000≤S≤3 500	S<1 000
跨河高程测量	二等	三等
网中高程控制点间联测	三等	四等
网的起算点高程引测	三等	四等

注:当跨河距离大于 3 500 m 或有变形观测等特殊要求时,应做专项设计。

施工高程控制网中的水准点,应沿桥轴线两侧均匀布设,间距宜为 400 m 左右,并构成连续水准环。墩、台较高,两岸坡陡时,可在陡坡上一定高差内加设辅助水准点,其精度必须满足施工要求。水准点应根据地质情况和精度要求分别埋设混凝土标石、钢管标石、岩石标石、管桩标石、钻孔桩标石或基岩标石。当工期短、桥式简单、精度要求较低时,可在建筑物上设立施工水准点标志,并应加强检测。水准点间联测和起算高程引测宜采用水准测量方法施测,四等网也可采用光电测距三角高程测量方法。

三、桥梁墩、台中心测设

1. 直线桥的墩、台中心测设

直线桥的墩、台中心都位于桥轴线的方向上。墩、台中心的设计里程及桥轴线起点的里程是已知的,如图 9-32 所示,相邻两点的里程相减即可求得它们之间的距离。根据地形条件,可采用直接测距法或角度交会法测设出墩、台中心的位置。

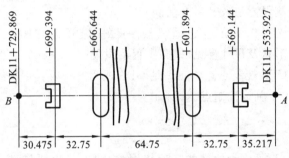

图 9-32　直线桥的墩台位置(单位:m)

1)直接测距法

直接测距法适用于无水或浅水河道。根据计算出的距离,从桥轴线的一个端点开始,用检定过的钢尺测设出墩、台中心,并附合于桥轴线的另一个端点上。若在限差范围之内,则依各段距离的长短按比例调整已测设出的距离。在调整好的位置上钉一小钉,即为测设的点位。

如用全站仪测设,则在桥轴线起点或终点架设仪器,并照准另一个端点。在桥轴线方向上设置反光镜,并前后移动,直至测出的距离与设计距离相符,则该点即为要测设的墩、台中心位置。为了减少移动反光镜的次数,在测出的距离与设计距离相差不多时,可用小钢尺测其差数,以定出墩、台中心的位置。

2)角度交会法

当桥墩位于水中,无法直接丈量距离及安置反光镜时,则采用角度交会法。如图 9-33 所示,C、A、D 为控制网的三角点,且 A 为桥轴线的端点,E 为墩中心设计位置。在控制测量中 C、A、D 各控制点坐标已知,利用坐标反算公式即可推导出交会角 α、β。当然也可以根据正弦定理或其他方法求算。

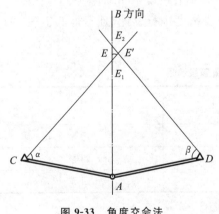

图 9-33　角度交会法

在 C、D 点上安置经纬仪,分别自 CA 及 DA 测设出交会角 α、β,则两方向的交点即为墩心 E 点的位置。为了检核精度及避免错误,通常还利用桥轴线 AB 方向,用三个方向交会出 E 点。

由于测量误差的影响,三个方向一般不交于一点,而形成一如图示的三角形,该三角形称为示误三角形。示误三角形的最大边长,在建筑墩台下部时不应大于 25 mm,上部时不应大于

15 mm。如果在限差范围内,则将交会点 E' 投影至桥轴轴线上,作为墩中心 E 的点位。

随着工程的进展,需要经常进行交会定位。为了工作方便,提高效率,通常将桥墩交会线延长至对岸,并埋设标志。以后交会时可不再测设角度,而直接瞄准该标志即可。当桥墩筑出水面以后,即可在墩上架设反光镜,利用全站仪,以直接测距法定出桥墩中心的位置。

2. 曲线桥的墩、台中心定位

位于直线桥上的桥梁,由于线路中线是直的,梁的中心线与线路中线完全重合,只要沿线路中线测出墩距即可定出墩、台中心位置。但在曲线桥上则不然,曲线桥的线路中线是曲线,而每跨梁本身却是直的,两者不能完全吻合,如图 9-34 所示。

梁在曲线上的布置是使各梁的中线联结起来,成为与线路中线基本吻合的折线,这条折线称为桥梁工作线。墩、台中心一般位于桥梁工作线转折角的顶点上,所谓墩、台定位,就是测设这些转折角顶点的位置。

在桥梁设计时,为使列车运行时梁的两侧受力均匀,桥梁工作线应尽量接近线路中线,所以梁的布置应使工作线的转折点向线路中线外移动一段距离 E,这段距离称为桥墩偏距。桥墩偏距 E 一般是以梁长为弦线的中矢值的一半,这是铁路桥梁的常用布置方法,称为平分中矢布置;相邻梁跨工作线构成的偏角 α 称为桥梁偏角;每段折线的长度 L 称为桥墩中心距。E、α、L 在设计图中都已经给出,结合这些资料即可测设墩位。

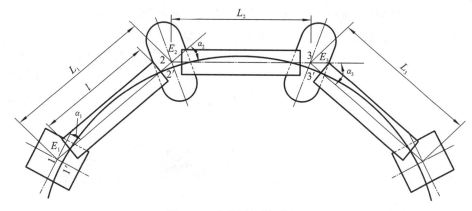

图 9-34 曲线桥的墩、台位置

从上述说明可以看出:直线桥的墩、台定位,主要是测设距离,其所产生的误差,也主要是距离误差的影响;而在曲线桥时,距离和角度的误差都会影响到墩、台点位的测设精度。所以曲线桥对测量工作的要求比直线桥要高,工作也比较复杂,在测设过程中一定要多方检核。

在曲线上的桥梁是线路组成的一部分,故要使桥梁与曲线正确地联结在一起,必须以高于线路测量的精度进行测设,曲线要素要重新以较的高精度取得。为此需对线路进行复测,重新测定曲线转向角,重新计算曲线要素,而不能利用原来线路测量的数据。

曲线桥上测设墩位的方法与直线桥类似,也要在桥轴线的两端测设出两个控制点,以作为墩、台测设和检核的依据。两个控制点测设精度同样要满足估算的精度要求。在测设之前,首先要从线路平面图上弄清桥梁在曲线上的位置及墩台的里程。位于曲线上的桥轴线控制桩,要根据切线方向用直角坐标法进行测设。这就要求切线的测设精度要高于桥轴线的精度。至于哪些距离需要高精度复测,则要看桥梁在曲线上的位置而定。

将桥轴线上的控制桩测设出来以后,就可根据控制桩及给出的设计资料进行墩、台的定位。根据条件,也是采用直接测距法或角度交会法。

1)直接测距法

在墩、台中心处可以架设仪器时,宜采用这种方法。由于墩中心距 L 及桥梁偏角 α 是已知的,可以从控制点开始,逐个测设出角度及距离,即直接定出各墩、台中心的位置,最后再附合到另外一个控制点上,以检核测设精度。这种方法称为导线测量法。利用全站仪测设时,为了避免误差的积累,可采用长弦偏角法(也称极坐标法)。

因为控制点及各墩、台中心点在切线坐标系内的坐标是可以求得的,故可据此算出控制点至墩、台中心的距离及其与切线方向的夹角 δ_i. 架仪器于控制点,自切线方向开始拨出 δ_i,再在此方向上测设出 D_i,如图 9-35 所示,即得墩、台中心的位置。该方法的特点是独立测设,各点不受前一点测设误差的影响。

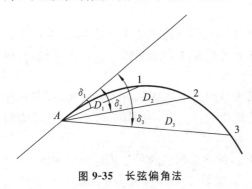

图 9-35 长弦偏角法

2)角度交会法

当桥墩位于水中无法架设仪器及反光镜时,宜采用角度交会法。与直线桥上采用角度交会法定位所不同的是,由于曲线桥的墩、台中心未在线路中线上,故无法利用桥轴线方向作为交会方向之一。另外,在三方向交会时,当示误三角形的边长在容许范围内时,取其重心作为墩中心位置。

由于这种方法是利用控制网点交会墩位,所以墩位坐标系与控制网的坐标系必须一致才能进行交会数据的计算。如果两者不一致时,则须先进行坐标转换。交会数据的计算与直线桥类似,根据控制点及墩位的坐标,通过坐标反算出相关方向的坐标方位角,再依此求出相应的交会角度。

四、桥梁墩、台基础放样

1.墩、台基础平面位置放样

根据已放样出的桥梁轴线和墩、台轴线及墩、台基础尺寸确定开挖边界桩。为方便放样,可以桥梁轴线和墩、台轴线为直角坐标系统,两轴线的交点即坐标原点,依据基础平面与轴线的平面尺寸关系确定基础坑槽开挖边线。坑底平面尺寸应比基础襟边宽 0.3~0.5 m。开挖边界桩应钉在边界外 0.5 m 处。若基础在水中,在开挖边界外筑围堰,在围堰上打桩或立龙门板,标定轴线后,定出开挖边界桩,如图 9-36 所示。

基坑挖好后,在确定桥梁轴线桩和墩、台轴线桩准确无误后,用两条线绳连接轴线桩上的小钉,交会出墩、台平面中心位置 D,用垂球将点及两条轴线投影到基坑底,做好标记,再定出基础底面四角点,就可以立模浇筑混凝土。

水中施工时,在桩位附近打脚手桩,设置测量平台,在测量平台上定出各桩位的中心线,如图 9-37 所示。

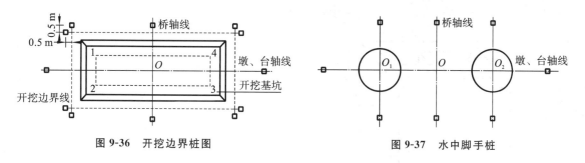

图 9-36　开挖边界桩图　　　　　　　　图 9-37　水中脚手桩

2. 桩基础桩位放样

桥梁墩、台基础是桩基础时,只需放样桩位就可以了。旱地施工时,先定出基础的轴线,在桩位以外适当距离处钉上木桩,并设置纵、横两个方向的定位样板,在定位样板上用小铁钉标示出桩位的纵、横线,施工时由此确定桩位中心。

桩基础的构造如图 9-38 所示,它是在基础的下部打入基桩,在桩群的上部灌注承台,使桩和承台连成一体,再在承台以上灌注墩身。基桩位置的放样如图 9-39 所示,它是以墩、台的纵、横轴线为坐标轴,按设计位置用直角坐标法测设,或根据基桩的坐标依极坐标的方法置仪器于任一控制点进行测设。后者更适合于斜交桥的情况。在基桩施工完成后,承台修筑前应再次测定其位置,以做竣工资料。

3. 沉井基础的施工定位

沉井制作好以后,在沉井外壁用油漆标出竖向轴线,在竖向轴线上隔一定的间距做标尺,如图 9-40 所示。标尺的尺寸从刃角算起,刃角的高度应从井顶理论平面向下量出。四角的高度如有偏差应取齐,可取四点中最低的点为零,沉井接高时,标尺应相应地向上画。

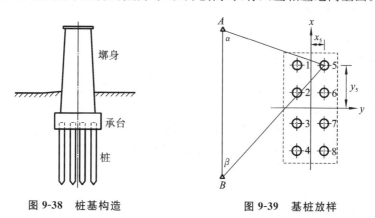

图 9-38　桩基构造　　　　　　　　图 9-39　基桩放样

沉井下沉过程中,在沉井两平面轴线方向同时设置经纬仪,仪器整平后,视准轴瞄准沉井轴线方向,沉井竖轴应与望远镜纵丝重合,使沉井的几何中心在下沉过程中不致偏离设计中心。在井顶测点竖立水准尺,用水准仪将井顶与水准点联测,计算出沉井的下沉量或积累量,得到刃角离设计位置的差值,了解沉井下沉的深度,同时可求得井顶平面在轴向上的倾斜值。

沉井下沉时的中线及水平控制,至少在沉井每下沉 1 m 时检查一次。如发现沉井有移位或倾斜时,应立即纠正,如图 9-41 所示。

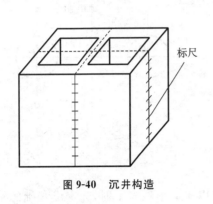

图 9-40　沉井构造

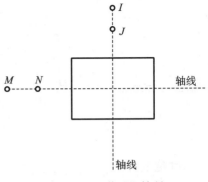

图 9-41　沉井下沉控制

4.墩(台)身、墩帽放样

基础完成之后,在基础上放样墩(台)身轴线,弹上墨线,按墨线和墩(台)身尺寸设立模板。模板下口的轴线标记与基础的墨线对齐,上口用经纬仪控制,使模板上口轴线标记与墩(台)轴线一致,固定模板,浇筑混凝土。随着墩(台)砌筑高度的增加,应及时检查中心位置和高程。

墩(台)身砌筑至离顶帽底约 3 cm 时,要测出墩(台)身纵、横轴线,然后支立墩(台)帽模板。为了确保顶帽中心位置的正确,在浇筑混凝土之前,应复核墩(台)纵、横轴线。

五、高程放样

高程放样就是将桥梁各部分的建筑高度控制在设计高度。常规的水准测量操作简单,速度快。但在桥梁施工过程中,由于墩、台基础或顶部与桥边水准点的高差较大,用水准测量来传递高程非常不方便。所以,在桥梁施工时,除了用到三角高程测量外,还常常用垂吊钢尺等方法来传递高程。

1.三角高程法

在桥墩基础施工时,由于高差大,用水准测量来传递高程需多次转换测点,用三角高程测量则非常方便。如图 9-42 所示,假设在某水准点设立测站,在桥墩基础顶面设置反光棱镜,水准点高程为 H_0,仪器高度为 i,棱镜高度为 l,用全站仪测得仪器与反光棱镜之间的倾斜距为 S(也可以直接测得两点之间的高差 Δh),竖直角为 α,则桥墩基础顶面的高程为:

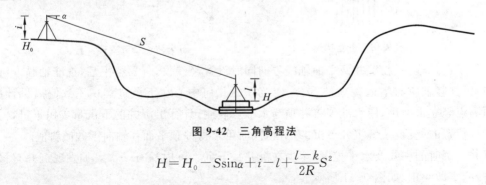

图 9-42　三角高程法

$$H = H_0 - S\sin\alpha + i - l + \frac{l-k}{2R}S^2$$

式中：R——地球平均半径，取 $6.371×10^6$ m；

　　　K——折光系数，可以自己测定。

当 $S<400$ m 时，两差改正值可以忽略，因此：

$$H=H_0-S\sin\alpha+i-l$$

2. 垂吊钢尺法

当桥墩施工至一定高度时，水准测量无法将高程传递至工作面，而工作面上架设棱镜也不方便，这时，可用检定过的钢尺进行垂吊测量，如图 9-43 所示。

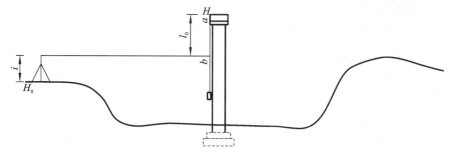

图 9-43　垂吊钢尺法

用钢尺进行垂吊测量时，在工作面边缘用钢尺垂吊一定质量的重物，在钢尺静止时，在工作面边缘读取钢尺读数 a；在某水准点上架设水准仪，对中、整平后，用水准测量的方法，在钢尺上读取中丝读数 b。则改正后钢尺测量长度为：

$$l=\left[l_0+\frac{\Delta D+\Delta D_t}{D}+a(t-20)\right]|b-a|$$

式中：D——钢尺标称长度，如 30 m 钢尺为 30 m；

　　　ΔD——尺长改正值(m)；

　　　ΔD_t——温度改正值(m)；

　　　$a(t-20)$——使用与检定时的温差改正值(m)。

工作面边缘的高程为：

$$H=H_0+i-l$$

水准测量放样高程精度高，但受高差影响大。三角高程测量放样高程不受高程影响，目前，测量仪器的精度相当高，因此，它完全可以代替四、五等水准测量。钢尺垂吊测量在某些方面显示出其独特的优越性，在桥梁施工中，不失为高程放样的一种补充手段。选择哪一种方法最为合理，要根据现场实际情况进行选择。

六、桥梁变形监控

桥梁在施工和运营过程中，由于受到自然条件及其变化、不同荷载的作用、人为设计、施工和运营管理使用不当等因素的影响，会出现变形。如果这种变形超过规定的限度，就会影响正常运营，而且严重时还会危及桥梁的安全寿命。因此，为了桥梁在设计年限内的安全运营，对桥梁定期进行变形监视观测是十分必要的。

1.桥梁变形监测的内容

桥梁变形监测的内容应根据桥梁结构类型按表9-11选择。

表 9-11　桥梁变形监测内容

类　型	施工期主要监测内容	运营期主要监测内容
梁式桥	桥墩垂直位移。 悬臂法浇筑的梁体水平、垂直位移。 悬臂法安装的梁体水平、垂直位移。 支架法浇筑的梁体水平、垂直位移	桥墩垂直位移。 桥面水平、垂直位移
拱桥	桥墩垂直位移。 装配式拱圈水平、垂直位移	桥墩垂直位移。 桥面水平、垂直位移
悬索桥、 斜拉桥	索塔倾斜、塔顶水平位移、塔基垂直位移。 主缆线性形变(拉伸变形)。 索架滑动位移。 梁体水平、垂直位移。 散索鞍相对转动。 锚碇水平、垂直位移	索塔倾斜、垂直位移。 桥面水平、垂直位移
桥梁两岸边坡	桥梁两岸边坡水平、垂直位移	桥梁两岸边坡水平、垂直位移

2.桥梁变形监测方法

为了完成桥梁变形观测的任务,需要根据桥梁类型、变形特点等因素来选择变形监测方法。合理地设计变形观测方案,确定变形观测的精度,考虑变形观测的实际实施难度,选择不同的观测方法是桥梁变形观测要考虑的重要问题。

1)大地测量方法

大地测量方法又称常规地面测量方法,是变形观测的主要手段。它具有测量精度高、资料可靠等优点,但又有观测工作量大、效率低,受气候影响大,不易实现连续监测和测量过程的自动化,并要求监测点与基点通视等缺点,这些缺点对变形监测有非常不利的影响。

2)摄影测量方法

摄影测量方法主要是指地面摄影测量方法,它在桥梁变形观测的应用中具有可以不接触被摄物体,能够同时测定桥墩台上任意点的变形,提供瞬时和完全的三维空间信息,大大减少了野外测量的工作量等优点。数字摄影测量为该技术在变形监测中的应用开拓了更加广泛的前景。但是,目前利用摄影方法进行变形观测的过程仍然比较复杂。

3)物理学传感器方法

物理传感器方法主要是指应力应变计、倾斜仪等方法。这些方法的优点是能获得观测对象内部的一些信息及高精度局部的相对变形信息,并且能实现长期连续的自动化观测。这些方法的缺点是只能观测有限的局部变形。

4)测量机器人

测量机器人是一种能代替人进行自动搜索、跟踪、识别和精确照准目标,并获取角度、距离、三维坐标以及影像等信息的智能型全站仪。它是在全站仪的基础上继承步进马达、CCD影像传感器构成的视频成像系统,并配置智能化的控制及应用软件发展而形成的。测量机器人通过CCD影像传感器和其他传感器对现实测量范围内的目标进行识别,迅速做出分析、判断与推理,实现自我控制,并自动完成照准、读数等操作,以完全代替人的手工操作。测量机器人再与能够制定测量计划、控制测量过程、进行测量数据处理与分析的软件系统相结合,完全可以代替人完成许多测量任务。

5)GPS测量技术

GPS测量技术具有高精度的三维定位能力,并且可以连续观测,为监测桥梁动态和静态变形提供了有效的手段。全球定位系统的应用是测量技术的一项革命性变革,它使建立三维网的监测变得简单,而且不需要测站间的通视,可以免去建标的工作,并且使得监测网的一类设计有更多优化的余地。全球定位系统可以提供 1×10^{-6} 的相对定位精度,可以预计 1×10^{-7} 或更高的精度。GPS测量技术在精度上和经济上的优越性将使它取代很多传统的地面测量方法。

3.桥梁变形监测网的布设

桥梁变形监测网可采用独立坐标和高程系统,按工程需要的精度等级建立,并一次布网完成。

1)水平位移监测网

水平位移监测网可采用独立坐标系一次布设,控制点宜采用有强制归心装置的观测墩,照准标志采用强制对中装置的觇牌或红外测距反射片。水平位移监测网的主要技术要求应符合表9-12的规定。在设计水平位移监测网时,应进行精度预估,选用最优方案。

表 9-12 水平位移监测网的主要技术要求

等级	相邻基准点的点位中误差/mm	平均边长/m	测角中误差/″	测边中误差/mm	水平角观测测回数		
					0.5″级仪器	1″级仪器	2″级仪器
一 等	±1.5	≤300	±0.7	1.0	9	12	—
		≤200	±1.0	1.0	6	9	—
二 等	±3.0	≤400	±1.0	2.0	6	9	—
		≤200	±1.8	2.0	4	6	9
三 等	±6.0	≤450	±1.8	4.0	4	6	9
		≤350	±2.5	4.0	3	4	6
四 等	±12.0	≤600	±2.5	7.0	3	4	6

2)垂直位移监测网

垂直位移监测网应布设成闭合环状、结点或附合水准路线等形式。水准基点应埋设在变形区以外的基岩或原状土层上,亦可利用稳固的建筑物、构筑物设立墙上水准点。垂直位移监测网的主要技术要求应符合表 9-13 的规定。

表 9-13　垂直位移监测网的主要技术要求

等级	相邻基准点高差中误差/mm	每站高差中误差/mm	往返较差、附合或环线闭合差/mm	检测已测高差较差/mm	使用仪器、观测方法及要求
一等	±0.3	±0.07	$0.15\sqrt{n}$	$0.2\sqrt{n}$	DS05 型仪器,视线长度≤15 m,前后视距差≤0.3 m,视距累积差≤1.5 m,宜按国家一等水准测量的技术要求施测
二等	±0.5	±0.15	$0.3\sqrt{n}$	$0.4\sqrt{n}$	DS05 型仪器,宜按国家一等水准测量的技术要求施测
三等	±1.0	±0.3	$0.6\sqrt{n}$	$0.8\sqrt{n}$	DS05 或 DS1 型仪器,宜按本规范二等水准测量的技术要求施测
四等	±2.0	±0.7	$1.40\sqrt{n}$	$2.0\sqrt{n}$	DS1 或 DS3 型仪器,宜按本规范三等水准测量的技术要求施测

注:n 为站数。

4. 桥梁变形监测点位的布设

变形监测网一般由基准点、工作基点和变形观测点组成,其布设应符合下列规定:

(1)每个独立的监测网应设置不少于 3 个稳固可靠的基准点,且基准点的间距不宜大于 400 m,基准点到桥址中线的距离宜为 100～200 m。基准点应建立或选设在变形影响范围以外便于长期保存的稳定位置,宜选用 CPⅠ、CPⅡ控制点以及线路水准基点。当需要增设基准点时,按照线路水准基点的要求增设基准点。使用时应做稳定性检查与检验,并应以稳定或相对稳定的点作为测定变形的参考点。

(2)当基准点的间距大于 400 m 时,宜在基准网的基础上加密设置工作基点。工作基点到桥址中线的距离宜为 50～100 m,工作基点应选在比较稳定的位置。对观测条件较好或观测项目较少的工程,可不设立工作基点,在基准点上直接测量变形观测点。

(3)变形观测点应设立在变形体上能反映变形特征的位置,并与建筑物稳固地联结在一起。为满足桥梁变形观测的需要,应在梁体及每个桥梁承台及墩身上设置观测标。观测标具体埋设应符合以下原则:

①桥台观测标应设置在台顶(台帽及背墙顶),测点数量不少于 4 处,分别设在台帽两侧及背墙两侧(横桥向)。

②承台观测标为临时观测标,当墩身观测标正常使用后,承台观测标随基坑回填将不再使用。承台观测标分为承台观测标-1、承台观测标-2,承台观测标-1 设置于底层承台左侧小里程角上,承台观测标-2 设置于底层承台右侧大里程角上。

③墩身观测标埋设,当墩全高大于14 m时(指承台顶至墩台垫石顶),需要埋设2个墩身观测标;当墩全高≤14 m时,埋设1个墩身观测标。墩身观测标一般设置在墩底部高出地面或常水位0.5 m左右的位置;当墩身较矮,梁底距离地面净空较低不便于立尺观测时,墩身观测标可设置在对应墩身埋标位置的顶帽上。特殊情况可按照确保观测精度、观测方便、利于测点保护的原则,确定相应的位置。

④梁体变形观测点的布设应符合下列规定:

对原材料变化不大、预制工艺稳定、批量生产的预应力混凝土预制梁,前3孔梁逐孔设置观测标,每30孔梁选择1孔梁设置观测标。当实测弹性上拱度大于设计值的梁,前后未观测的梁应补充观测标,逐孔进行观测。其余现浇梁逐孔设置观测标。移动模架施工的梁,对前6孔梁进行重点观测,以验证支架预设拱度的精度。验证达到设计要求后,可每10孔梁选择1孔梁设置观测标,当实测弹性上拱度大于设计值的梁,前后未观测的梁应补充观测标,逐孔进行观测。

简支梁的1孔梁设置观测标6个,分别位于两侧支点及跨中;连续梁上的观测标,根据不同跨度,分别在支点、中跨跨中及边跨1/4跨中附近设置,3跨以上连续梁中跨布置点相同。钢结构桥梁梁部不存在徐变,为了观测变形,每孔设置6个观测标,分别在支点及跨中设置。对大跨度桥梁等特殊结构应由设计单位单独制定变形观测方案,施工单位按照设计方案进行观测。

5.桥梁变形观测频率

桥梁变形监测的频率应根据监测目的、变形量的大小和变形速率等因素进行设计。变形监测频率既要系统地反映变形过程,不遗漏变形的时刻,又要科学制定以降低监测的工作量。

1)桥梁墩台沉降观测频率

每个桥梁墩台在承台施工完成后进行首次沉降观测,以后则根据表9-14中要求的时间间隔进行观测。

表9-14 墩台沉降观测频次

观测阶段		观测频次		备注
		观测期限	观测周期	
墩台基础施工完成				设置观测点
墩台混凝土施工		全程	荷载变化前后各1次或1次/周	承台回填时,测点应移至墩身或墩顶,二者高程转换时的测量精度要求不应低于首次测量要求
预制梁桥	架梁前	全程	1次/周	
	预制梁架设	全程	前后各1次	
	附属设施施工	全程	荷载变化前后各1次或1次/周	
桥位施工桥梁	制梁前	全程	1次/周	
	上部结构施工中	全程	荷载变化前后各1次或1次/周	
	附属设施施工	全程		

续表

观测阶段	观测频次		备注
	观测期限	观测周期	
架桥机(运梁车)通过	全程	前2次通过前后各1次; 其后每1次/天,连续2次; 其后1次/3天,连续3次; 最后1次/周	至少进行2次通过前后的观测
桥梁主体工程完工至 无砟轨道铺设前	≥6个月	1次/周	岩石地基的桥梁,一般不宜少于2个月
无砟轨道铺设期间	全程	1次/天	
无砟轨 道铺设 完成后	24 个月	0~3个月	1次/月	工后沉降长期观测
		4~12个月	1次/3月	
		13~24个月	1次/6月	

注:观测墩台沉降时,应同时记录结构荷载状态、环境温度及天气日照情况。

2)梁体徐变变形观测频率

梁体徐变变形观测需在梁体施工完成后开始布置测点,并在张拉预应力前进行首次观测,各阶段观测频次要满足表 9-15 的要求。

表 9-15   梁体变形观测

观 测 阶 段	观 测 周 期
预应力张拉期间	张拉前、后各1次
桥梁附属设施安装	安装前、后各1次
预应力张拉完成至无砟轨道铺设前	张拉完成后第1天
	张拉完成后第3天
	张拉完成后第5天
	张拉完成后1~3月,每7天为一测量周期
无砟轨道铺设期间	每天1次
无砟轨道铺设完成后	第0~3个月,每1个月为一测量周期
	第4~12个月,每3个月为一测量周期
	第13~24个月,每3个月为一测量周期

注:梁体变形观测时,应同时记录结构荷载状态、环境温度及天气日照情况。

6.桥梁变形观测的采集和数据分析处理

变形观测数据采集应符合下列规定:

(1)数据采集要求真实,杜绝弄虚作假。测量单位要按照观测时间的要求,及时进行沉降和徐变观测。

(2)观测数据应按照统一的表格形式填写,现场测量原始记录要建档保存。报送的数据采用电子表格记录,数据格式统一。

（3）对测量数据建立管理档案，由专人负责，统一管理。

变形观测的数据分析处理及成果整理应符合下列规定：

①对单一墩台或梁跨工点进行变形观测曲线分析，对采集数据及时整理，绘出变形观测曲线。

②对多个墩台沉降归纳、分析。

③墩台基础的沉降量应按恒载计算，其工后沉降量不应超过下列容许值：对于无砟桥面桥梁，墩台均匀沉降量 $\Delta \leqslant 20$ mm；对于无砟桥面桥梁，静定结构相邻墩台沉降量之差 $\Delta \leqslant 5$ mm。

七、山岭隧道洞外控制测量

随着经济建设的发展，隧道工程项目日益增多。隧道按其穿越的障碍可分为地下铁道、山岭隧道及海底隧道三种形式，目前及今后较长一段时间内，我国隧道施工主要以地下铁道及山岭隧道为主。山岭隧道工程进行的主要测量工作包括如下几点：

（1）洞外控制测量。在洞外建立平面和高程控制网，测定各洞口控制点的位置。

（2）进洞测量。将洞外的坐标、方向和高程传递到隧道内，建立洞内、洞外统一坐标系。

（3）洞内控制测量。洞内控制测量包括隧道内的平面和高程控制。

（4）隧道施工测量。根据隧道设计要求进行施工放样、指导开挖。

（5）竣工测量。测定隧道竣工后的实际中线位置和断面净空及各建筑物、构筑物的位置尺寸。

隧道测量的主要目的是保证隧道相向开挖时，能按规定的精度正确贯通，并使建筑物的位置和尺寸符合设计规定，不得侵入建筑限界，以确保运营安全。

（一）地面平面控制测量

地面平面控制测量是隧道工程所有测量的基础和依据，是隧道工程全线线路与结构贯通的保障，应在土建施工开挖前测量完毕。地面平面控制网具有精度高、边长较短、使用频繁等特点。铁路山岭隧道地面平面控制测量的方法有 GPS 平面控制测量、导线测量、三角形网测量及综合测量方法。

导线洞外控制测量分为二等、三等和四等三个等级。高速铁路隧道洞外控制测量常用二等精密导线。

1. 二等精密导线网的精度要求和布设方案

1）二等精密导线的精度要求

根据角度测量中的精度分析及误差配赋理论，在一等卫星定位网精度满足要求的条件下，二等精密导线的精度应满足点位中误差在 ± 20 mm 以内，能够保证地面控制测量对横向误差的影响值在 ± 25 mm 以内的要求。二等精密导线测量的主要技术要求见表9-16。

2）二等精密导线的布设方法

二等精密导线沿隧道线路方向布设，根据导线点与首级 GPS 点的空间分布，通常布设成多条附合导线、闭合导线或多个结点的导线网。

表 9-16　二等精密导线测量的主要技术要求

平均边长/m	闭合环或符合导线总长度/km	每边测距中误差/mm	测距相对中误差	测角中误差/″	测回数		方位角闭合差/″	全长相对闭合差	相邻点的相对点位中误差/mm
					Ⅰ级全站仪	Ⅱ级全站仪			
350	3~5	±6	1/60 000	±2.5	4	6	$\pm5\sqrt{n}$	1/35 000	±8

注：n 为导线的角度个数，高架线路地段平均边长宜为 400 m。

2. 导线点的选埋

1）二等精密导线点的选点要求

无论采用何种施工方法，在隧道施工测量时使用最多的还是二等精密导线点，所以二等精密导线点的选点一定要保证易于观测，便于施工使用，易于保存而且稳定。具体而言，选点时要注意以下几点：

为施测方便，在车站、洞口附近，宜多布设导线点，且保证能够至少 2 个方向通视。为了减少地面导线测量的误差影响，最好确保二等精密导线点能够与洞口通视；相邻导线边长不宜相差过大，个别短边的边长不应短于 100 m。位置应选在因隧道工程施工产生变形区域以外的地方，距离应大于 30 m；导线点最好选埋于地面，但地面上的导线点位应避开地下构筑物如地下管线等，导线点宜选在靠近并能俯视隧道工程线路一侧；相邻导线点间以及导线点与其附合的 GPS 点之间的垂直角不应大于 30°，视线离障碍物的距离应不受旁折光的影响。

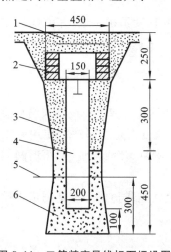

图 9-44　二等精密导线标石埋设图
1—盖；2—砖；3—素土；4—标石；
5—冻土线；6—混凝土

2）导线点的埋设

地面的二等精密导线点的规格、形式和埋设见图 9-44，楼顶上的二等精密导线点可按图所示规格、形式埋设。

3）精密导线观测

精密导线测量通常利用全站仪观测，分为水平角测量和边长度量。全站仪本身的误差主要有以下几种：测距的加常数、乘常数误差，测距的周期误差，相幅误差，相位不均匀误差，竖轴倾斜误差，横轴倾斜误差，视准轴误差，补偿器误差，度盘偏心误差，度盘刻画误差，竖盘指标差，望远镜调焦误差等。所以最好要使用具有电子补偿功能的全站仪，并保证在观测时应处于检定周期之内，在观测前进行相关项目的检验。

（1）平角观测。GPS 点上或导线结点上观测，由于二等精密导线附合在 GPS 点上，在附合导线两端的 GPS 点上观测时，应联测其他可通视的 GPS 点，采用方向观测法，方向数不多于 3 个时可不归零，夹角的平均观测值与 GPS 坐标反算夹角之差应小于 6″，在导线结点上观测时采用方向观测法，测回间需要变换度盘。导线点上观测当观测仅有 2 个方向时，导线点上水平角观测按左、右角观测，左、右角平均值之和与 360° 的较差应小于 4″。当水平角遇到长短边需要调焦时，应采用盘左长边(短边)调焦,盘右长边(短边)不调焦,盘右短边(长边)调焦,盘左短边(长边)不调焦的观测顺序进行观测。

（2）边长测量。每条导线边均进行往返测量：Ⅰ级全站仪应往返观测各2个测回,Ⅱ级全站仪应往返观测各3个测回。每测回间应重新照准目标,每测回应4次读数,各项技术要求见表9-17。

表 9-17　测距的各项较差的限值　　　　　　　　　　　　　　　　（mm）

全站仪等级	一测回中读数间较差	单程各测回间较差	往返测或不同时段结果较差
Ⅰ	3	3	$2 \cdot (a+bd)$
Ⅱ	5	7	

注：一测回指照准目标一次读数4次,$a+bd$为测距仪器标称精度。

测距时应读取温度和气压,以便进行边长的气象改正。测前、测后各读取1次,取平均值作为测站的气象数据。温度读至0.2 ℃,气压读至50 Pa。

（二）地面高程控制测量

1.地面高程控制网布设原则

水准点应选在施工场地变形区外稳固的地方,有条件应埋设基岩水准点。水准点离开车站和线路的距离应不少于40 m,一般水准点和深桩水准点应根据每个城市情况,桩底应埋设在稳定的持力层上。水准点应选在便于寻找、保存和引测的地方。

2.水准标石类型与埋设

水准标石是长期保存测量成果的固定标志,水准标石确定了点的高程,因而它的稳定性是非常重要的。由于对观测结果有限差的要求,人们往往比较重视观测结果,却常常忽略标石的稳定性问题。如果标石埋设质量不好,容易产生垂直位移或倾斜,即使水准观测质量再好,其最后成果也是不可靠的,因此务必重视水准标石的埋设质量。

1）水准标石类型

隧道工程中的水准点标石可分为混凝土水准标石、墙脚水准标志、基岩水准标石和深桩水准标石4种。

2）水准标石的埋设

混凝土水准标石要埋设在冻土线以下30 cm,埋设时需特别注意埋设地点地质条件,了解地下水位的深度,地下有无空洞和流沙等。要确保标石埋设在土质坚实稳定的地层。墙角水准标志应选择在永久性或半永久性坚固的建筑物或构筑物基础上埋设。考虑到水准尺的长度,埋设时注意远离建筑物的外檐和外部窗台等影响水准尺竖立的障碍物。

埋设基岩水准标石时应注意埋在真正的基岩上,不允许埋在较大的孤石上。为了施工方便,可以尽量选在基岩露头的地方,遇有风化层时,必须将风化层凿剥除去。埋设基岩水准标石一般应有地质人员参加或以地质资料作为依据,必要时需事先进行地质钻探。基岩水准标石必须是混凝土制成,使其与基岩牢固相接。深桩水准标石埋设时应注意收集地质资料作为依据,深桩应埋设在稳定的持力层内。水准点埋设完成后,应进行外部整饰并现场绘制水准点点记。

3)地面高程控制测量施测

地面高程控制测量施测的一般要求如下:①水准观测应待埋设的水准标石稳定后再进行;②水准测量所使用的仪器和标尺测前应送检定单位进行全面检验,检定周期为 1 年;③水准仪视准轴与水准管轴的夹角称为 i 角,作业开始的第一周内应每天测定 1 次 i 角,稳定后可隔半月测定 1 次;④一、二等水准测量作业工程中水准仪的 i 角应小于 $15''$。

八、山岭隧道洞内测量

山岭隧道洞内测量的主要任务就是:保证在每对相向开挖的施工中线位置及高程位置正确,并按照规定的精度在预定地点贯通;监测洞内围岩变形,确保隧道安全施工;保证洞内的衬砌和各项建筑物以规定的精度按照设计位置修建,不得侵入建筑限界。

1.洞内施工测量

1)洞内施工中线测量

洞内施工永久中线点应由导线点测设,短隧道也可按中线法测设。永久中线点间的距离应符合表 9-18 规定。临时中线点可由导线点或永久中线点增测。

表 9-18　永久中线点间距离表

隧道中线测设	直线地段/m	曲线地段/m
由导线测设中线	150～250	100～200
独立中线法	不小于 100	不小于 50

此外,施工中线测设应符合下列规定:

(1)采用导线测设中线点,一次测设不应少于 3 个,并相互检核。

(2)采用独立中线测设中线点,直线上应采用正倒镜法延伸直线,曲线上宜采用偏角法测设。

(3)衬砌用的临时中线点宜每 10 m 加密一点。直线上应正倒镜压点或延伸,曲线上可用偏角法测设。

(4)掘进用的临时中线点可采用串线法延伸标定。串线长度直线段不应大于 30 m,曲线段不应大于 20 m。

(5)全断面开挖的施工中线可先用激光导向,后用全站仪、光电测距仪测定。

(6)采用上、下半断面施工时,上半断面每延伸 90～120 m 时应与下半断面的中线点联测,检查校正上半断面中线。

(7)测设永久中线点和临时中线点时,水平角应按一级导线精度要求观测。距离测量宜采用光电测距仪变动反射镜高度测量 2 次,其较差在各等级仪器限差内时取平均值。钢尺量距时,精度不应低于 1/5 000。

(8)洞内中线点应采用混凝土包桩,严禁包埋木板、铁板和在混凝土上钻眼。设在顶板上的临时点可灌入拱部混凝土中或打入坚固岩石的钎眼内。

(9)曲线隧道的导坑应根据隧道中线和横移距离,按一定密度计算导坑中线坐标,放设导坑中线。

2)洞内施工高程测量

洞内高程测量应采用水准测量进行往返观测,并应隔200～500 m设置一对水准点。洞内高程测量应符合下列规定:

(1)洞内高程测量的主要技术要求及观测限差应符合水准观测的主要技术要求、水准测量的观测方法和水准观测的测站限差的规定。

(2)洞内高程测量应按式 $M_\Delta = \sqrt{\dfrac{1}{4n}\left[\dfrac{\Delta\Delta}{L}\right]}$ 进行精度估算。

(3)洞内水准点应结合地质条件、施工方法和施工进度进行定期复测。建立新一期水准点前,应对原控制点进行检测,检测精度不应低于原测精度,检测与原测较差应符合下列规定。

平面控制点角度、边长检测较差的限差应按下式计算:

$$f_{限} = 2\sqrt{m_1^2 + m_2^2}$$

式中:m_1、m_2 分别为原测、检测的测边或测角中误差。

利用原水准点引伸测量时,应检测相邻测段高差或相邻水准点间的高差。测段高差的检测限差应符合水准测量限差要求的规定。

当检测与原测成果较差满足限差要求时,采用原测成果;不满足限差要求时,应分析超限原因。因点位位移造成限差超限的,应逐级检测至稳定控制点。

(4)洞内高程测量应根据洞内已设的水准点引测加密。加密点可与永久中线点共桩。

(5)采用光电测距三角高程进行测量时,宜变换反射器高测量2次或利用加密点做转点闭合到已知高程点上。

3)洞内施工开挖测量

(1)每次钻爆前,在开挖断面上标示隧道中线、轨顶高程线和开挖断面轮廓线。

(2)在已开挖段,即时测量开挖断面,绘制开挖断面图,测量断面间距不宜大于20 m。

(3)断面测量应优先采用自动断面仪法,也可采用全站仪极坐标法或断面支距法。

(4)当采用支距法测量断面时,按中线和外拱顶高程从上到下每0.5 m(拱部和曲墙)和1.0 m(直墙)间隔分别测量中线左右侧相应高程处的支距,并考虑曲线隧道的中线内移值、设计加宽值、施工误差预留值。

(5)仰拱断面测量应从隧道中线向两侧边墙按0.5 m间隔测量设计轨顶线至开挖仰拱底的高差。

4)洞内施工衬砌测量

(1)立模前,检查永久中线点或临时中线点位置及高程。检测与原测成果较差不应大于5 mm。

(2)检测合格后,放出拱顶临时中线点(每榀钢架)、线路中线、左右型钢拱脚落脚点,安装型钢骨架时,从拱顶吊线、左右拱脚拉线检查拱顶与左右拱脚是否在同一个平面,保证钢架的垂直度,并用水准仪测量钢架拱顶高程,调整钢架至设计高程。

(3)立模后再一次检查校正模板。

2. 隧道施工监控测量

1）隧道施工监控测量的必要性

隧道工程是一种特殊的工程结构体系。从岩体力学的角度看,它是处于与围岩相互作用的体系之中的结构物;从地质力学的角度看,它是处于千变万化的地质体之中的工程单元体,在这样的岩体或地质体中,隧道必将受到周围地质环境的强烈影响;从结构角度看,这种工程单元体是由周围地质体和各种支护结构构成,即

隧道结构体系＝周围地质体＋支护结构

由此我们可以认识到以下2点:

隧道工程如果作为一种工程结构物看待,它的受力特点与地面工程有很大的差别。由于隧道工程是处于千变万化的岩体之中,其所受外力是不明确的。隧道工程的成形过程,自始至终都存在着受力状态变化这一特性,即隧道从开挖起,一直到受力平衡和体系稳定,或者到结构受损,围岩内部结构一直是在变动,支护和衬砌的内力和外形也在变动之中。

2）隧道监测项目及量测要求

（1）隧道监测项目。

施工监控量测的项目应根据隧道工程地质条件、围岩类别、围岩应力分布情况、隧道跨度、埋深、工程性质、开挖方法、支护类型等因素确定。

（2）隧道监控量测要求。

隧道监控量测要求能快速埋设测点,隧道在开挖过程中,开挖土作面四周2倍洞径范围内受开挖影响最大。测点一般是开挖后埋设的,为尽早获得围岩开挖初始阶段的变形动态,测点应紧靠工作面快速埋设,尽早量测。

每一次量测数据所需时间应尽可能短;测试元件应具有良好的防震、防冲击波能力;测试数据应准确可靠、直观,不必复杂计算即可直接应用;测试元件在埋设后能长期有效工作,应有足够的精度。

3）隧道监测方法及测点埋设

（1）洞内外地质条件及初期支护状况观察描述。

观察并描述隧道洞内外地质、地下水情况,衬期支护情况,并填写围岩级别判定卡,做好观察记录。

（2）净空收敛量测。

净空收敛量测是最基本的主要量测项目之一,与拱顶下沉点布置在同一断面。埋设测点时,先在测点处用人工挖孔或凿岩机开挖孔径为 40～80 mm、深为 25 mm 的孔。在孔中填满水泥砂浆后插入收敛预埋件(或者埋设锚固螺栓),尽量使两预埋件轴线在基线方向上,并使预埋件销孔轴线处于铅垂位置,待砂浆凝固后即可量测。净空收敛量测是采用高精度全站仪或激光隧道断面仪进行数据采集。

（3）拱顶下沉量测。

拱顶下沉主要用于确认围岩的稳定性。在每个量测断面的拱顶中心埋设一自制的钢筋预埋件。埋设前,先用小型钻机(或冲击电钻)在待测部位成孔,然后将预埋件放入,并用混凝土填塞,待混凝土凝固后即可量测。拱顶下沉量测采用高精度全站仪或激光隧道断面仪进行数据采集。

（4）地表下沉量测。

地表下沉量测基点埋设在隧道开挖纵横向各 3～5 倍洞径外的区域，埋设 7～11 个基点，以便互相校核。参照标准水准点埋设，所有基点应和附近水准点联测取得原始高程。在测点位置安设地表测点预埋件（自制），测点一般采用 $\phi20$～28 mm、长度为 200～300 mm 的圆钢筋制成。测点四周用砼填实，待砼固结后即可量测。

地表下沉量测用水准仪或高精度全站仪进行观测。数据分析时可绘制时间-位移与距离-位移图。曲线正常则说明位移随施工的进行渐趋稳定；如果出现反常，出现反弯点，说明地表下沉出现点骤增加的现象，表明围岩和支护已呈不稳状况，应立即采取措施。

（5）锚杆拉拔测试。

使用前，在具有一定资质的实验室对仪器进行标定。测试前，现场加工一块铁（或钢）垫板，中间孔径不小于锚杆直径，一侧带有凹槽，凹槽长、宽及厚度稍大于锚杆垫板的相应尺寸。测试时，将预先加工的垫板放在锚杆垫板上，其带有凹槽的一面朝向岩石墙面；将锚杆拉拔计的接口与待测锚杆的外露端连接紧固；拉拔百分表归零，然后人工摇动油泵手柄，使油泵压力逐渐升高；油泵压力达到 15 吨，可停止继续加压，记录锚杆位置及油泵压力值，油泵卸压，如果油泵压力未达到 15 吨，锚杆破坏，则该锚杆可认为安装质量不合格。量测结束，填写锚杆拉拔测试报表，检查核实后，上报主管部门。

锚杆拉拔力最大值根据设计提供值最终确定。根据锚杆拉拔试验的油泵压力与试验标定数据或曲线即可换算出锚杆拉拔力。

（6）围岩内部位移（洞内埋设）。

围岩内部位移用于监测隧道围岩的径向位移分布和松弛区域范围，获得决定锚杆长度的判断资料。多点位移使用 4 点钻孔伸长计进行量测。它由 4 个钻孔锚头、4 根量测钢丝、1 个测筒、4 个电感式传感器和它的量测仪器——数字位移计组成。

测点安装的步骤如下：

①在预定量测部位，用特制直径 140 mm 的钻头，钻一深 40 cm 的钻孔，然后再在此钻孔内钻一同心的直径为 48 mm 的小孔。孔深由试验要求确定，钻孔要求平直，并用水冲洗干净。

②矫直钢丝，并截成预定长度，将钢丝连接在钻孔锚头上。

③把锚头末端插入安装杆，然后将锚头推进到预定深度。在操作时要注意定向，避免安装杆旋转，千万不能将安装杆后退，以免安装杆和锚头脱落。

④紧固锚头，若用楔形弹簧式锚头，则用 30～50 千克力拉钢丝，如果锚头不滑动，即可认为锚头已经锁紧；若用压缩木锚头，则等待压缩木吸水膨胀后，亦用 30～50 千克力拉钢丝，若拉不动，则可认为锚头已经紧固。

⑤重复以上②、③、④操作步骤，安装剩余锚头，每根钢丝必须穿过楔形弹簧式锚头上的环或压缩木锚头中间的铁管，要注意避免钢丝互相缠绕。

⑥把与各锚头连接的钢丝分别穿过测筒上的各个导杆，并把测筒的上筒用固定螺丝、木楔及水泥砂浆固定在孔内，然后拉紧钢丝，并用螺母夹紧在各个导杆上。这时要注意调整导杆距离，使之有 15 mm 的伸长量。

⑦把下筒与上筒相接，并用木楔塞紧，若是电测下筒，还需仔细安装，调整电感式位移传感器的量程，并引出电缆，盖上盖板。当试验点离开挖面很近时，必须采取防护措施，以防止爆破飞石损坏电缆及测筒。

⑧开始初读数（如果用百分表测读，应每次打开盖板）。为保证读数的稳定性，第一次读数

的建立应不小于 24 小时。

⑨开始阶段,每天应至少进行一次测度测读,随着开挖面的远离,测读间隔时间可以酌情延长。

量测与计算,将钻孔伸缩计测筒上的电感式位移传感器与数字位移计连接,并打开位移计电源开关,即可进行读数。然后根据实际位移与读数的标定数字回归方程,即可算出钻孔伸缩计 4 个测点的实际位移。

(7)钢拱架应力。

钢拱架应力和围岩应力布设在同一量测断面上,每环格栅钢拱架布设若干组钢筋计,分别沿钢架的内外边缘成对布设。安装前,在钢拱架待测部位并联焊接钢弦式钢筋计,在焊接过程中注意对钢筋计淋水降温,然后将钢拱架由工人搬至洞内立好,记下钢筋计型号,并将钢筋计编号,用透明胶布将写在纸上的编号紧密粘贴在导线上。注意将导线集结成束保护好,避免在洞内被施工所破坏。根据钢筋计的频率-轴力标定曲线可将量测数据来直接换算出相应的轴力值,然后根据钢筋混凝土结构有关计算方法可算出钢筋轴力计所在的拱架断面的弯矩,并在隧道横断面上按一定的比例把轴力、弯矩值点画在各轴力计分布位置,并将各点连接形成隧道钢拱架轴力及弯矩分布图。

(8)报告和报警管理。

将量测的数据记录在相应的表格上,原始记录表格存档以供需要时查用。所有数据均输入计算机,用专门程序进行计算处理,定时出报表,必要时出专门分析简报。

监测技术负责人参加工程现场会,汇报最近一段时期的监测情况,分析数据变化的趋势。严格按有关各方讨论的具体报警值分下 2 个阶段报警。

①当监测值超过预警值的 80% 时,在日报表中注明,以引起有关各方注意。②当监测值达到预警值,除在报表中注明外,专门出文通知有关各方。监测技术负责人参加出现险情时的排险应急会议,积极协同有关各方出谋划策,提出有益的建议,以采取有效措施确保基坑及周围环境的安全。

(9)信息反馈与预测预报。

在复杂多变的隧道施工条件如何进行准确的信息反馈与可靠的预测预报是监控量测试验的主要内容之一。迄今为止,信息反馈与预测预报通过如下 2 个途径来实现。

①力学计算法。支护系统是确保隧道施工安全与进度的关键,可以通过力学计算来调整和确定支护系统。力学计算所需的输入数据则采用反分析技术根据现场量测数据推算而的,如塑性区半径、初始地应力、岩体变形模量、岩体流变参数、二次支护荷载发布。这些数据是对支护系统进行计算所需要的。关于应力计算,已有专门的计算机分析软件供使用。

②经验法。此法也是建立在现场量测的基础之上的,其核心是根据经验建立一些判断标准来直接根据量测结果或回归分析数据来判断围岩的稳定性和支护系统的工作状态。在施工监测过程中,数据异常现象的出现可以作为调整支护参数和采取相应的施工技术措施的依据。何为异常,这就需针对不同的工程条件(围岩地层、埋深、隧道断面、支护、施工方法等)建立一些根据量测数据对围岩稳定性和支护系统的工作条件进行判断的准则。

3.洞隧道竣工测量

1)隧道竣工测量的内容

(1)洞内 CP II 控制网测量。

(2)隧道二等水准贯通调整测量。

(3)隧道内线路贯通测量。

(4)隧道断面测量。

此外,隧道长度大于 800 m 的隧道竣工后,应按要求进行洞内 CPⅡ控制网测量。

2)隧道二等水准贯通调整测量的要求

(1)洞内水准点每 1 千米埋设 1 个,水准路线起闭于隧道进、出口两端的线路水准基点,按二等水准测量要求施测。长度小于 1 km 的隧道至少应设 1 个,并在边墙上埋设标志。

(2)当隧道洞内水准贯通高差闭合差满足 $\leq 6\sqrt{L}$ 时,以隧道进、出口两端的二等水准点为固定点进行高程平差;当隧道洞内水准贯通高差闭合差不满足 $\leq 6\sqrt{L}$ 时,应将水准路线向两头延伸,使之满足 $\leq 6\sqrt{L}$ 后,固定两端点的高程,对该段水准路线进行约束平差,并调整平差范围内的二等水准点,消除隧道高程断高。

3)隧道线路中线贯通测量要求

(1)应利用 CPⅡ控制点测设,中线桩位限差应满足纵向 S/20 000＋0.01(S 为转点至桩位的距离,以 m 计)、横向±10 mm,高程±10 mm 的要求。

(2)中线桩的设置,应满足编制竣工文件的需要。

(3)中线上应钉设公里桩和加桩,并宜钉设百米桩。直线上中桩间距不宜大于 50 m,曲线上中桩间距宜为 20 m。

(4)在曲线起终点、变坡点、竖曲线起终点、隧道进出口、隧道内断面变化处均应设置加桩。

4)隧道净空断面测量要求

(1)隧道净空断面测量应以竣工测量的线路中线为准,采用测距精度不低于 5＋2 ppm 的全站仪或断面仪进行测量,断面点测量中误差应 ≤ 10 mm。

(2)直线地段每 50 m、曲线地段每 20 m,以及其他需要的地方均应测量净空断面。

(3)净空断面测量以线路中线为准,分别测量内拱顶高程、起拱线宽度以及轨顶以上 1.1 m、3 m、5.8 m 处的宽度。

1.简述桥梁墩、台定位的几种常用方法。

2.用导线测量法建立隧道的平面控制网时,为何要使导线成为延伸形?

3.比较隧道地面控制测量各方法的优缺点。

4.线路中线测量的主要工作有哪些?

5.圆曲线的主点和测设元素是什么?

6.路线纵断面测量的任务是什么?

7.横断面的测量常用的方法有哪些?

参 考 文 献

[1] 中国有色金属工业协会.工程测量规范:GB 50026—2007[S].北京:中国计划出版社,2008.

[2] 李华东,钟赟.工程测量学[M].成都:西南交通大学出版社,2009.

[3] 李青岳,陈永奇.工程测量学(修订版)[M].北京:测绘出版社,1995.

[4] 周建郑.建筑工程测量技术[M].武汉:武汉理工大学出版社,2002.

[5] 曾衍伟,谭明建.国家标准《测绘成果质量检查与验收》的编制与应用[J].测绘标准化,2010
(3):1-4.

[6] 崔学司.公路施工测量[J].交通世界(运输·车辆),2013(9):134-135.

[7] 刘培文.公路施工测量技术[M].北京:人民交通出版社,2004.

[8] 张正禄.工程测量学的发展评述(续)[J].测绘通报,2000(1):9-10.

[9] 胡明城.现代大地测量学[J].测绘通报,2000(5):3.